U0240451

变电运行与仿真

（第 2 版）

主　编　刘　赟
副主编　苏　渊　郭剑峰
　　　　徐　明　余红欣
主　审　伍家洁

重庆大学出版社

内容提要

本书共3个模块,7个单元,内容涵盖了变电运行基础知识、变电运行管理制度、仿真变电站的基本概况和仿真系统的使用说明、变电运行典型工作任务(设备的巡视检查、倒闸操作、变电站事故处理)的分析与仿真,是一本全面概括变电运行专业知识、理论与现场实际紧密结合的实用性教材。

本书可作为电力类高职高专院校教材,同时也可作为电网、变电运行人员的培训教材和参考用书。

图书在版编目(CIP)数据

变电运行与仿真/刘赟主编.--2版.--重庆:重庆大学出版社,2018.8(2023.7重印)
高职高专电气系列教材
ISBN 978-7-5624-9351-8

Ⅰ.①变… Ⅱ.①刘… Ⅲ.①变电所—电力系统运行—计算机仿真—高等职业教育—教材 Ⅳ.①TM63

中国版本图书馆CIP数据核字(2018)第173554号

变电运行与仿真
(第2版)
主 编 刘 赟
副主编 苏 渊 郭剑峰
徐 明 余红欣
主 审 伍家洁
策划编辑:周 立
责任编辑:李定群 高鸿宽 版式设计:周 立
责任校对:关德强 责任印制:张 策

*

重庆大学出版社出版发行
出版人:饶帮华
社址:重庆市沙坪坝区大学城西路21号
邮编:401331
电话:(023) 88617190 88617185(中小学)
传真:(023) 88617186 88617166
网址:http://www.cqup.com.cn
邮箱:fxk@cqup.com.cn(营销中心)
全国新华书店经销
重庆新荟雅科技有限公司印刷

*

开本:787mm×1092mm 1/16 印张:17.5 字数:437千 插页:8开1页
2018年8月第2版 2023年7月第5次印刷
印数:5 501—6 500
ISBN 978-7-5624-9351-8 定价:39.50元

前言

随着电网容量的不断增大和电压等级的不断提高，对电网及变电运行技术的要求越来越高，同时也对从事变电运行的人员专业知识、技能提出了更高的要求。由于变电运行工作需要以电工理论、电力系统分析与控制、电气设备、电力系统继电保护及自动装置、电气安全技术、计算机及通信技术等专业知识为基础，运行中的操作和事故处理也相当复杂，对现场运行人员来说，没有一定的专业知识和运行经验的储备，是难以胜任这一工作的。由于电力行业的特殊性，很难实现到现场进行实际运行、操作技能的培训。电网及变电站运行仿真技术的发展为解决这一问题提供了良好的实践与训练平台。仿真机可逼真地模拟控制室各种操作设备及各种运行工况，学员在仿真机上进行各种方式下的运行操作就如同置身于实际运行岗位，使学员有身临其境之感，达到提高实际操作能力的目的。仿真机还可模拟各种现场故障现象，培训学员分析及处理故障的应变能力，是一种科学有效的培训手段，并具有现场培训和理论教学都难以达到的效果。

本书根据国家职业标准，首先介绍变电运行的基础知识，再将“变电站值班员”的核心技能提炼出来，用仿真实例的形式分析和讲解各个典型工作任务。本书在编写过程中力求突出以下特点：

1. 本书内容选取及其深度的考虑遵循高职、高专改革与发展的需要，以培养技术应用为主线的技能型人才为目标。

2. 教材内容与规程制度相结合。本书的内容是完全按照有关规程制度的要求编写的，“设备的巡视检查”“倒闸操作”及“变电站事故处理”等部分在具体内容编写上是有关规程制度的升华和提高。通过学习本书可起到潜移默化地学习规程、理解规程和执行规程的作用。

3. 将变电运行典型工作任务分解为各个项目,结合仿真培训系统及多媒体教学手段,可实现“教、学、做”一体化,实践性、应用性强。

本书由重庆电力高等专科学校的多位教师和企业专家共同编写。模块1“变电运行基础知识”由刘赟编写;模块2“仿真变电站”由徐明、刘赟编写;模块3单元5“电气设备运行、巡视与缺陷处理”由郭剑峰编写;模块3单元6“变电站倒闸操作”由刘赟、余红欣(重庆市电力公司电力科学研究院工程师)编写;模块3单元7“变电站事故处理”由苏渊编写。

全书由重庆电力高等专科学校的伍家洁副教授主审,在此表示感谢。

在编写本书时,也参考了一些相关书籍,在此对这些书籍的作者表示感谢。

由于编者水平有限,疏漏之处敬请批评指正。

编　者

2015年6月

目录

模块 1

变电运行基础知识

单元1　变电运行概述

知识目标

➤ 能描述电力系统的概念、构成。
➤ 能描述一次设备、二次设备的概念，能列举变电站一、二次设备种类及其作用。
➤ 能描述变电运行工作内容及岗位职责。

技能目标

➤ 能在变电站现场识别主要电气设备，能看懂监控系统中的各种运行参数。

项目1.1　电力系统和变电站简述

1.1.1　电力系统

世界上大部分国家的动力资源和电力负荷中心分布是不一致的。例如，水力资源都是集中在江河流域水位落差较大的地方，燃料资源集中在煤、石油、天然气的矿区。而大电力负荷中心则多集中在工业区和大城市，因而发电厂与负荷中心往往相隔很远的距离，从而发生了电能输送的问题。水电只能通过高压输电线路把电能送到用户地区才能得到充分利用。火电厂虽然能通过燃料运输在用电地区建设电厂，但随着机组容量的扩大，运输燃料常常不如输电经济。于是就出现了所谓的坑口电厂，即把火电厂建在矿区。为降低输电线路的电能损耗，发电厂的电能经过升压变压器再经输电线路传输，经高压输电线路送到距用户较近的降压变电所，经降压分配给用户，即形成了电力系统。电力系统的模型如图1.1所示。

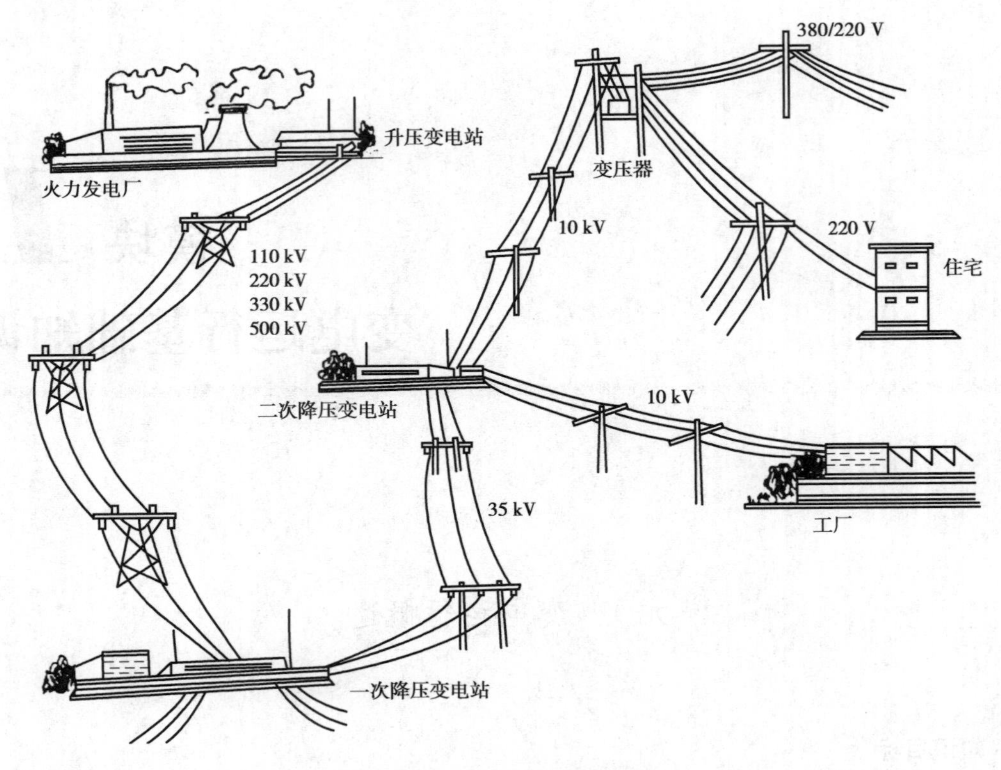

图 1.1　电力系统示意图

随着高压输电技术的发展,在地理上相隔一定距离的发电厂为了安全、经济、可靠供电,需将孤立运行的发电厂用电力线路连接起来。首先在一个地区内互相连接,再发展到地区与地区之间互相连接,这就组成统一的电力系统。

因此,把由发电、输电、变电、配电、用电设备及相应的辅助系统组成的电能生产、输送、分配、使用的统一整体,称为电力系统。把由输电、变电、配电设备及相应的辅助系统组成的联系发电与用电的统一整体,称为电力网。通常把发电企业的动力设施、设备和发电、输电、变电、配电、用电设备及相应的辅助系统组成的统一整体,称为动力系统。三者关系如图 1.2 所示。

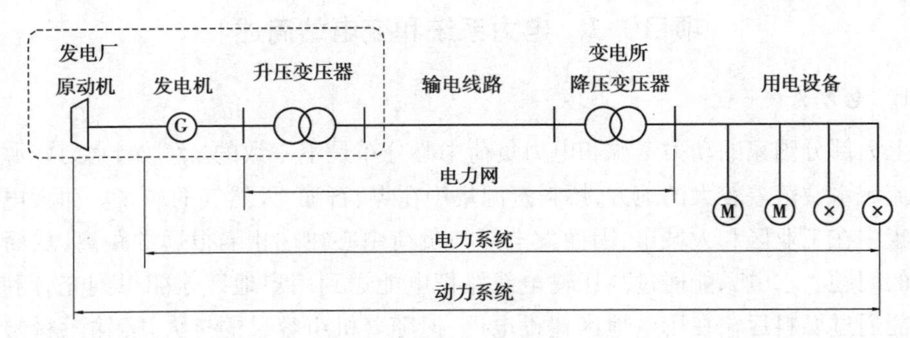

图 1.2　动力系统、电力系统和电力网示意图

1.1.2 变电站

(1)变电站的作用和分类

变电站在电力系统中是联系发电厂和用户的中间环节,起着汇集电源、升降电压、分配电能的作用。根据变压器的使用功能,变电站可分为升压变电站和降压变电站。升压变电站是把低电压变为高电压的变电站,如在发电厂需要将发电机出口电压升高至系统电压;降压变电站是把高电压变为低电压的变电站,在电力系统中,大多数的变电站是降压变电站。变电站按照在电力系统中的地位和作用,又可分为系统枢纽变电站、地区一次变电站、地区二次变电站及终端变电站。变电站按设备布置的地点,可分为户外变电站和户内变电站及地下变电站等。按值班方式,变电站又可分为有人值班变电站和无人值班变电站。大容量、重要的变电站大都采用有人值班变电站;无人值班变电站的测量监视与控制操作都由调度中心进行遥测遥控,变电站内不设值班人员。

(2)变电站电气设备

变电站的电气设备分为一次设备和二次设备。

变电站中凡直接用来接受与分配电能以及与改变电能电压相关的所有设备,均称为一次设备或主设备。由于大都承受高电压,故也多属高压电器或设备。它们包括主变压器、断路器、隔离刀闸、母线、互感器、电抗器、补偿电容器、避雷器以及进出变电所的输配电线路等。由一次设备连接成的系统称为电气一次系统或电气主接线系统。

对一次设备起测量、监察、控制和保护等作用的设备,称为二次设备。它包括测量仪表、继电保护装置、自动装置、远动装置、操作电源、控制与信号装置及控制电缆等。二次设备及其相互间的连接电路,称为二次接线或二次回路。变电站二次系统是整个变电站控制和监视的神经系统,直接关系到变电站乃至系统能否安全可靠运行,是变电站电气系统的重要组成部分。

项目1.2 变电运行基本要求

电能在生产、输送、分配、使用各环节中是依靠电力系统中的电气设备及输配电线路来完成的,电气设备及线路是完成电能的生产、输送、分配和使用的执行者,而电业人员是操作电气设备及线路的执行者。因此,电气设备与输配电线路的健康状况及电业人员的素质高低,是电能在生产、输送、分配、使用过程中能否顺利进行的根本保证。

在变电站中从事运行工作的电业人员,常称为变电运行工作者或运行值班人员。所谓变电运行,就是变电运行值班人员对电能的输送、分配和使用过程中的电气设备所进行的监视、控制、操作与调节。

变电运行的基本要求是安全性和经济性。

(1)变电运行的安全性

变电运行的安全性是从设备安全和人身安全两个角度考虑的。电气设备及输配电线路是完成电能从生产—流通—消费环节的具体执行者,必须要求其健康、可靠,而且每个环节中的电气设备与输配电线路都必须健康、可靠。只有这样,才能保证电能的生产、输送、分配、使用不被中断,才能提高用电的可靠性与社会的经济性。要保证电气设备的健康性与可靠性,首先要保证电气设备原始的健康性与可靠性,如设备的出厂合格性、设备的先进性、设备的安装与调整合乎要求。其次,设备在运行过程中,由于环境、时间的推移及其他因素的影响,设备的质量因老化而下降,特别是过电压、大电流、电弧的危害而造成设备直接与间接的损害。对这一过程的损害现象,设备是通过声、光、电、温度、气味、颜色等表现出来的。若电气设备的声音突变沉闷、不均匀、不和谐、产生弧光,电流表、电压表、功率表、频率表指示发生剧烈变动、颤动,温度突然升高,突然产生浓烈的化学异味,颜色突然改变,这些都是由于电气设备遭受冲击而产生损害(甚至是报废)的具体表现。变电运行人员此时必须判断清楚,准确、快速地作出反应,采取相应措施,将故障切除,并使故障范围尽量缩小而快速恢复供电。

(2)变电运行的经济性

变电运行的经济性是指电力系统在传输和使用电能的过程中,必须尽量降低其输送成本、流通损耗,做到节约用电。在保证电力系统安全运行的前提下,提高变电运行的经济性主要从以下 3 个方面入手:

①供电部门应做好计划用电、节约用电和安全用电,并在社会上做好有关的宣传工作,节约用电问题在我国尤为突出。

②加强电网管理是降低损耗的主要手段。

③分时计费制是一项重大的科学的经济技术调节手段,这在电能“储存”问题没有得到解决的情况下,使电能得到了最大的充分合理的利用,同时又使电气设备负荷均匀地运行,避免了过负荷对设备的冲击危害。

变电运行的安全和经济是相辅相成的两大基本问题,但安全必须在前,安全就是经济,而且安全是最根本的经济。

项目 1.3　变电运行工作内容及岗位职责

1.3.1　工作内容

变电运行的工作内容如下:

①按调度命令进行倒闸操作和事故处理。

②按规定进行设备巡视。

③认真进行运行监视,记录各项数据,并分析设备运行是否正常。

④按规定抄表。

⑤按规定进行维护工作。

⑥正确填写各种记录簿。值班期间进行的各项工作均应做好记录。

⑦为到站工作人员办理工作许可手续,布置安全措施,并在工作结束后进行验收。

⑧保管、整理设备钥匙、备品备件、工具仪表、图纸资料、规程文件、安全绝缘工具、通信设备。

1.3.2　岗位职责

变电站人员岗位设置一般为站长、副站长、专责工程师(技术员)、值长(值班负责人)、正(主)值、副值。

(1)站长的职责

①站长是安全第一责任人,全面负责本站的工作。

②组织本站的政治、业务学习,编制本站年、季、月工作计划,值班轮值表,并督促完成。落实全站人员的岗位责任制。

③制订和组织实施控制异常和未遂的措施,组织本站安全活动,开展季节性安全大检查、安全性评价、危险点分析等工作。参与本站事故调查分析,主持本站障碍、异常和运行分析会。

④定期巡视设备,掌握生产运行状况,核实设备缺陷,督促消缺。签发并按时报出总结及各种报表。

⑤做好新、扩、改建工程的生产准备,组织或参与验收。

⑥检查、督促两票、两措、设备维护和文明生产等工作。

⑦主持较大的停电工作和较复杂操作的准备工作,并现场把关。

(2)副站长的职责

协助站长工作,负责分管工作,完成站长指定的工作,站长不在时履行站长职责。

(3)专责工程师(技术员)的职责

①变电站专责工程师是全站的技术负责人。

②监督检查现场规章制度执行情况,参加较大范围的停电工作和较复杂操作的监督把关,组织处理技术问题。

③督促修试计划的执行,掌握设备的运行状况,完成设备评级。

④负责站内各种设备技术资料的收集、整理、管理,建立健全技术档案和设备台账。

⑤负责组织编写、修改现场运行规程。

⑥编制本站培训计划,完成本站值班人员的技术培训和考核工作。

⑦制订保证安全的组织措施和技术措施,并督促执行。

(4)值长的职责

①值长是本值的负责人,负责当值的各项工作;完成当值设备的维护、资料的收集工作;参与新、扩、改建设备验收。

②领导全值接受、执行调度命令,正确迅速地组织倒闸操作和事故处理,并监护执行倒闸操作。

③及时发现和汇报设备缺陷。

④审查工作票和操作票,组织或参加验收工作。

⑤组织做好设备巡视、日常维护工作。

⑥审查本值记录。

⑦组织完成本值的安全活动、培训工作。

⑧按规定组织好交接班工作。

(5)正(主)值的职责

①在值长领导下担任与调度之间的操作联系。

②遇有设备事故、障碍及异常运行等情况,及时向有关调度、值长汇报并进行处理,同时

做好相关记录。

③做好设备巡视、日常维护工作,认真填写各种记录,按时抄录各种数据。

④受理调度(操作)命令,填写或审核操作票,并监护执行。

⑤受理工作票,并办理工作许可手续。

⑥填写或审核运行记录,做到正确无误。

⑦根据培训计划,作好培训工作。

⑧参加设备验收。

⑨参加站内安全活动,执行各项安全技术措施。

(6)副值的职责

①在值长及正(主)值的领导下对设备的事故、障碍及异常运行进行处理。

②按本单位规定受理调度(操作)命令,向值长汇报,并填写倒闸操作票,经审核后在正(主)值监护下正确执行操作。

③做好设备的巡视、日常维护、监盘和缺陷处理工作。

④受理工作票并办理工作许可手续。

⑤作好运行记录。

⑥保管好工具、仪表、钥匙、备件等。

⑦参加设备验收。

⑧参加站内安全活动,执行各项安全技术措施。

项目1.4　变电运行管理模式

1.4.1　有人值班管理模式

由变电站运行人员全面负责本变电站的监视控制、运行维护、倒闸操作、设备巡视、事故及异常处理、设备定期试验轮换、文明生产、治安保卫等全部运行工作。

这种管理模式是传统的变电站管理模式。变电站运行人员在本变电站内值班,既要对变电设备进行运行管理,又要负责变电站的治安保卫工作。其优点是变电站运行人员只负责本变电站设备的运行管理,设备数量相对较少,运行人员对设备的结构、性能及运行状况等非常熟悉,这样对变电站设备的安全运行非常有利,同时变电站的治安保卫工作也不成问题。而缺点则是有人值班变电站需要的运行人员数量较多。

1.4.2　集控站管理模式

由集控站运行人员全面负责所辖范围内各无人值班变电站的监视控制、运行维护、倒闸操作、设备巡视、事故及异常处理、设备定期试验轮换、文明生产等全部运行工作。

集控站管理模式对每个运行值班员的业务素质要求比较高,他们除了每天对各变电站的日常监视控制、运行维护、倒闸操作、设备巡视、事故及异常处理以及调压工作外,还要负责各变电站的文明生产、小型维护和车辆管理等全部工作。这种管理模式,实际上就是把原来的一个有人值班变电站变成多个无人值班变电站,相当于变电站的围墙扩大到某一个区域,运行人员以车代步进行日常工作。其优点是对监控和操作维护工作,运行值班人员可以相互拾遗补缺。缺点是监控和操作维护工作分工不明确,专业性管理不强,影响工作质量。另外,每个值有两个值班员负责监控,每个集控站要有8个值班员负责监控,在减人增效方面效果不明显。

1.4.3　监控中心+操作队管理模式

由监控中心运行人员负责所辖范围内各无人值班变电站的监视控制等运行工作,由操作队运行人员负责所辖范围内各变电站的运行维护、倒闸操作、设备巡视、事故及异常处理、设备定期试验轮换等其他运行工作。

监控中心+操作队管理模式就是将集控站的监控和操作维护分成两个(监控中心和操作队)独立的班组,而监控中心又可将多个集控站的监控部分进行集中监控,操作队的管辖范围仍按原来集控站的操作维护部分。这种管理模式促进了变电运行专业内部职能的划分,监控和操作维护工作分工明确,专业性管理强,工作质量和效率大大提高。由于设立统一的集中监控中心,即一个地市供电公司设立一个监控中心,同样是每个值有两个值班员负责监控,但监控的变电站数量是每个集控站的几倍,因此减人增效的效果非常显著。当变电站增加到一定数量时,可以适当增加监控人员,以确保监控质量。

集控站管理模式和监控中心+操作队管理模式都存在一个共同的问题,就是无人值班变电站的治安保卫和防盗问题。目前解决的办法是在变电站装设"脉冲电子围栏周界报警系统",达到治安保卫和防盗的目的。

思考题

1. 列举变电站的一次设备、二次设备,描述各种设备的作用。
2. 变电运行的工作内容有哪些?

技能题

在仿真系统中认识变电站的一、二次设备,解释监控系统中各种运行参数的含义。

单元2 变电站的管理制度

知识目标

- 能描述电力调度管理机构的职能和我国调度机构的设置情况。
- 初步了解变电站的运行管理制度。
- 能理解变电站的设备编号规则及设备评级标准。
- 初步熟悉常规变电站的技术资料和规程规范。
- 了解变电站的安全考核标准和安全管理措施。

技能目标

- 能根据变电站的工作内容、性质正确填写变电站工作票。

项目2.1 调度管理

2.1.1 调度管理的组织形式

电能生产的发、送、变、配、用是不可分割的整体，具有生产、分配、消耗同时完成的特点，必须实行集中管理，统一调度。调度机构是电力系统生产和运行的指挥机构，是电力系统的中枢神经。我国的调度机构分以下5级：

①国家调度机构。简称国调，是指由国务院电力行政主管部门设置的全国最高电网调度机构——国家电力调度通信中心。

②跨省、自治区、直辖市的调度机构。简称网调，是指跨省电网管理部门主管的电网调度机构。

③省、自治区、直辖市调度机构。简称省调，是指省、自治区、直辖市电网管理部门（即省级电网管理部门）主管的电网调度机构。

④地市级调度机构，简称地调，是指省辖市级的电网管理部门主管的电网调度机构。

⑤县级调度机构，简称县调，是指县（含县级市）的电网管理部门主管的调度机构。

各级调度机构在电力生产运行指挥系统中是上下级关系。调度机构既是生产单位，又是其隶属的电管（业）局的职能机构，同时对网内各发、供电企业起业务指导作用。

2.1.2 调度管理的原则及任务

我国电网调度管理的原则是：电网运行实行统一调度，分级管理。

所谓统一调度，是指电网调度机构领导整个电力系统的运行和操作，下级调度服从上级调度的指挥，保证实现以下基本要求：

①充分发挥本系统内发供电设备的能力，有计划地供应系统负荷的需要。

②使整个系统安全运行和连续供电、供热。

③使系统内各处供电、供热的质量(如频率、电压、热力网的蒸汽压力、温度及热水的温度等)符合规定标准。

④根据本系统的实际情况,合理使用燃料和水力资源,使全系统在最经济的方式下运行。

为此,调度管理机构应进行以下主要工作:

①编制和执行系统的运行方式。

②对调度管辖内的设备进行操作管理。

③对调度管辖内的设备编制检修计划,批准并督促检修计划的按期完成。

④指挥电力系统的频率调整和调度管辖范围内的电压调整工作。

⑤指挥系统事故的处理,分析系统事故,制订提高系统安全运行的措施。

⑥参加拟订发供电量计划、各种技术经济指标(煤耗、厂用电、水耗、水量利用、线路损失)和改进系统经济运行的措施。

⑦参加编制电力分配计划,监视用电计划执行情况,严格控制按计划指标用电。

⑧对管辖的继电保护和自动装置以及通信和远动自动化设备负责运行管理,对非直接管辖的上述设备和装置负责技术领导。

⑨对系统的远景规划和发展计划提出意见并参加审核工作,参加通信和远动自动化规划编制工作。

所谓分级管理,是指根据电网分层的特点,为了明确各级调度机构的责任和权限,有效地实施统一调度,由各级电网调度机构在其调度管理范围内具体实施电网调度管理的分工。

目前,我国电力系统尚未实现全国联网,但已建立了国家调度中心。在我国已形成了东北电网、华北电网、华中电网、华东电网、西北电网和南方电网6个跨省的大型区域电网。随着三峡输变电工程、西电东送工程的实施,在不久的将来我国将会出现全国统一的联合电网。因此,各网调、省调、地调的职责如下:

网调——负责全电力系统负荷的预测和计算,制订发、供电计划并报送国务院电力行政主管部门备案,指挥全电力系统的安全经济运行,签订并执行与其他电力系统交换电力的协议,指挥、协调省调和地调的工作。

省调——在网调的领导和指挥下,负责省级电力系统的运行操作和故障处理。

地调——在网调和省调的领导和指挥下,负责地区电力系统的运行操作和故障处理。

调度机构还应当编制下达发电、供电调度计划。值班调度人员可以按照有关规定,根据电网运行情况,调整日发电、供电调度计划。

电网运行的统一调度、分级管理是一个整体。统一调度以分级管理为基础,分级管理是为了有效地实施统一调度。统一调度,分级管理的目的是为了有效地保证电网的安全、优质、经济运行。

2.1.3　调度管理制度

系统各级调度机构的值班调度员在其值班期间为系统运行和操作的指挥人,按照批准的调度范围行使指挥权。下级调度机构的值班调度员、发电厂值长、变电站值班长在调度关系上受上级调度机构值班调度员的指挥,接受上级调度机构值班调度员的调度命令。发布调度命令的值班调度员应对其发布的调度员命令的正确性负责。

①下级调度机构、发电厂、变电站的值班人员(值班调度员、值长、值班员),接受上级调度机构值班调度员的调度命令后,应复诵命令,核对无误,并立即执行。调度命令的内容应记入调度日志。任何人不得干涉调度命令的执行。

a. 下级调度机构、发电厂、变电站的值班人员不得不执行或延迟执行上级值班调度员的调度命令。

b. 电网管理部门的负责人、调度机构的负责人以及发电厂、变电站的负责人,对上级调度机构的值班调度员发布的调度指令有不同意见时,可以向上级电网电力行政主管部门或上级调度机构提出,但在其未作出答复前,调度系统的值班人员必须按照上级调度机构的值班调度员发布的调度指令执行。

c. 任何单位和个人不得干预调度系统的值班调度员发布或执行调度指令。发供电单位领导人发布的命令,如涉及系统值班调度员的权限,必须经值班调度员的许可才能执行(在现场故障处理规程内已有规定者除外)。

②系统内的设备,其操作指挥权应按以下规定进行:

a. 属于调度管辖下的任何设备,未经相应调度机构值班调度员的命令,发电厂、变电站或下级调度机构的值班人员不得自行操作和开停或自行命令操作和开停,但对人员或设备安全有威胁者除外。上述未得到命令进行的操作和开停,在操作和开停后应立即报告相应调度机构的值班调度员。

b. 不属于上级调度机构调度管辖范围内的设备,但它的操作对系统运行方式有较大影响时,则发电厂、变电站或下级调度机构只有得到上级调度机构值班调度员的许可后才能进行操作(这类设备的明细表根据调度范围由网调或省调确定)。

c. 下级调度机构调度范围内的各项设备,在紧急情况下,可由上级调度机构值班调度员直接下令拉闸停用,但应尽快通知下级调度机构值班调度员。其恢复送电仍需通过下级调度机构值班调度员进行。

③当发生拒绝执行正确的调度命令,破坏调度纪律的行为时,调度机构应立即组织调查,并将调查结果报请主管局主管生产的领导处理。

下列事项属于命令事项,调度应以命令形式下达。

a. 倒闸操作。

b. 设备之加用、停用、备用、试验、检修。

c. 负荷分配及发电任务之规定。

d. 频率、电压、出力之调整。

e. 继电保护和自动装置之加用、停用及定值之调整。

f. 故障处理。

g. 与运行有关的其他事项。

2.1.4 系统的频率、电压、负荷管理

(1)频率管理

电网频率应保持 50 Hz,其偏差不超过 ±0.2 Hz。电钟与标准钟的误差不得超过 30 s;禁

止升高或降低频率运行。

各大电力系统频率控制以网调为主,指定一个或几个发电厂为频率调整厂,并分别规定其频率调整的范围和程度。调频厂和各级调度协同管理维持电网频率为50 Hz。

为了防止事故发生时频率急剧下降造成电网瓦解,电网应装设低频减负荷、低频解列和低频自启动(发电)的装置,并编制电网事故时切除负荷的紧急拉闸顺序表。

通常,当系统频率发生异常时,调度将按以下规定处理:

①当频率降至49.8 Hz以下或升至50.2 Hz以上时,通知各发电厂增、减出力(包括水电厂启、停备用机组),使频率恢复正常或达到机组最大或最低出力为止。

②当频率降至49 Hz及以下时,按频率自动减负荷装置动作,自动按普通Ⅰ,Ⅱ,Ⅲ轮和特殊轮分别切除负荷。

(2)电压管理

为了使用户获得正常电压,调度机构应选择地区负荷集中的发电厂和变电站的母线作为电压监视的中枢点,按季编制电网电压控制点和有一定调节手段的电压监视点电压(或无功)运行曲线,标明正常运行电压(或无功)和允许的偏差范围,下发有关单位执行。

各电压控制点、监视点的厂、站值班人员必须严格执行调度机构下达的电压运行曲线,充分利用设备无功潜力和调节手段,使母线电压经常与电压曲线上规定的正常值相等。电网需要时,有关调度机构的值班调度员可以临时改变电压(或无功)运行曲线。

系统电压调整的方法如下:

①改变发电机和调相机的励磁。

②加用和停用电容器(包括串补电容)。

③调整静止补偿器的无功出力。

④调整有载调压变压器分接头,改变无励磁调压变压器分接头(主网变压器分接头由省调负责整定,地调管辖的330 kV变压器分接头的整定和调整应报省调同意后执行)。

⑤改变厂、所间的负荷分配。

⑥改变电网接线方式。

⑦启动备用机组。

当电网中枢点电压降低到事故极限值以下时,为避免电网电压崩溃,各厂、站值班人员应尽可能利用本单位的调压手段提高电压,并报告值班调度员,调度员应迅速利用一切措施(如利用一切可调出力、增加无功出力、利用电容器和静补装置、启动备用机组、改变有载调压变压器的分接头等)来维持电压。必要时,立即按紧急事故拉闸顺序表进行拉闸,直至电压恢复至事故极限值以上。

(3)负荷管理

网调、省调编制发、供电计划。

省调、地调、县调应根据本级人民政府的生产调度部门的要求、用户的特点和电网安全运行的需要,提出事故减负荷次序表,由调度机构执行。

调度机构对于威胁电网安全运行时,调度机构可以部分或者全部暂时停止供电。

出现下列紧急情况之一时,值班调度人员可以调整日发电、供电调度计划,调整发电厂功率,开或者停发电机组等指令,可以向本电网内的发电厂、变电站的运行值班单位发布调度指令。

①发电、供电设备发生重大事故或者电网发生事故。

②电网频率或者电压超过规定范围。

③输变电设备负载超过规定值。

④主干线路功率值超过规定的稳定限额。

⑤其他威胁电网安全运行的紧急情况。

项目 2.2 变电站的运行管理

变电站的运行管理工作主要包括建立运行班组和配备必要的运行人员,认真贯彻各级岗位责任制,保证生产运行的正常进行。认真贯彻变电站运行管理制度,全面完成各项运行管理和技术管理工作,积极提高运行管理水平。

变电站的日常运行值班工作主要有运行监盘与抄录表计、值班和交接班、巡回检查、倒闸操作、异常和故障处理等工作。

2.2.1 监盘、抄表、核算电量

①变电站的运行监盘工作是日常运行管理工作的主要组成部分。通过对主控制室控制屏上各种表计和信号光字牌的监视,可随时掌握变电站一、二次设备的运行状态及电网潮流分布情况。运行监盘工作必须做到以下几点:

a. 主控制室内必须按要求设置专责监盘席,运行班组按职责范围应指定一名正值班员或副值班员担任当班监盘工作。

b. 监盘人员必须坚守岗位,不得擅自离岗。

c. 负责对控制屏上的各种表计和信号光字的监视,并随时记录变化情况,同时按要求向调度进行负荷时报。

②变电站的抄表核算是指运行人员根据站内装的各种关口表计或馈线电能、电测计量表计对负荷的计量情况,每日进行电量核算,以反映变电站过境和输送电能的情况,同时对通过母线电量平衡和电压合格率的核算,以及送、受端电能的计量,核算网损,反映电网的经济效益。

a. 运行班组必须设置当日值班抄表人员,认真定时抄录“负荷日志”。

b. 根据抄录的电流、电压、有功功率和无功功率,核算有功、无功电量,并进行母线电量不平衡率和电压合格率的核算。

c. 发现因计量装置或二次回路引起的异常应及时汇报值班长或站长,以便组织专业人员予以消除,确保计量装置正确计量。

2.2.2 交接班制度

变电站的交接班制度内容和要求如下:

①交接班必须严肃认真,严格履行交接手续。未办完交接手续前,不得擅离职守。值班人员在班前 4 h 和值班期间严禁饮酒,值班人员应提前到岗做好接班的准备工作。若接班人

员因故未到,交班人员应坚守工作岗位,并立即报告上级领导,做出安排。个别因特殊情况而迟到的接班人员,应同样履行接班手续。

②交班值应提前30 min对本值内工作进行全面检查和总结,整理记录,做好清洁工作,填写交接班总结。交班前,值班长应组织全班人员进行本值工作的小结,并将交接班事项填写在值班运行日志中。交接班时应交清以下内容:

a. 设备运行方式(核对模拟盘和实际设备)。

b. 设备的检修、扩建和改进等工作的进展情况及结果。

c. 本值内进行的操作,发生的事故、障碍、异常现象及处理情况。

d. 巡视发现的缺陷和处理情况以及本值自行完成的维护工作。

e. 继电保护、自动装置、远动装置、通信、微机监控、五防设备的运行及动作情况。

f. 许可的工作票、停电、复电申请,工作票及工作班工作进展情况。

g. 使用中的接地刀闸及接地线的使用组数及位置。

h. 图纸、资料、安全工具、工器具、其他用具、物品、仪表及钥匙齐全无损。

i. 工具、仪表、备品、备件、材料、钥匙等的使用和变动情况。

j. 当值已完成和未完成的工作及其有关措施。

k. 上级指示、各种记录和技术资料的收管情况。

l. 设备整洁、环境卫生、通信设备(包括电话录音)情况。

③接班人员应提前10 min到达主控室,交班值班长口述其交班内容。然后接班值进行设备巡视;试验检测有关装置信号;查阅有关记录;检查工器具,核对模拟盘接线是否与运行方式相符。待接班值检查无误且情况全部清楚后,接班人员签字并注明时间,交接班方告结束。

④交接班时应尽量避免倒闸操作。在交接班过程中,若发生事故或异常情况,应停止交接班,原则上由交班人员负责处理,但接班人员应主动协助。故障处理告一段落,再继续进行交接班。

⑤有下列情况之一时,不得进行交接班。

a. 事故处理和倒闸操作时。

b. 检修、试验、校验等工作内容及工作票不清楚时。

c. 未按清洁制度做好清洁工作时。

d. 发现异常现象,尚未查明原因时。

e. 上级指示和运行方式不清时。

f. 应进行的操作,如传动试验、检查、清扫、加水、加油、放水等工作未做完时。

g. 应交接的图纸,如资料、记录、工器具、家具、熔断器、物品、钥匙、仪表不全或损坏无说明时。

h. 交接班人员未到齐时。

⑥接班人员应认真听取交班人员的介绍,并会同交班人员到现场检查以下工作:

a. 核对一次模拟图板和二次连接片投、退表是否与设备的实际位置相符,对上值操作过的设备要进行现场检查核对。

b. 对存在缺陷的设备要检查其缺陷是否有进一步扩展的趋势。

c. 检查继电保护的运行和变更情况，对信号回路及自动装置按规定进行检测。

d. 了解设备的检修情况，检查设备上的临时安全措施是否完整。

e. 了解直流系统运行方式及蓄电池充、放电情况。

f. 审查各种记录、图表、技术资料以及工具（包括安全工具）、仪器仪表、备品备件应完整。

g. 检查设备及环境卫生。

h. 交接班工作必须做到交、接两清，双方一致认为交接清楚无问题后，在运行记录本上签名。

i. 接班后，值班长应组织全班人员开好碰头会，根据系统设备运行、检修及天气情况等，提出本值运行中应注意的事项及事故预想。

⑦交接班以各种记录为依据，如因交班值少交、漏交所造成的后果，由交班值负责。

2.2.3 巡回检查制度

变电站的巡回检查制度是确保设备正常安全运行的有效制度。各变电站应根据运行设备的实际工况，并总结以往处理设备事故、障碍和缺陷的经验教训，制订出具体的检查方法。本内容详见模块 3 单元 5。

2.2.4 设备定期试验轮换制度

各单位应根据实际情况，制订适合本单位的“变电站设备定期试验轮换制度”。下面的制度可作为参考。

（1）一般规定

①本制度适用于变电站内所有一、二次设备，同时包括通风、消防等附属设备。

②变电站内设备除应按有关规程由专业人员根据周期进行试验外，运行人员还应按照本制度的要求，对有关设备进行定期的测试和试验，以确保设备的正常运行。

③对于处在备用状态的设备，各单位应按照本制度的要求，定期投入备用设备，进行轮换运行，保证备用设备处在完好状态。

④各单位应根据本制度的要求，并结合实际情况，将有关内容列入变电站的工作年、月历中，并建立相应的记录。

（2）设备定期试验制度

①有人值班变电站应每日对变电站内中央信号系统进行试验，试验内容包括预告、事故音响及光字牌。集控站也应每日对监控系统的音响报警和事故画面功能进行试验。

②在有专用收发讯设备运行的变电站，运行人员每天应按有关规定进行高频通道的对试工作。

③蓄电池定期测试规定如下：

a. 铅酸蓄电池每月普测一次单体蓄电池的电压、比重，每周测一次代表电池的电压、比重。

b. 碱性蓄电池每月测一次单体蓄电池的电压，每周测一次代表蓄电池的电压。

c. 有人值班站的阀控密封铅酸蓄电池，每月普测一次电池的电压，每周测一次代表电池的电压。

d. 无人值班站的阀控密封铅酸蓄电池，每月普测一次电池的电压。

e. 代表电池应不少于整组电池个数的1/10，选测的代表电池应相对固定，便于比较。

f. 蓄电池测量值应保留小数点后两位，每次测完电池应审查测试结果。当电池电压或比重超限时，应在该电池电压或比重下边用红色横线标注，并应分析原因及时采取措施，设法使其恢复正常值，将检查处理结果写入蓄电池记录。对站内解决不了的问题及时上报，由专业人员处理。

g. 各站应参照蓄电池厂家说明书及相关规程，写出符合实际的蓄电池测试规范及要求，并贴在"蓄电池测量记录"本中，以便测量人员核对。

h. 各站站长（操作队长）应及时审核"蓄电池测量记录"，并在每次测完的蓄电池测量记录上（右下角）签字。

④变电站事故照明系统每月试验检查一次。

⑤35 kV 及以上磁吹避雷器、氧化锌避雷器，每年第一季度由专业人员进行试验一次（或带电测试），以确认避雷器是否完好。

⑥运行人员应在每年夏季前对变压器的冷却装置进行试验。

a. 凡变压器装有冷却设备的风扇、油泵、水泵、气泵正常时为备用或辅助状态的应进行手动启动试验，确保装置正常，试验后倒回原方式。

b. 冷却装置电源有两路以上的且平时作为备用的电源应进行启动试验，试验时严禁两电源并列，试验后倒回原方式。

⑦电气设备的取暖、驱潮电热装置每年应进行一次全面检查。

a. 检查取暖电热应在入冬前进行。对装有温控器的电热应进行带电试验或用测量回路的方法进行验证有无断线。当气温低于0 ℃时，应复查电热装置是否正常。

b. 检查驱潮电热应在雨季来临之前进行，可用钳型电流表测量回路电流的方法进行验证。

c. 取暖电热应在11月15日投入，3月15日退出。

⑧装有微机防误闭锁装置的变电站，运行人员每半年应对防误闭锁装置的闭锁关系、编码等正确性进行一次全面的核对，并检查锁具是否卡涩。

⑨对于变电站内的不经常运行的通风装置，运行人员每半年应进行一次投入运行试验。

⑩变电站内长期不调压或有一部分分接头位置长期不用的有载分接开关，有停电机会时，应在最高和最低分接间操作几个循环，试验后将分接头调整到原运行位置。

⑪直流系统中的备用充电机应半年进行一次启动试验。

⑫变电站内的备用所用变（一次不带电）每年应进行一次启动试验，试验操作方法列入现场运行规程；长期不运行的所用变每年应带电运行一段时间。

⑬变电站内的漏电保安器每月应进行一次试验。

（3）设备定期轮换制度

①备用变压器（备用相除外）与运行变压器应半年轮换运行一次。

②一条母线上有多组无功补偿装置时，各组无功补偿装置的投切次数应尽量趋于平衡，以满足无功补偿装置的轮换运行要求。

③因系统原因长期不投入运行的无功补偿装置,每季应在保证电压合格的情况下,投入一定时间,对设备状况进行试验。电容器应在负荷高峰时间段进行;电抗器应在负荷低谷时间段进行。

④对强油(气)风冷、强油水冷的变压器冷却系统,各组冷却器的工作状态(即工作、辅助、备用状态)应每季进行轮换运行一次。将具体轮换方法写入变电站现场运行规程。

⑤对 GIS 设备操作机构集中供气站的工作和备用气泵,应每季轮换运行一次,将具体轮换方法写入变电站现场运行规程。

⑥对变电站集中通风系统的备用风机与工作风机,应每季轮换运行一次,将具体轮换方法写入变电站现场运行规程。

2.2.5 倒闸操作票制度

倒闸操作是变电站运行工作中较为复杂的技术工作,要想正确、安全地完成倒闸操作任务,避免误操作,实现安全运行,就必须认真执行倒闸操作制度。倒闸操作票制度包括操作指令的正确发布和接受,操作票的正确填写、审查、预演、执行等,并认真执行监护制度。具体内容详见模块 3 单元 6。

2.2.6 工作票制度

(1)工作票的作用

工作票是批准在电气设备上工作的书面命令,也是明确安全职责,严格执行安全组织措施,向工作人员进行安全交底,履行工作许可手续和工作间断、工作转移和工作终结手续,同时实施安全技术措施等的书面依据。因此,在电气设备上工作时,必须按要求填写工作票。

(2)工作票所列人员的安全责任

1)工作票签发人

工作票签发人应由分场、工区(站)熟悉人员技术水平、熟悉设备情况、熟悉《电业安全工作规程》的生产领导人、技术人员或经厂、局主管生产领导批准的人员担任,并书面公布,不符合以上条件的任何人员均无权签发工作票。

工作票签发人可以作为工作班成员参加该项工作,但不得兼任工作负责人,否则将使所填写的工作票得不到必要的审核或制约,因此两者不得由一人兼任。

工作票签发人签发工作票时应注意下述几点:工作必要性;工作是否安全,工作票上所填安全措施是否正确完备;所派工作负责人和工作班人员是否适当和足够。

2)工作负责人(监护人)

工作负责人应由分场或工区主管生产的领导书面批准,必须由一定工作经验的人员担任,可以填写工作票,但不得签发工作票。工作负责人在工作票中的安全责任有下述几点:正确安全地组织工作;结合实际进行安全思想教育;督促、监护工作人员遵守安全规程,负责检查工作票所列安全措施是否正确完备,值班员所做的安全措施是否符合现场实际条件;工作前对工作人员交代安全事项;工作班人员变动是否合适。

3)工作许可人

工作许可人由变电站副值及以上值班员担任,并应由分场或工区主管生产的领导书面批准。

工作许可人不得兼任该项工作的工作负责人。

工作许可人在工作票中的安全责任为下述几点:负责审查工作票所列安全措施是否正确完备,是否符合现场条件;工作现场布置的安全措施是否完善;负责检查停电设备有无突然来电的危险;对工作票中所列内容即使发生很小疑问,也必须向工作票签发人询问清楚,必要时应要求作详细补充。

4)值班负责人

工作票内的值班负责人由正值及以上值班员担任,并应由分场或工区主管生产的领导书面批准。

值班负责人的安全责任为负责审查工作票所列安全措施是否正确完备,以及审查工作许可人现场所做安全措施是否正确完备,停电检修设备有无突然来电的危险。

5)工作班成员

工作班成员应具有自我防护能力,认真执行《电业安全工作规程》和现场安全措施,互相关心施工安全并监督《电业安全工作规程》和现场安全措施的实施。

(3)工作票的种类及使用范围

根据工作性质的不同,在电气设备上工作时的工作票可分为3种:第一种工作票(格式见附录)、第二种工作票(格式见附录)、口头或电话命令。

1)第一种工作票的使用范围

①凡在高压电气设备上或其他电气回路上工作,需要将高压电气设备停电或装设遮栏的。

②凡在高压室内的二次回路和照明等回路上工作,需要将高压设备停电或做安全措施者,均应填写第一种工作票。

一份工作票中所列的工作地点以一个电气连接部分为限。所谓一个电气连接部分,是指配电装置的一个电气单元中,其中间用刀闸(或熔断器)和其他电气部分作截然分开的部分,该部分无论伸到变电站的什么地方,均称为一个电气连接部分。之所以这样规定,是因为在一个电气连接部分的两端或各侧施以适当的安全措施后,就不可能再有其他电源窜入的危险,故可保证安全。

2)填写第一种工作票的规定

①为使运行值班员能有充分时间审查工作票所列安全措施是否正确完备,是否符合现场条件,第一种工作票应在工作前24 h交给值班员。

②工作票中以下几项不能涂改:

a.设备的名称和编号。

b.工作地点。

c.接地线装设地点。

d.计划工作时间。

③工作票一律用钢笔或圆珠笔填写,一式两份,不得使用铅笔或红色笔,要求书写正确、清楚,不能任意涂改。如有个别错别字要修改时,应在要改的字上划两道横线,使被改的字能看得清楚。

④应在工作内容和工作任务栏内填写双重名称,即设备编号和设备名称,其他有关项目可不填写双重名称。

⑤当工作结束后,如接地线未拆除,除允许值班员和工作负责人先行办理工作终结手续,将其中一份工作票退给检修部门(不填接地线已拆除)作为该项工作的终结外,要待接地线拆除、恢复常设遮栏后,才可作为工作票终结。

⑥当几张工作票合用一组接地线时,其中有的工作终结,只要在接地线栏内填写接地线不能拆除的原因,即可对工作票进行终结,当这组接地线拆除后,恢复常设遮栏,方可给最后一张工作票进行终结。

⑦凡工作中需要进行高压试验项目时,则必须在工作票的工作任务栏内写明。在同一个电气连接部分发出带有高压试验项目的工作票后,禁止再发出第二张工作票;若确实需要发出第二张工作票,则原先发出的工作票应收回。

⑧用户在电气设备上工作,必须同样执行工作票制度。

⑨在一经合闸即可送电到工作地点的断路器及两侧隔离开关操作把手上均应挂“禁止合闸,有人工作!”的警告牌。

⑩如工作许可人发现工作票中所列安全措施不完善,而工作票签发人又远离现场时,则允许在工作许可人填写栏内对安全措施加以补充和完善。

⑪值班人员在工作许可人填写的栏内,不准许填写“同左”等字样。

⑫工作票应统一编号,按月装订,评议合格,保存一个互查周期。

⑬工作票要求进行的验电,装拆接地线,取、放控制回路熔丝等操作均需填写安全措施操作票,其内容、考核同倒闸操作票。

⑭计划工作时间与停电申请批准的时间应相符。确定计划工作时间应考虑前、后留有0.5~1 h,作为安全措施的布置和拆除时间。若扩大工作任务而不改变安全措施,必须由工作负责人通过工作许可人和调度同意,方可在第一种工作票上增加工作内容。若需变更安全措施,必须重新办理工作票,履行许可手续。

⑮工作票签发人在考虑设置安全措施时,应按本次工作需要拉开工作范围内所有断路器、隔离开关及二次部分的操作电源,许可人按实际情况填写具体的熔丝和连接片。工作地点所有可能来电的部分均应装设接地线,签发人注明需要装设接地线的具体地点,不写编号,许可人则应写接地线的具体地点和编号。

⑯工作地点、保留带电部分和补充安全措施栏,是运行人员向检修人员交代安全注意事项的书面依据。

a. 检修设备间隔上、下、左、右、前、后保留带电部分和具体设备名称编号,如××××隔离开关××侧有电。

b. 指明与保护工作地点相邻的其他保护盘的运行情况。

c. 其他需要向检修人员交代的注意事项。

⑰工作票终结时间应在安全措施执行结束之后，不得超出计划停电时间。工作票应在值班负责人全面复查无误签名后方可盖“已终结”章，向调度汇报竣工。

3）第二种工作票的使用范围

①带电作业和在带电设备外壳上的工作。

②控制盘、低压配电盘、配电箱、电源干线上的工作。

③二次接线回路上的工作，无须将高压设备停电的工作。

④非运行人员用绝缘棒、核相器和电压互感器定相或用钳型电流表测量高压回路的电流。

⑤在转动中的发电机、同期调相机的励磁回路或高压电动机转子电阻回路上的工作。

第二种工作票与第一种工作票的最大区别是不需将高压设备停电或装设遮栏。

4）填写第二种工作票的规定

①第二种工作票应在工作前交值班员。

②建筑工、油漆工和杂工等非电气人员在变电站内工作，如因工作负责人不足，工作票交给监护人，可指定本单位经安全规则考试合格的人员作为监护人。

③在几个电气部分上依次进行不停电的同一类型的工作时，可发给一张第二种工作票。工作类型不同，则应分别开票。

④第二种工作票不能延期。若工作没结束，可先终结，再重新办理第二张工作票手续。

⑤注意事项栏内应填写的项目如下：

a. 带电工作时重合闸的投、切情况。

b. 做保护定校、检查工作时，该套保护及母线有关连接的保护连接片的投、切情况。工作设备与其他相邻保护应用遮栏隔开的情况。

c. 在直流回路、低压照明回路或低压干线上工作时，电源开关及熔断器切除情况，按需要装设的接地线或挡板情况。

d. 在邻近运行设备工作时，应注明设备运行情况，安全距离应以数字表示。

e. 在蓄电池室内工作时，应提醒工作人员注意“禁止烟火”。在控制室、直流室或蓄电池室顶部工作时，下面应设遮栏布及注明其他注意事项。

f. 在高处作业时，应注明下层设备及周围设备运行情况。

g. 工作时防止事故发生的措施不要笼统地写“注意”“防止”等字样，如“防振动、防误跳、防误拔继电器、防跑错间隔”等，而应写明具体措施，如“加锁、切连接片”或“贴封条”等。

h. 带电拆引线时，应注明该引线是否带负荷的具体情况；进行带电测温、核相等工作时，应注明设备的运行情况。

i. 在变电站内地面挖掘时，应注明地下电缆及接地装置情况。

5）口头或电话命令的工作

该种工作一般指变电值班人员按现场规程规定所进行的工作。检修人员在低压电动机和照明回路上工作，可用口头联系。口头或电话命令必须清楚正确，值班员将发令人、负责人及工作任务详细记入操作记录簿中，并向发令人反复确认、核对无误。

在事故抢修情况下可以不用工作票，事故抢修系指设备在运行中发生了故障或严重缺陷需要紧急抢修，而工作量不大、所需时间不长、在短时间能恢复运行者，此种工作可不使用工作票，但在抢修前必须做好安全措施，并得到值班员的许可，如果设备损坏比较严重或是等待备品、备件等原因，短时间不能修复、需转入事故检修者，则仍应补填工作票，并履行正常的工作许可手续。

(4)工作票的执行程序

1)签发工作票

在电气设备上工作，使用工作票必须由工作票签发人根据所要进行的工作性质，依据停电申请，填写工作票中有关内容，并签名以示对所填写内容负责。

2)送交现场

已填写并签发的工作票应及时送交现场。第一种工作票应在工作前一日交给值班员，临时工作的工作票可在工作开始以前直接交给值班员。第二种工作票应在进行工作的当天预先交给值班员，主要目的是为使变电值班员能有充分时间审查工作票所列安全措施是否正确完备、是否符合现场条件等。若距离较远或因故更换工作票，不能在工作前一日将工作票送到现场时，工作票签发人可根据自己填好的工作票用电话全文传达给值班员，传达必须清楚。值班员根据传达做好记录，并复诵校对。

3)审核把关

已送交变电值班员的工作票，应由变电值班员认真审核，检查工作票中各项内容，如计划工作时间、工作内容、停电范围等是否与停电申请内容相符，要求现场设置的安全措施是否完备、与现场条件是否相符等。审核无误后应填写收到工作票的时间，审核人签名。

4)布置安全措施

变电值班员应根据审核合格的工作票中所提要求，填写安全措施操作票，并在得到调度许可将停电设备转入检修状态的命令后执行。从设备开始停电时间起即开始对设备停电后时间开始考核。因此，变电值班员在接到调度命令后应迅速、正确地布置现场安全措施，以免影响开工时间。

5)许可工作

变电值班人员在完成了工作现场的安全措施以后，应会同工作负责人一起到现场再次检查所做的安全措施，以手触试证明被检修设备确无电压，向工作负责人指明带电设备的位置、工作范围和注意事项，并与工作负责人在工作票上分别签字以明确责任。完成上述手续后，工作人员方可开始工作。

6)开工前会

工作负责人在与工作许可人办理完许可手续后，即向全体检修工作人员逐条宣读工作票，明确工作地点、现场布置的安全措施，而且工作负责人应在工作前确认：人员精神状态良好，服饰符合要求，工具材料备妥，安全用具合格、充分，工作内容清楚，停电范围明确，安全措施清楚，邻近带电部位明白，安全距离足够，工作位置及时间要求清楚，工种间配合明白。

7)收工后会

收工后会就是工作一个阶段的小结。工作负责人向参加检修人员了解工作进展情况，其主要内容为工作进度、检修工作中发现的缺陷以及处理情况，还遗留哪些问题，有无出现不安全情况以及下一步工作如何进行等。工作班成员应主动向工作负责人汇报以下情况：

①对所布置的工作任务是否已按时保质保量完成。

②消除缺陷项目和自检情况。

③有关设备的试验报告。

④检修中临时短接线或拆开的线头有无恢复，工器具设备是否完好，是否已全部收回等情况。

收工后检修人员应将现场清扫干净。

8）工作终结

全部工作完毕后，工作负责人应做周密的检查，撤离全体工作人员，并详细填写检修记录，向变电值班人员递交检修试验资料，并会同值班人员共同对设备状态、现场清洁卫生工作以及有无遗留物件等进行检查。验收后，双方在工作票上签字即表示工作终结，此时检修人员工作即告终结。

9）工作票终结

值班员拆除工作地点的全部接地线（由调度管辖的由调度发令拆除）和临时安全措施，并经盖章后工作票方告终结。

工作票流程如下：填写工作票—签发工作票—接收工作票—布置安全措施—工作许可—工作开工—工作监护—工作间断—工作终结—工作票终结。

项目2.3　变电站的设备管理

变电站电气设备的运行性能对电力系统安全运行起着决定性的作用。设备的健康水平是确保电网安全、稳定运行的物质基础。加强电气设备的运行管理，要坚持预防为主的指导方针，搞好设备的运行维护工作，掌握设备磨损、腐蚀、老化、劣化的规律，做好计划和检修，坚持检查质量验收制度，使设备经常处于良好状态。设备管理必须做到职责到位，分工到人。加强设备的缺陷管理，搞好设备的评级、升级和安全、文明生产等工作。

2.3.1　电气设备编号准则

电力系统的安全运行，要求系统中的每一个设备、每一条线路都要有一个编号，以便进行系统调度和运行人员操作，对设备进行编号应遵循以下原则：

①唯一性。系统中的每一个设备、每一条线路均有一个编号，并且只有一个编号。换句话说，每个设备、每一条线路都有一个编号，决不能有两个编号，但也不能没有编号。

②独立性。系统中的每一个编号只能对应一个设备或一条线路，也就是说系统不能两个或两个以上的设备和线路有相同的编号。

③规律性。编号按一定的规则进行编排，这样既可防止重复编号，又便于阅读记忆。

不同地区的电网管理部门制订的电气设备编号准则可能存在差异。下面以仿真变电站为例，说明变电站电气设备编号规则。

（1）主变压器调度命名

主变压器调度命名由“# ＋主变序号＋主变”构成，也可简写为“# ＋主变序号＋B”。仿真变电站示例：主变调度命名分别为#1 主变（或#1B）、#2 主变（或#2B）、#3 主变（或#3B）。

(2)变压器各侧母线、开关、刀闸及接地刀闸,主变中性点接地刀闸的调度编号

变压器各侧母线、开关、刀闸及接地刀闸,主变中性点接地刀闸的调度编号,根据所在电厂、变电站的主接线方式,采用不同的编号原则。以仿真变电站220 kV双母线带旁母为例:

1)母线

①除旁路母线外,双母线接线方式的母线,其调度命名由“电压等级+母线序号+母”构成。其中,母线序号采用不包含V的罗马数字序列Ⅰ,Ⅱ,Ⅲ,Ⅳ,Ⅵ表示,并按发电机向母线侧、变压器向母线侧、固定端向扩建端(平面布置)、下层向上层(高层布置)的顺序依次编号。示例:仿真变电站中的220 kVⅠ,Ⅱ母。

②旁路母线调度命名由“电压等级+旁母”构成。仿真变电站示例:220 kV旁母。

2)开关

①线路开关。编号由“电压等级代码+6+线路间隔序号”组成。其中线路间隔序号采用阿拉伯数字系列1,2,3表示,按固定端向扩建端(一般从1开始计数,下同)的顺序依次编号。当线路间隔个数超过9时,第10个及以后线路间隔主接线方式代码取“7”,并按照最临近原则依次使用线路间隔序号,如261,262,263,…,269,270,271, …。

②主变开关。编号由“电压等级代码+0+主变序号”组成。其中主变序号采用阿拉伯数字系列1,2,3表示,按固定端向扩建端的顺序依次编号。

仿真变电站示例:线路开关编号分别为261,262,263,…;主变开关编号分别为201,202,203。

3)刀闸

①线路开关与母线连接的刀闸编号由“线路开关编号+刀闸所接母线编号”构成,与线路相连的刀闸编号由“线路开关编号+4”构成。

仿真变电站示例:线路261开关与220 kVⅠ母间的刀闸编号为2611,与220 kVⅡ母间的刀闸编号为2612,与220 kV旁母间的刀闸编号为2615,与线路直接相连的刀闸编号为2614。

②主变开关间隔与母线直接连接的刀闸编号由“主变开关编号+刀闸所接母线编号”构成,与主变直接相连的刀闸编号由“主变开关编号+4”构成。

仿真变电站示例:主变201开关与220 kVⅠ母间的刀闸编号为2011,与220 kVⅡ母间的刀闸编号为2012,与220 kV旁母间的刀闸编号为2015,与主变直接相连的刀闸编号为2014。

4)接地刀闸

①线路开关间隔接地刀闸编号由“线路开关编号+30,40或60”构成。其中,靠母线侧接地刀闸编号为30,线路出线刀闸靠开关侧的接地刀闸编号为40,线路出线刀闸靠线路侧的接地刀闸编号为60。

仿真变电站示例:线路261开关靠母线侧的接地刀闸编号为26130,出线刀闸2614刀闸靠开关侧的接地刀闸编号为26140,靠线路侧的接地刀闸编号为26160。

②主变开关间隔接地刀闸编号由“主变开关编号+30,40或60构成。其中,靠母线侧接地刀闸编号为30,主变出线刀闸靠开关侧的接地刀闸编号为40,靠主变侧的接地刀闸编号为60。

仿真变电站示例:主变201开关靠母线侧的接地刀闸编号为20130,出线刀闸2014刀闸

靠开关侧的接地刀闸编号为20140,靠主变侧的接地刀闸编号为20160。

③主变中性点接地刀闸编号由“中性点所在电压侧的主变开关编号 +9”构成。

仿真变电站示例:#1 主变 220 kV 侧中性点接地刀闸编号为 2019;110 kV 侧中性点接地刀闸编号为 1019。

设备编号在设备投入运行前就已经确定。运行人员应熟悉设备编号。

2.3.2 设备单元的划分

变电站设备单元的划分应按部颁有关变电站运行管理制度制订的管理办法,根据与电气设备直接关联的电气回路和设备间隔修、校、试等工作的需要,确定变电设备评级单元,以便于正常的运行维护管理。设备单元的划分如下:

①变压器以每一台(含附属设备)为一单元。3 台单相变压器为 3 个单元。变压器一次侧没有断路器时,应包括熔断器在内。

②调相机(包括附属设备)每台为一个单元。如数台调相机使用一套公用设备,可增立一公用系统单元。

③以断路器为主要元件的回路定为一个单元,应包括从母线隔离开关(属母线回路)下接线端起所连接的子母线、隔离开关、电流互感器、电压互感器、电抗器、电缆(指设备与设备间的连接电缆。如为线路应另列单元)、耦合电容器、线路避雷器及构架等。三绕组或自耦变压器三侧有断路器者,则其断路器回路应定为 3 个单元。

④母线单元包括母线隔离开关、电压互感器、母线避雷器及构架。

⑤电力电容器一组(包括配套的高压熔断器、电缆、铝排、放电电压互感器、中性点电流互感器、电抗器等)为一个单元。

⑥直流设备(包括蓄电池组、充电或整流装置、储能跳闸电容、复式整流器及直流屏等)为一个单元。

⑦站用变压器一台(包括隔离开关、高压熔断器、避雷器、电缆、所用电屏等)为一个单元。

⑧消弧线圈一台(包括隔离开关、示警装置、避雷器等)为一个单元。

⑨空气压缩系统为一个单元。

⑩站内所有避雷针和接地网为一个单元。

⑪全站土建及照明设备为一个单元。

⑫每台载波或微波通信设备(包括高频电缆、结合滤波器、微波塔及辅助设备等)为一个单元。

⑬继电保护和二次设备,除随相应的变电站一次设备为同一单元外,全站公用的继电保护、自动控制和中央信号屏算一个单元。

⑭故障录波装置一台为一单元。

2.3.3 设备的评级标准

变电设备评级是电气设备技术管理的一项基础工作,设备定期评级可全面掌握设备技术状态。由设备评级所确定的设备完好率是电力企业管理的主要考核指标之一。因此,在设备评级过程中,应做到高标准、严要求和实事求是。

(1)评级原则

设备评级主要是根据运行和检修中发现的设备缺陷结合预防性试验结果进行综合分析,权衡对电力系统安全运行的影响程度,并考虑绝缘和继电保护及自动装置、二次设备定级及其技术管理情况来核定设备的等级。

(2)设备评级的分类

1)一类设备

技术状况全面良好,外观整洁,技术资料齐全、正确,能保证安全可靠、经济、满供者。一类设备的绝缘等级和继电保护自动装置及二次设备正常均为一级。重大的反事故措施或完善化措施已完成者。

2)二类设备

个别次要元件或次要试验结果不合格,但暂时尚不至于影响安全运行或影响小,外观尚可,主要技术资料齐备且基本符合实际,检修和预防性试验超过周期,但不超过半年者。二类设备的绝缘等级及二次设备等定级应为二级。

3)三类设备

有重大缺陷,不能保证安全运行,三漏严重,外观很不整洁,主要技术资料残缺不全,或检修预防性试验超过一个周期加半年仍未修试者。上级制订的重大反事故措施未完成者。

技术资料齐全是指该设备至少应具备以下技术条件:

①铭牌和设备技术履历卡。

②历年试验或检查记录。

③历年大、小修和调整记录。

④历年事故及异常记录。

⑤继电保护及自动装置、二次设备还必须有与现场设备相符合的图纸。

一、二类设备均称为完好设备。完好设备与参加评比设备在数量上的比例称为设备完好率。完好率计算公式为

$$\text{完好率} = \frac{\text{一类设备单元数} + \text{二类设备单元数}}{\text{设备单元总数}} \times 100\%$$

2.3.4 设备管理制度

(1)巡回检查制度

加强对设备运行的巡视检查,掌握设备的运行情况,及早发现设备隐患,监视设备薄弱环节,是确保设备安全稳定运行的重要措施。

1)设备巡视的种类

设备巡视的种类有以下 8 种:

①正常性巡视。

②新设备投入运行后的巡视。

③季节性(气候突变、风筝鸟害、树枝碰线、污秽地区等)的特殊巡视。

④节日前的特殊巡视。

⑤政治任务特殊巡视。

⑥夜间巡视。

⑦故障后的巡视。

⑧监督性巡视。

2)设备巡视的要求

对设备巡视检查工作有以下要求：

①设备巡视中应根据设备的特点,结合季节,要求做到普通设备一般查,主要设备特别查,异常设备认真查,事故设备仔细查。

②定期进行由设备负责人和变电站站长或技术人员组织的详细检查。

③变电设备较多的变电站,要作为每次或每班巡视的重点。

④对污秽地区的设备要加强特殊巡视,特别是雾天的特殊巡视。定期进行带电清洗或积极采用防污措施,如对瓷件涂硅油,加装合成绝缘子增大爬距等。

⑤各变电站必须制订各个班次的巡视重点及认清自己管辖的设备。

⑥要根据季节和负荷特点,开展群众性的安全大检查。

⑦巡视周期应严格执行电力局和各基层单位现场运行规程的规定。

⑧对无人值班的变电站应定期做好负荷月报工作。

(2)设备验收制度

①凡新建、扩建、大修、小修及预防性试验的电气设备,必须经过验收合格,手续完备后,方能投入系统运行。验收项目及标准必须按部颁及有关规程规定和技术标准执行。

②设备的安装或检修,在施工进程中,需要中间验收时,变电站负责人应指定专人配合进行。其隐蔽部分,施工单位应做好记录。中间验收项目,应由变电站负责人与施工检修单位共同商定。

③大小修预防性试验、继电保护及自动装置、仪表校验后,由有关修试人员将情况记录在有关运行记录簿中,并注明是否可以投入运行的结论,无疑问后,方可办理完工手续。

④验收的设备个别项目未达到验收标准,而系统急需设备投入运行时,需经主管局总工程师批准。

(3)设备缺陷管理制度

建立设备缺陷管理制度的目的是要求全面掌握设备的健康状态,及时发现设备缺陷,认真分析缺陷产生的原因,尽快消除设备隐患,掌握设备的运行规律,努力做到防患于未然。保证设备经常处于良好的技术状态是确保电网安全运行的重要环节,也是电气设备计划修、试、校工作的重要依据。

1)设备缺陷的内容

设备缺陷是指在运行中或备用中的各种电压等级的电气设备,产生了威胁安全的异常现象。例如,以下现象则为缺陷：

①高压设备的绝缘试验、介损、耐压、绝缘电阻不合格。

②注油设备的油绝缘试验不合格或气相色谱分析存在明显问题。

③油浸设备渗漏油。

④运行设备内部发生异常声音及温度显著上升。

⑤开关机构失灵、拒分、拒合或低电压动作试验不合格。

⑥主要设备保护监视装置不合格。

⑦防雷装置不符合要求，接地电阻不合格。

⑧母线及设备接点严重过热。

⑨导线有断股及伤痕。

⑩二次回路绝缘电阻不合格，直流系统接地。

⑪瓷质部分有裂纹。

⑫直流设备及充电装置故障。

⑬继电保护装置故障。

⑭开关遮断容量不足或操作电源容量不足。

⑮隔离开关开合不灵。

⑯防误操作装置失去作用。

⑰主要辅助设备失去作用等。

2)值班员管辖的有缺陷设备的范围

有缺陷的设备是指已投入运行或备用的各个电压等级的电气设备，有威胁安全的异常现象需要进行处理者。值班员管辖的有缺陷的设备范围如下：

①变电一次回路设备。

②变电二次回路设备（如仪表、继电器、控制元件、控制电缆、信号系统、蓄电池及其他直流系统等）。

③避雷针接地装置、通信设备及与供电有关的其他辅助设备。

④配电装置构架及房屋设施。

3)缺陷的分类及处理期限

根据部颁《变电站运行管理制度》中“设备缺陷管理制度”规定，运行中的变电设备发生了异常，虽能继续使用，但影响安全运行者，均称为有缺陷设备，缺陷可分为以下两大类：

①严重缺陷。对人身和设备有严重威胁，不及时处理有可能造成事故者。此类缺陷的处理不得超过 24 h。

②一般缺陷。对运行虽有影响但尚能坚持运行者，这类设备缺陷的处理期限应视其影响程度而定。

a. 性质重要，情况严重，已影响设备出力，不能满足系统正常运行的需要，或短期内将会发生事故威胁安全运行者，应在一周内积极安排处理。

b. 性质一般，情况较轻，对运行影响不大的缺陷，可列入月度计划进行处理。

4)发现缺陷后的汇报

①运行人员发现严重缺陷时，应向主管单位汇报，同时向当值调度员汇报，110 kV 及以上者，应同时向上一级领导汇报。

②对性质一般的缺陷，可通过月度报表和月度安全运行例会向主管局汇报，对无法自处理的缺陷应提出要求，请求安排在计划检修中处理。

③对站内发现的一切缺陷，应在交接班时将情况进行汇报和分析，并记录在运行日志和

缺陷记录本中。

④运行人员发现属于其他单位管辖的设备缺陷后,应立即汇报主管局通知设备管辖单位进行安排处理。

5)缺陷的登记和统计

变电站应备有“缺陷登记簿”,并应指定专人负责管理,以保证其正确性。任何缺陷都应记入缺陷记录簿中,并且可分设“严重缺陷记录簿”和“一般缺陷记录簿”。对于在操作、检修、试验等工作中发现的缺陷而未处理的,均应登记记录。对当时已处理的,如有重要参考价值的也要作好记录。

缺陷记录的主要内容应包括设备的名称和编号、缺陷主要内容,缺陷分类、发现者姓名和日期、处理意见、处理结果、处理者姓名和日期等。

(4)运行维护工作制度

①值班人员除正常工作外,应按本地区情况制订站内定期维护项目周期表,主要维护项目有控制屏清扫、信号交换、带电测温、交直流熔丝的定期检查、设备标志的更新修改、保安用具的整修、电缆沟孔洞的堵塞、主变压器冷却器清扫等。

②除按定期维护项目外,各站应结合本地区气象环境、设备情况、运行规律等制订本站的月、季、年维护计划或全年按月份安排的维护周期表。

③变电站应根据有关规定,储备备品备件、消耗材料并定期进行检查试验。

④根据工作需要,变电站应备足各种合格的安全用具、仪表、防护用具和急救医药箱并定期进行试验、检查。

⑤现场应设置各种必要的消防器具,全站人员均应掌握使用方法,并定期检查及演习。

⑥变电站的易燃、易爆物品、油罐、有毒物品、放射性物品、酸碱性物品等,均应置于专门的场所,并明确管理人员,制订管理措施。

⑦负责检查排水供水系统、采暖通风系统、厂房及消防设施,并督促有关部门使其保持完好可用状态。

(5)运行分析制度

变电设备的运行分析工作是一项全面掌握设备技术状况的十分细致的工作。为了加强变电站的运行管理,变电站及主管局应定期召开运行人员和有关专业人员的运行分析会。通过对变电设备在长期的运行中所发生问题的分析,及时掌握设备绝缘劣化趋势,努力摸索设备的内在规律,逐步积累运行经验,积极提高运行管理水平。

运行分析一般分为综合分析和专题分析两种。综合分析每月进行一次,分析本站安全和经济运行及运行管理情况,找出影响安全、经济运行的因素及可能存在的问题,针对其薄弱环节,提出实现安全、经济运行的具体措施。综合分析的重点内容如下:

①系统的运行方式、保护及自动装置的配置情况。

②从测录的电流、电压、有功功率、无功功率及温度中分析运行是否正常。

③从巡视检查发现的缺陷中找出规律性问题,制订反事故措施。

④从季节性特点找出防范措施。

⑤从运行中发现的异常情况找出内在原因。

⑥分析“两票”及各项规章制度的执行情况。

⑦分析操作情况，及时总结操作经验。

⑧分析变电站电能的平衡情况及线损指标完成情况。

⑨分析主变压器和馈线负荷变化情况以及母线电压质量情况，并对配置的补偿电容器或调相机的无功出力情况及其对电压的影响进行分析。

⑩分析设备健康水平和绝缘水平。

⑪分析设备修、试、校质量情况，找出规律性的问题。

⑫分析继电保护及自动装置的投、退和动作情况。

⑬分析通信及远动、自动化设备的运行状况。

专题运行分析会不定期进行，主要是针对综合分析中的某一问题，进行专门深入的分析，提出相应的措施。

项目 2.4　变电站的技术管理

变电站的技术管理主要是认真贯彻落实各级制订的规章制度及规程、规范，对所具备的各种规程、规范及各类运行记录实行标准化管理，建立健全各种设备技术资料台账，提高变电站的技术管理水平，加强变电系统的安全运行。

2.4.1　技术资料管理

投运后的变电站必须建立健全各种设备技术台账和有关资料，由兼职专人管理，按部颁《变电站运行管理制度》的要求，设备技术资料应包括以下内容：

①原始资料。如设计书、竣工图、更改设计证明书等详细资料（含电气、土建、通信等方面）。

②设备制造厂家使用说明书，出厂试验记录及有关安装资料。

③设备台账（含一、二次设备规范和性能）。

④改进、大修施工记录及竣工报告。

⑤历年设备修、试、校报告。

⑥设备运行记录、缺陷记录、负荷资料、异常及故障处理专题检查报告和运行分析报告。

⑦设备发生的严重缺陷、变动情况、改造记录及每季度设备评级记录。

⑧运行工作计划、设备检修计划及有关记录和月报表。

⑨现场规程、制度等。

2.4.2　变电站应建立和保存的标准（规程、规范）

（1）变电站应具备建立和保存的部颁标准

①电力工业技术管理法规（试行）。

②电业安全工作规程（发电厂和变电站电气部分）。

③电力安全工作规程（热力和机械部分）。

④电业生产事故调查规程。

⑤发电机运行规程（有调相机时）。

⑥变压器运行规程。
⑦电力电缆运行规程。
⑧蓄电池运行规程。
⑨电气测量仪表运行管理规程。
⑩电气故障处理规程。
⑪电力系统调度管理规程和条例。
⑫电网继电保护与安全自动装置运行条例。
⑬电气设备交接和预防性试验标准。
⑭用气相色谱法检测充油电气设备内部故障的试验导则。
⑮有关设备检修工艺导则。
⑯化学监督有关导则、规章制度。
⑰电力系统电压和无功电力管理条例。
⑱变电站运行管理制度。
⑲电业生产人员培训制度。
⑳变电站设计技术规程。
㉑高压配电装置设计技术规范。
㉒继电保护和自动装置设计技术规程。
㉓电力设备过电压保护设计技术规程。
㉔电力设备接地设计技术规程。
㉕火力发电厂、变电站二次接线设计技术规程。
㉖电气测量仪表装置设计技术规程。
㉗电气装置安装工程施工及验收规范。
㉘压力容器安装监察规程。
㉙各种反事故技术措施。
(2)变电站应建立和保存的主管局或变电站制订的标准
①调度管理规程。
②变电设备检修规程。
③反事故技术措施。
④变电站运行规程。

2.4.3　变电站的各种图表及模拟板

①一次系统接线图。
②全站平、断面图。
③继电保护及自动装置原理及展开图。
④站用电系统接线图。
⑤正常和事故照明接线图。
⑥压缩空气系统图(有气动装置时)。
⑦调相机油、水系统或静补装置水冷系统图(有调相机时)。

⑧电缆敷设图(包括电缆芯数、截面、走向)。
⑨接地装置布置图。
⑩直击雷保护范围图。
⑪地下隐蔽工程图。
⑫直流系统图。
⑬融冰接线图(仅限于线路有覆冰的地区)。
⑭一、二次系统模拟图板(二次设备也可采用位置卡形式)。
⑮设备的主要运行参数表。
⑯继电保护及自动装置定值表。
⑰变电站设备年度修、试、校情况一览表。
⑱变电站设备定期维护表。
⑲变电站月度维护工作计划表。
⑳变电站设备评级标示图表。
㉑有权发布调度操作命令人员名单(由主管调度的局明确)。
㉒有权签发工作票的人员名单(由电业局或供电局发文明确)。
㉓有权担当监护人员名单(由变电站明确)。
㉔紧急事故拉闸顺序表(由主管调度发文明确)。
㉕紧急故障处理时需使用的电话号码表。
㉖安全记录标识牌。
㉗定期巡视路线图。
㉘设备专责分工表。
㉙卫生专责区分工表。

2.4.4 变电站工作记录簿的建立

变电站在实际运行管理工作中,应具备以下记录簿:
①调度操作命令记录簿。
②运行工作记录簿。
③设备缺陷记录簿。
④断路器故障跳闸记录簿。
⑤继电保护及自动装置调试工作记录簿。
⑥高频保护交换信号记录簿。
⑦设备检修、试验记录簿。
⑧蓄电池调整及充放电记录簿。
⑨避雷器动作记录簿。
⑩事故预想记录簿。
⑪反事故演习记录簿。
⑫安全活动记录簿。
⑬事故、障碍及异常运行记录簿。

⑭运行分析记录簿。

⑮培训记录簿。

项目2.5　变电站的安全考核标准

电力生产必须坚持“安全第一、预防为主”的方针，坚持保人身、保电网、保设备、确保电力安全生产，更好地为用户服务的原则。要做好电业安全工作，必须抓住以下3方面工作：一是加强电业安全管理，强化电业职工的安全教育；二是严格执行安全规章制度；三是完善安全技术装备和安全措施。实行以行政正职是安全第一责任者为核心的各级生产责任制，强化安全监察与全过程的安全管理，坚持开展安全教育与安全活动，以及反习惯性违章等方面的工作。

2.5.1　加强安全监察和安全管理

经过多年的实践，电力企业的安全监察和安全管理体系已经基本完善。局、工段、班组的三级安全网络已正常运转，保证安全所必需的规章制度已经完善，并能较认真地执行，而且有些制度还具有独创性，如电业生产中必须坚持认真执行“两票”“三制”。为防止人员误操作事故，对防误装置的功能必须达到“五防”，一旦发生事故后又必须做到“三不放过”，由于电力安全生产在国民经济中所起的作用和人民的安定关系重大，为确保电力工业随着国民经济持续、快速、健康的发展，要求电力企事业单位要杜绝人身死亡和对社会造成重大影响的恶性事故，消灭重大设备损坏事故，大幅度减少电网停电等一般事故。这就必须建立起各级领导的安全生产责任制，健全安全监察机构，形成坚强可靠的安全监察体系和安全保证体系，对电力安全生产起良好的作用。实现全国电力安全管理、安全装备、安全工器具的“三个现代化”的目标。

(1)全过程的安全管理

电力行业的设计、安装、运行、检修、修造各部门都要严格执行质量责任制和“三级验收制度”(班组、工段、局这三级)，要做好工程、设备质量不合格不验收、不投产，发、供电企业要精心维护设备，严格执行规章制度，按章操作，安全运行。当前还应加强对承包工程多种经营和对临时工的安全管理，并由主管单位归口。我国的安全规程与各先进国家相比还是较完善的，40多年的实践经验证明，对防止事故是有效的。目前突出的问题是执行安全规章制度不严格，甚至违章作业、违章操作、违章指挥(所谓“三违”)。对违章者要严格管理，严格要求，即时制止并处理，发生责任事故要相应追究有关人员的责任。

(2)坚持安全教育，开展安全活动

电力企业安全教育的内容包括坚持经常不断的安全思想教育、安全技术教育、安全规章制度教育，可普遍采用录像等音像设备，对电力职工进行现场安全教育，对变电运行人员和变电管理人员广泛进行仿真模拟培训，严格考核，“持证上岗”，考核不合格者一律不准上岗。

定期开展安全活动，根据季节特点和本单位的安全情况，每年进行几次安全大检查，坚持安全生产的自检、互查和抽查制度，对查出的事故隐患和具体习惯性“违章”应予以处理。坚持安全例会制度及每周安全日活动和有针对性的活动，定期进行事故演习等，不断总结经验吸取教训，增强职工的安全意识与自我保护能力，并提高事故预防能力和安全总体水平。

(3)完善安全技术措施和反事故技术措施

要根据现场发生过的人身事故、重大设备事故和事故隐患等,不断完善和制订切实的安全技术措施和反事故技术措施,并严格执行严格管理,这样从严格安全管理与安全技术两个方面保证人身安全和安全供电。

1)加强人的安全性管理

①提高人的可靠性是防止误操作最重要的因素,误操作几乎全是违章造成的,违章就是人可靠性降低的表现,它是由多方面的原因引起的。因此,要细致地做工作,有针对性地采取有效措施,特别是强化劳动纪律,严格管理,克服松散现象,把好人员关。

②严格执行安全操作规章制度是防止误操作的重要组织措施之一,把好监督关和现场关,必须做到以下4点:

a. 接受任务要明确操作目的、操作方法和操作顺序。

b. 布置任务要明确清楚,安全措施要具体到位,并交代人身安全和设备安全的注意事项。

c. 执行操作票的全过程要把好"八关",即填票清楚、审票认真、模拟正确、监护严格、唱票清楚、复诵响亮、对号相符、检查细致。

d. 操作结束要"三查",即查操作应无漏项,查设备应无异常,查接地线和标识牌应符合要求。

2)加强电气防误操作的安全技术措施

在主设备检修时,应同时检修防误闭锁装置,检查防误闭锁装置,发现缺陷应及时处理。

(4)变电站的其他安全规定

①安全用具要合格、齐全,符合安全标准,如验电器、接地线等。安全工具都应登记,每次检查、试验后都应记录,并有专人负责。

②消防设备应良好、会使用,遇有电气设备着火时,应立即将有关设备电源切断,然后灭火,对电气设备应使用干粉式灭火器、1211灭火器等,对充油设备着火应使用干燥沙子灭火。

③人员进入施工作业现场应戴安全帽,防止被高空坠落物体击伤。

④变电站应制订防止小动物等管理制度,以防发生意外事故。

⑤变电站应在站长监护下,每月进行一次防误装置的全面检查、维护,出现问题及时向工段(区)汇报处理。

⑥学会紧急救护法。现场人员应定期进行急救培训,会正确解脱电源,会心肺复苏法,会止血,会包扎,会转移,会搬运伤员,会外伤和中毒的紧急处理与急救。

(5)变电站环境的安全管理

工作场所应具备的安全条件如下:

①工作现场应具有安全感,对不符合安全条件者应及时向安监部门提出并制订标准,采取措施限期使之符合要求。

②设备安全装置、防护设施要完整,符合要求。

③工作地点应有充足的照明。

④临时工作场所的安全措施要可靠,如设置遮栏、警告牌、标识牌,使之与运行设备明显分开;工作现场应有存放零部件地点,不得乱放,高空作业应符合安全规定。

(6)实行安全生产重奖重罚制度

安全工作要贯彻重奖重罚的原则,以此作为考核的重要内容,职工晋级、升资,干部考绩等要与安全生产挂钩,对长期安全生产和安全工作有重大贡献的单位和个人要重奖并予表彰;对发生重大人身伤亡、设备责任事故的单位和有关人员要追究责任,实行重罚,并予相应的处分等。

1)奖励对安全生产有显著成绩者

①防止误操作有显著成绩者,如发现并及时制止违章操作,防止了事故的发生。

②及时纠正错误命令(不包括监护人的命令)而防止误操作者。

③及时纠正了他人要进行的误操作而防止误操作者。

④发现设备重要隐患和缺陷,避免了事故的发生或扩大。

2)反违章

开展反违章,重点反习惯性“三违”,举例如下:

①违章操作及责任

a. 不使用操作票进行操作(包括即使未产生后果),则监护人负主要责任,操作人负直接责任。

b. 使用不合格的操作票(如遗漏项目或颠倒项目等)或不按操作票顺序进行操作,则监护人负主要责任,操作人负直接责任。

c. 不认真执行监护制度或不核对设备编号、误入带电间隔,监护人负主要责任,操作人负重要直接责任。

d. 操作时监护人不监护,与操作人一起操作或脱离岗位去从事其他活动,则监护人负主要责任,操作人负直接责任。

e. 操作人在无监护情况下擅自操作,由操作人员负主要责任;若监护人发现后不及时制止,则监护人负主要责任。

f. 调度命令错误,发令人负主要责任。

②违章作业引起事故

a. 无工作票进行工作,错误履行工作许可手续,误入带电间隔,应按当时实际情况对有关人员分析责任。

b. 工作票组织措施或技术措施不完善,而检修与运行负责人都不认真履行工作票手续。

c. 工作负责人(监护人)不监护,直接参加工作或离开检修现场,未指定代理人,则工作负责人应负主要责任。

d. 检修人员擅自扩大检修工作范围到邻近的带电设备(线路)上去工作,则工作人员应负主要责任。

e. 检修工作中途换人,不熟悉检修内容和工作范围,则工作负责人应负主要责任。

f. 不带绝缘手套操作低压设备引起触电事故,则监护人应负主要责任,操作人应负重要直接责任。

③违章指挥造成事故

a. 领导瞎指挥、不验电、不挂接地线,下令蛮干,领导负主要责任,工作负责人不予制止应负直接责任。

b. 工作票签发人对工作票不要求验电、挂接地线，则工作票签发人应负主要责任，工作负责人对工作票遗漏验电、接地项目未予纠正，则工作负责人应负重要直接责任。

c. 无工作票或工作负责人马虎，不验电、不挂接地线，工作负责人应负主要责任。

d. 工作值班人员未经许可擅自进行工作，不验电、不挂接地线，工作人员应负主要直接责任，若工作负责人不及时制止，听之任之，则工作负责人应负重要直接责任。

2.5.2 加强安全技术、安全装备现代化

现在主要电网、枢纽变电站已相继装有安全监控装置，故障快速切除保护，巡回检测自动记录装置和故障录波器等。在高压配电装置上已逐步安装具有防止带负荷拉、合隔离开关，防止误拉、合断路器，防止带接地线合闸，防止带电挂接地线和防止误入带电间隔的"五防"技术闭锁装置。

目前，全国电力系统在安全信息管理方面已实现计算机联网，可随时检索及分析各种类型的事故，及时反馈信息，交流经验，提供管理决策。另外，电力设备的可靠性管理已经广泛推广，安全管理与可靠性管理结合起到了相辅相成的作用，为全面提高电力工业的安全管理水平起到良好的作用。

在安全工、器具现代化方面，重点在防止触电等人身伤亡事故方面研制了一批新型安全器具，如防止触电的手表式静电报警器，带程控的携带型短路接地线，全封闭安全围栏，带声光、音响或有回转功能的高压验电器等已得到广泛使用。对一些落后的安全工、器具正在逐步淘汰更新，使电气值班人员的人身安全有了更可靠的保证。

2.5.3 对事故的分类管理和分级考核

大体上事故分为两类：一类是造成人身伤亡和造成重大社会影响的重大恶性事故；另一类是指一般设备事故，人身轻伤，主要对企业经济效益有影响。前者由国家电力公司考核管理，后者由企业进行考核管理。

根据事故性质的严重程度及经济损失的大小分为特大事故、重大事故和一般事故。

(1)特大事故

特大事故系指以下情况之一者：

①人身死亡事故一次达 50 人及以上者。

②电力事故造成直接经济损失 1 000 万元及以上者。

③大面积停电造成全网负载 10 000 MW 及以上、减供负载 30%，或者全网负载 5 000 ~10 000 MW以下、减供负载 40% 或 3 000 MW，或全网负载 1 000 ~5 000 MW 以下、减供负载 50% 或 2 000 MW，或中央直辖市全市减供负载 50% 及以上，或省会城市全市停电。

④其他性质特别严重的事故，经国家电力公司认定为特大事故者。

(2)重大事故

重大事故系指以下情况之一者：

①人身死亡事故一次达 3 人及以上，或人身伤亡事故一次重伤达 10 人及以上者。

②大面积停电造成全网负荷 10 000 MW 及以上、减供负荷 10%，或者全网负荷 5 000 ~

10 000 MW以下、减供负荷15%或1 000 MW,或者全网负荷1 000～5 000 MW以下、减供负荷20%或750 MW,或者全网负荷1 000 MW以下、减供负荷40%或200 MW,或中央直辖市全市减供负载30%及以上,或者省会或重要城市减供负载50%及以上。

③下列变电站之一发生全站停电:电压330 kV及以上变电站,或枢纽变电站,或一次事故中有3个220 kV变电站全停电。

(3)一般事故

除了特大事故、重大事故以外的事故均为一般事故。

设备发生异常而未构成事故者称为障碍,障碍分为一类障碍和二类障碍。

1)一类障碍

发生以下情况之一者定为一类障碍:

①设备非计划停运或降低出力未构成事故者。

②电能质量降低,电力系统频率偏差超出规定值。容量3 000 MW及以上的电力系统、频率偏差超出50±0.2 Hz延续时间30 min以上;或者频率偏整超出50±1 Hz延续时间10 min以上;容量3 000 MW以下的电力系统频率偏差超出50±0.5 Hz延续时间30 min以上;或频率偏差超出50±1 Hz延续时间10 min以上。

③电力系统监视控制点电压超过电力系统规定值的电压曲线数值的±5%,并且延续时间超过1 h;或电压超过规定数值的±10%,并且延续时间超过30 min。

④其他如线路故障,断路器跳闸后自动重合闸良好;或由于断路器遮断容量不足。供电局经总工程师批准报上级主管单位备案停用自动重合闸的断路器跳闸后3 min以内强送电良好者,或为了救人的生命和抢险救灾的紧急设备停运。

2)二类障碍

二类障碍的标准由各电管局、省电力局(或企业主管单位)自行制订。

(4)安全考核、安全记录

1)安全记录

供电局安全记录为连续无事故的累计天数。凡发生事故除了下列情况外,均应中断事故单位的安全记录:

①人身轻伤。

②配电事故。

③新发供电设备投产后,由于设计、制造、施工、安装、调试、集中检修等单位责任造成的一般事故。

2)安全考核

供电局的安全考核:安全记录、输电事故率、变电事故率、10 kV供电可靠率、人身重伤率,死亡人数及重大事故、特大事故次数均为安全的考核项目。

3)故障分析

发生事故必须进行事故调查、统计,故障分析必须实事求是、尊重科学、严肃认真,反对草率从事,更不能大事化小,小事化了;严禁虚报、伪造、隐瞒事故真相。发生事故后要做到“三不放过”,即事故原因不清楚不放过,事故责任者和应受教育者没有受到教育不放过,没有采取防范措施不放过。变电运行人员和安全工作人员必须认真开好事故现场会,以便更好地受到教育,从中吸取教训。

项目2.6 变电站的安全管理措施

2.6.1 变电站安全管理的内容和方法

安全生产责任制是加强安全管理的重要措施,其核心是认真实行管理生产必须管安全,坚持“安全生产,人人有责”的原则。

(1)变电站站长在安全生产中的职责和权力

变电站安全生产的好坏关键在站长。站长既要组织全站人员完成生产任务,又要保障本站全体人员在生产过程中的安全。站长不仅要有高度的政治责任感,熟练掌握生产技术,还要以身作则,模范遵守安全规章制度,认真贯彻安全生产责任制,团结教育全站人员牢固树立“安全第一”的思想,形成人人注意安全,个个关心安全的局面。

1)站长在安全生产管理中的职责

①对全站安全生产负责,认真贯彻执行有关安全生产的方针、政策、法令和规章制度。

②经常教育本站人员自觉遵守劳动纪律和安全工作规程,牢固树立“安全第一”的思想。

③坚持经常性的安全生产检查制度,对设备、安全设施、工作场所及周围的环境、班组成员的精神状态等进行检查,发现隐患,及时组织消除。

④督促全站成员正确使用和爱护劳保用品与安全用具,学会触电急救法。

⑤督促和支持安全员组织每周一次的安全活动,做到有计划、有内容、有结论。

⑥积极参加事故的调查处理,如变电站发生伤亡事故,应立即报告局(分局、工区),并积极组织抢救,保护现场,发生设备或伤亡事故后,组织全站成员对事故进行分析,按“三不放过”的原则,分析事故原因,吸取教训,制订防范措施并组织实施,杜绝事故重复发生。

⑦积极组织开展“四无”(无事故、无障碍、无异常、无差错)活动,制止违章,严格考核,奖惩分明。

2)站长在安全生产管理中的权力

①有权指挥本站的安全生产和各项工作。

②有权决定工作范围内的各种问题。

③对本站发生的违章作业和不遵守劳动纪律的人员,有权批评、制止、考核和提出处理意见。

④有权组织本站人员的安全培训和安全考试。

⑤有权向上级领导提出本站在安全生产中做出成绩的人员的奖励、晋级意见。

⑥对上级不正确的指挥,对明显影响安全和危及设备、人身安全的指令,有权越级反映和抵制。

(2)值班长在安全生产中的职责和权力

值班长在当值安全生产管理中,具有与站长类似的职责和权力。

(3)安全员在安全生产中的职责和权力

安全员在安全生产管理中的职责如下:

①协助站长(值班长)开展安全工作,贯彻执行安全生产的方针、政策和各项规章制度。

②协助站长(值班长)搞好安全教育,认真组织好安全活动。

③检查督促站(班)内成员遵守安全规程,正确使用安全用具。

④协助站长(值班长)开展"四无"活动,严格执行"三不放过"的原则,并督促防范措施的实施。

⑤督促和帮助现场工作负责人严格执行安全规程,确保安全作业。

安全员是站长(值班长)在安全方面的助手,也具有与站长相类似的权力。

2.6.2　安全活动

变电站的安全活动是班组进行自我完全教育的一种好形式,其目的在于对全站人员进行经常性和系统性的安全思想教育和安全技术知识教育,提高全站人员安全生产的责任感和自觉性。

(1)安全日活动

变电站每周应进行一次安全日活动,由站长、值班长或安全员主持,活动内容包括:结合本站安全情况,学习讨论上级有关安全文件、讲话、事故通报等。讨论分析本周安全生产情况,制订有关安全措施。结合本单位发生的事故或不安全现象,讨论分析,制订反事故措施。结合季节特点和设施缺陷情况,开展安全情况分析,发动全站人员制订安全技术措施。学习部颁《电业安全工作规程》《电业生产事故调查规程》,并对学习情况进行考核。

(2)班前班后会

为了确保变电站的安全生产,提高运行管理水平,值班长必须结合当前工作,积极召开班前班后会,时间为15~30 min。班前会的重点是根据本值将要进行的倒闸操作、检修试验、特殊天气和特殊运行方式、设备缺陷等,制订安全措施,交代工作票内容,强调安全注意事项等。班后会的重点是对当值工作进行重点讲评,总结成绩,指出不足,进行劳动考核评定等。

(3)故障分析会

故障分析会是变电站用生动具体的事故案例进行安全教育的好形式。当本站或本单位其他变电站发生事故时,变电站应及时召开全站故障分析会。故障分析会应坚持"三不放过"的原则,重点是弄清事故原因,明确事故责任,制订防止同类事故发生的防范措施。会议时间长短取决于会议进展情况,一次解决不了的,可召开多次,务必达到"三不放过"的目的。

2.6.3　变电站电气工作的安全措施

变电站电气工作的安全措施包括保证安全的组织措施和技术措施。

所谓组织措施,就是在进行电气工作时,将检修、试验和运行等有关部门组织起来,加强联系,密切配合,在统一指挥下,共同保证工作的安全。在电气设备上工作,保证人身安全的组织措施有以下4个方面:

①工作票制度。

②工作许可制度。

③工作监护制度。

④工作间断、转移和终结制度。

一切电气设备的检修、安装或其他工作,如果直接在设备的带电部分上或与带部分邻近的设备上进行时,为了保证工作人员的安全,一般是在停电的状态(全部停电或部分停电)下进行。此时,必须完成以下 4 项保证安全的技术措施:

①停电。

②验电。

③装设接地线。

④悬挂标识牌和装设遮栏。

上述 4 项技术措施由运行值班员执行,对于无经常值班人员的电气设备和线路,可由断开电源的工作人员执行,并应有监护人在场。

组织措施和技术措施是部颁《电业安全工作规程》的核心部分,为了保证电气工作人员的人身安全,不论在高压设备或低压设备上工作,都必须按规程规定做好保证安全的组织措施和技术措施,严格执行工作票制,这是防止触电伤害的保证。

2.6.4 变电站的防火防爆防人身触电

在变电运行工作中,必须特别注意电气安全,否则就有可能造成严重的人身触电伤亡事故,或发生火灾和爆炸事故,给国家、人民和个人带来极大的损失和痛苦。为此,应注意以下几点:

①加强安全教育,树立安全生产的观点。很多已发生的电气事故说明,麻痹大意是造成人身伤亡事故的重要原因之一,应该教育供、用电人员充分认识安全生产的重大意义,力争做到供电系统无运行事故,并消灭人身事故。

②建立健全必要的规章制度,尤其要注意建立健全岗位责任制。

③要“精心设计、精心施工”,确保变电工程的设计及施工质量。

④对于容易触电的场所和手提电器,应采用 36 V 以下的安全电压。在易燃、易爆的场所,应采用密闭或防爆型电器。

⑤正确使用合格的安全用具,充分发挥它们的保护作用,安全用具可分为以下 3 类:

a. 基本安全用具。这类安全用具的绝缘强度能长期承受电气设备的工作电压,并且在该电压等级产生内部过电压时,能保证工作人员的安全。如绝缘棒、绝缘夹钳、验电器等。

b. 辅助安全用具。这类安全用具的绝缘强度不足以安全地承受电气设备的工作电压,但使用它们能进一步加强基本安全用具的绝缘强度。如绝缘手套、绝缘靴、绝缘垫等。

c. 一般防护安全用具。这类安全用具没有绝缘性能,主要用于防止停电检修的设备突然来电、感应电压、工作人员走错间隔、误登带电设备、电弧灼伤、高空坠落等造成事故。

如携带型接地线、临时遮栏、标识牌、警告牌、防护目镜、安全带等。这类安全用具对防止工作人员触电是必不可少的。

⑥普及安全用电知识。如不允许随便加大熔断器熔丝的规格或改用其他导电材料(如铜丝)来代替原有的熔丝。遇高压电线落地时,应离开落地点 8 ~ 10 m 以上。遇断落在地上的电线时,绝对不能用手去拣。高压断线接地故障时,应划定禁止通行区,派专人看守,并立即通知有关部门进行处理等。

⑦重视电气设备的防火防爆,了解变电站充油设备、电力电缆、蓄电池室等产生火灾和爆

炸的原因,采取必要的防范措施,掌握其发生火灾时的扑救方法。

⑧当发生电气设备故障或电器漏电起火时,必须立即切断电源,然后用沙子覆盖灭火,或者用四氯化碳灭火器、二氧化碳灭火器、干粉灭火器灭火。绝对不能用水或一般酸碱泡沫灭火器灭火。但要注意以下两个方面的问题:

a. 使用四氯化碳灭火器时,要防止中毒。因为四氯化碳受热时与空气中的氧作用,会生成有毒的气体,因此使用时应将门窗打开,有条件的可带上防毒面具。

b. 使用二氧化碳灭火器时,要防止冻伤和窒息。因为二氧化碳是液态的,灭火时,它向外喷射,强烈扩散,大量吸热,形成温度很低的雪花状干冰,降温灭火,隔绝氧气。因此,使用时也要打开门窗,人要离开火区 2 ~ 3 m 以外,勿使干冰沾着皮肤。

⑨万一发生人员触电,应立即进行现场抢救。首先使触电者迅速脱离电源,然后根据触电者的具体情况,分别采用人工呼吸、胸外心脏按压等方法进行就地急救,同时迅速派人请医生来急救,在医生来到之前或在送往医院的过程中,要坚持抢救,不得中断。

思考题

1. 电力调度管理机构的工作职能是什么?我国调度机构分为哪几级?
2. 变电站的运行管理制度分为哪几方面?
3. 以仿真变电站为例,描述变电站设备的编号规则。

技能题

根据教材附录4之仿真变电站主接线图,假设工作任务为对 220 kV 两阳线 261 开关进行预防性试验,请填写变电站工作票。

模块 2
仿真变电站

单元3　仿真变电站基本概况

知识目标

- 能描述仿真变电站电气主接线。
- 熟悉仿真变电站的一次运行方式和保护配置。

技能目标

- 能对仿真变电站电气主接线的可靠性进行分析。

由于电力行业的特殊性,使得电力系统培训用仿真系统在电网、火电机组、变电站等领域得到了越来越广泛的应用。仿真机是采用先进的计算机技术、仿真建模技术、网络通信技术、多媒体技术而构成的一种高效的、实用的培训装置,仿真机的培训是时间与经验的浓缩。

由于仿真机可逼真地模拟控制室各种操作设备及各种运行工况,学员在仿真机上进行各种方式下的运行操作就如同置身于实际运行岗位,使学员有身临其境之感,达到熟悉和提高实际操作能力的目的。仿真机还可模拟各种现场故障现象,培训学员分析及处理故障的应变能力,是一种科学有效的培训手段,并具有现场培训和理论教学都难以达到的效果。

本单元首先介绍仿真变电站的基本情况。

项目3.1 一次系统基本情况

3.1.1 仿真变电站接线方式及运行方式

(1)变电站接线方式

仿真变电站采用220 kV,110 kV和10 kV这3个电压等级。主变为3台三相三绕组有载调压变压器(每台容量150 MVA)。采用两台站用变压器,互为暗备用。目前,220 kV有6回出线(其中两回备用),采用双母带旁母的接线方式;110 kV侧有11回出线,采用双母带旁母的接线方式;10 kV侧接负荷、无功补偿装置及站用变压器,采用单母分段接线方式(#1主变引出10 kVⅠA段、10 kVⅠB段,#2主变引出10 kVⅡ段,#3主变引出10 kVⅢ段,ⅠA段与Ⅱ段之间用分段开关连接)。

配电装置形式:220 kV和110 kV系统是常规户外布置,10 kV开关柜室内布置。

仿真变电站一次主接线如附录4所示。

(2)变电站运行方式

1)220 kV系统

双母线并列运行,母联260开关处于合闸状态;261两阳线和263濠阳乙线运行于Ⅱ母,262汕阳线和264濠阳甲线运行于Ⅰ母;旁路290开关热备用于Ⅰ母。#1主变、#3主变220 kV侧运行于Ⅰ母,#2主变220 kV侧运行于Ⅱ母;#1主变220 kV中性点接地。

2)110 kV系统

双母线并列运行,母联110开关处于合闸状态;121,124,126,130,131回路运行于Ⅱ母,122,123,125,127,128,129回路运行于Ⅰ母;旁路100开关热备用于Ⅰ母。#1主变、#3主变110 kV侧运行于Ⅰ母,#2主变110 kV侧运行于Ⅱ母;#1主变110 kV中性点接地。

3)10 kV系统

单母线分段运行,#1主变供ⅠA段、ⅠB段母线负荷,#2主变供Ⅱ段母线负荷,#3主变供Ⅲ段母线负荷,ⅠA段与Ⅱ段之间的分段开关处于热备用。两台站用变分别接于10 kVⅠA段和10 kVⅡ段。

10 kV侧的电容器组按系统无功补偿和电压调压的要求,采用无功综合调节自动分组投切的运行方式。

3.1.2 一次设备基本情况

(1)主变压器

本站共3台主变压器,每台容量150 MVA,#1主变采用三相三绕组强迫油循环风冷,铜线圈低损耗有载调压电力变压器,型号为SFPSZ7-150000/220,由沈阳变压器厂生产。#2,#3主变采用三相三绕组自然油循环风冷,型号为SFSZ9-150000/220,由沈阳变压器厂生产。

(2)断路器

本站共有45组断路器,220 kV及110 kV采用SF6断路器,10 kV采用真空断路器。

1)220 kV 断路器

220 kV 有 9 组双断口 SF6 断路器,7 组型号为 LW6-220(配备液压机构,由平顶山高压开关厂生产),两组型号为 3AP1-F1(配备弹簧机构,由 SIEMENS 生产)。

2)110 kV 断路器

110 kV 有 13 组单断口 SF6 断路器,8 组型号为 LW6A-110I(配备液压机构,由平顶山高压开关厂生产),4 组型号为 3AP1FG(配备弹簧机构,由 SIEMENS 生产),一组型号为 LW6A-110(配备液压机构,由平顶山高压开关厂生产)。

3)10 kV 断路器

10 kV 有 25 组真空断路器。其中,11 组型号为 ZN28-10/1600-31.5;3 组型号为 ZN28D-12/1250-31.5;4 组型号为 ZN28-12/T1250-31.5;5 组型号为 ZN28-12/T3150-40;两组型号为 VS1。操作机构为电磁操作机构及弹簧操作机构,分别由汕头经济特区电器仪表成套厂生产、广州高压开关厂生产及广州白云高压开关厂生产。

(3)隔离开关

本站在 220 kV,110 kV,10 kV 系统的母线、断路器、线路出线、主变、PT 等设备之间都配有相应的隔离开关。220 kV 共 34 组刀闸,刀闸型号分别为 GW4-220 Ⅰ DW,GW25-252DW/2500,GW7-252DW 和 GW4-220 Ⅱ DW,分别由沈阳高压开关厂和芜顺高岳高压开关有限公司生产;110 kV 共 51 组刀闸,刀闸型号分别为 GW4-110DW 和 GW4-110W,分别由沈阳高压开关厂和西安高压开关厂生产;3 台主变中性点隔离刀闸,刀闸型号分别为 GW13-110W/630,GW13-72.5W 和 GW13-63W/630;10 kV 共 54 组刀闸,刀闸型号分别为 GN30-12 和 GN19-10Q,GN10 由广州高压开关厂和河南森源电气股份公司生产。

(4)互感器

1)电压互感器

本站共有 30 台电压互感器。

①220 kV 有 11 台电容式电压互感器。其中,型号为 TYD 220/√3-0.05H,由西安电力电容器厂生产;型号为 JDX1-220,由沈阳变压器厂生产。

②110 kV 有 15 台电容式电压互感器。其中,型号为 TYD 110/√3-0.01H,由西安电力电容器厂生产;型号为 JDX1-110W1,由沈阳变压器厂生产。

③10 kV 有 4 台电压互感器,型号为 JDZX9-10Q,由大连第一互感器厂生产。

2)电流互感器

本站共有 150 台电流互感器。

①220 kV 有 39 台,型号分别为 LCWB7-220W1 和 SAS245/0G,分别由沈阳沈变互感器制造有限公司和上海 MWB 互感器有限公司生产。

②110 kV 有 51 台,型号为 LCWB7-110W1,由沈电沈变互感器制造有限公司生产。

③10 kV 有 60 台,型号分别为 LJA-10W1,LA9-W1,LMZJ-10Q,LZZBJ9-10C2,LZZB9-10Q,都是由大连第一互感器厂生产。

电流互感器与开关相对应,每一个开关都有一个电流互感器与之相连。本站除了线路、主变、母联、旁路等开关处有相应的电流互感器之外,还装设有以下电流互感器:

①主变的高压侧和中压侧套管 CT。

②主变变低到变低开关之间(从功能上类似套管 CT 但保护范围包括电抗器在内)的电流互感器。

③主变的高压侧和中压侧中性点套管 CT。

④主变的高压侧和中压侧中性点放电间隙接地 CT。

⑤站用变中性点接地 CT。

⑥固定连接的两组三角形连接方式的电容器组的中性点之间的 CT。

(5)无功补偿装置

共9组10 kV 无功补偿装置,每组型号为 TBB10-8016/344BL,采用双Y接线,单台电容器型号为 BFFr11√3-334-1W,总共有216台,27台干式空心串联电抗器,型号为 CkGkL-160/10-6。每组电容器组装有串联电抗器,作用是限制高次谐波引起的电容器组过电流以及电容器组合闸涌流,保证电容器组安全可靠运行。

(6)电抗器

本站在#1,#2,#3 主变变低侧至 10 kV 母线间分别装设了型号分别为 NKL-10-3000-8,NKK-10-3000-8,XkGkL-10-3000-8 限流电抗器,在 10 kV 电容器组上也装设有串联电抗器。这些电抗器可缓冲电流的大幅度变化,从而减轻对设备的危害。

(7)防雷装置

1)避雷器

220 kV 共15台氧化锌避雷器,型号为 YH10W-200/496。

110 kV 共15台氧化锌避雷器,型号为 YH10W-108/268。

10 kV 共48台避雷器,型号为 YH5WZ-17/45 和 FS3-10。

2)避雷针

本站共22支避雷针,220 kV 设备区11支,110 kV 设备区11支。

3)间隙

本站共6个放电间隙,分别在#1,#2,#3 主变 220 kV 中性点和 110 kV 中性点处。

(8)站用变

本站两台站用变采用型号为 S9-250/11 的油浸式变压器。#1 站用变接 10 kVIA 段母线,#2 站用变接 10 kVⅡ段母线。站用变将 10 kV 高压变为 380 V 低压供站自身的生活、消防、通信、特别照明以及变电站的直流系统和设备的动力来源。站用变的 380 V 低压以母线的形式输出,#1 站用变供 380 VⅠ母,#2 站用变供 380 VⅡ母。

(9)阻波器、耦合电容器和结合滤波器

本站 110 kV,220 kV 出线线路均装设有阻波器、耦合电容器和结合滤波器,为远距离测量、操作、电话等信号提供高频载波通道。220 kV 共12台耦合电容器,型号为 OWF-220√

3-0.005H;110 kV 共 7 台耦合电容器,型号 OWF-110√3-0.02H;220 kV 共 12 个阻波器,型号分别为 XZk12500-0.5/40-T,XZk-1250-1.0/40 和 XZk1600-1.0/40;110 kV 共 14 个阻波器,型号为 XZk800-1.0/25。

项目 3.2　继电保护配置情况

3.2.1　主变保护

(1)#1,#2,#3 主变现场配置

#1,#2,#3 主变保护采用国电南京自动化股份有限公司 PST-1200 系列数字式变压器保护装置。

#1,#2,#3 主变现场配置情况如下:

1)SOFT-CD1

本保护程序为二次谐波原理的差动保护,主要包括二次谐波制动元件、五次谐波制动元件、比率制动元件、差动速断过流元件、差动元件和 CT 断线判别元件等;同时,还包括变压器各侧过负荷元件、变压器过负荷启动风冷元件、变压器过负荷闭锁调压元件等。

本保护程序适用于各种电压等级的变压器。

2)SOFT-CD2

本保护程序为波形对称原理的差动保护,主要包括波形对称判别元件、五次谐波制动元件、比率制动元件、差动速断过流元件、差动元件及 CT 断线判别元件等;同时,还包括变压器各侧过负荷元件、变压器过负荷启动风冷元件、变压器过负荷闭锁调压元件等。

本保护程序适用于各种电压等级的变压器。

3)SOFT-CD3

本保护程序为零差保护,主要包括波形对称判别元件、比率制动元件、差动速断过流元件、差动元件和 CT 断线判别元件等。

本保护程序适用于 220 kV 电压等级的自耦变压器。

4)SOFT-HB1

本保护程序适用于变压器高压侧及中压侧后备保护。

保护主要配置如下:

①相间阻抗保护(两段五时限)。

②接地阻抗保护(一段三时限)。

③复合电压闭锁过流保护(一段两时限)。

④零序(方向)过流保护(两段六时限)。

⑤零序过流保护(一段两时限)。

⑥间隙保护(一段两时限)。

⑦反时限过激磁保护(五段折线式)。

⑧中性点过流保护(一段一时限)。

⑨公共绕组过负荷保护。

⑩非全相保护。

5)SOFT-HB2

本保护程序适用于变压器的高压侧后备保护。

保护主要配置如下:

①复合电压闭锁(方向)过流保护(两段六时限)。

②复合电压闭锁过流保护(一段两时限)。

③零序(方向)过流保护(两段六时限)。

④零序过流保护(一段两时限)。

⑤间隙零序保护(一段两时限)。

⑥反时限过激磁保护(五段折线式)。

⑦中性点过流保护(一段一时限)。

⑧非全相保护。

6)SOFT-HB3

本保护程序适用于220 kV电压等级变压器的高压侧和中压侧后备保护及110 kV电压等级变压器的高压侧后备保护。

保护主要配置如下:

①复合电压闭锁(方向)过流保护(两段六时限)。

②复合电压闭锁过流保护(一段两时限)。

③零序(方向)过流保护(两段六时限)。

④零序过流保护(一段两时限)。

⑤间隙零序保护(一段两时限)。

⑥中性点过流保护(一段一时限)。

⑦公共绕组过负荷保护。

⑧非全相保护。

7)SOFT-HB4

本保护程序适用于220 kV电压等级变压器的低压侧后备保护及110 kV电压等级变压器的中压侧和低压侧后备保护。

主要配置复合电压闭锁过流保护(两段六时限)。

8)SOFT-HB5

本保护程序装有两套复合电压闭锁过流保护(每套两段六时限),适用于变压器低压侧双分支的两分支后备保护。

(2)保护装置的投入和退出

新投产时按投产记录投退,在运行中按调度命令投退。

正常运行主变保护投退压板编号、名称及状态,见表3.1—表3.6。

表 3.1　#1 主变保护屏Ⅰ柜(24P)投退压板编号、名称及状态

压板双重编号		状态	压板双重编号		状态
编　号	名　称		编　号	名　称	
1XB	变压器差动一	投入	18XB	220 kV 侧跳闸二	投入
2XB	复压方向过流 t1(母线)	退出	19XB	220 kV 旁路跳闸二	退出
3XB	复压方向过流 t1(本变)	投入	20XB	220 kV 母联跳闸一	投入
4XB	复压方向过流 t2(母线)	退出	23XB	110 kV 侧跳闸	投入
5XB	复压方向过流 t2(本变)	投入	24XB	110 kV 旁路跳闸	退出
6XB	复合电压过流	投入	25XB	110 kV 母联跳闸	投入
7XB	非全相	投入	28XB	10 kV 侧跳闸(主变)	投入
8XB	零序方向过流Ⅰ段 t1	投入	29XB	10 kV 电容器联跳	投入
9XB	零序方向过流Ⅰ段 t2	投入	30XB	10 kV 侧跳闸	退出
10XB	零序过流Ⅱ段	投入	31XB	10 kV 侧跳闸	退出
11XB	间隙零序	投入	32XB	10 kV 侧跳闸	退出
12XB	失灵启动	投入	33XB	失灵启动出口	投入
13XB	调压闭锁	投入	34XB	110 kV 复压闭锁	投入
16XB	220 kV 侧跳闸一	投入	35XB	10 kV 复压闭锁	投入
17XB	220 kV 旁路跳闸一	退出			

表 3.2　#1 主变保护屏Ⅱ柜(25P)投退压板编号、名称及状态

压板双重编号		状态	压板双重编号		状态
编　号	名　称		编　号	名　称	
1XB	变压器重瓦斯	投入	12XB	复压方向过流 t2(本变)	投入
2XB	调压开关重瓦斯	投入	13XB	110 kV 复合电压过流	投入
3XB	绕组温度延时动作	投入	14XB	零序方向过流Ⅰ段 t1	投入
4XB	冷却故障延时动作	投入	15XB	零序方向过流Ⅰ段 t2	投入
5XB	主变压力释放(跳闸)	退出	16XB	零序方向过流Ⅱ段	投入
8XB	变压器差动二	投入	17XB	110 kV 侧间隙零序	投入
9XB	复压方向过流 t1(母线)	退出	18XB	10 kV 限时速断 t1	投入
10XB	复压方向过流 t1(本变)	投入	19XB	10 kV 限时速断 t2	投入
11XB	复压方向过流 t2(母线)	退出	20XB	10 kV 复压过流 t1	投入

续表

压板双重编号		状态	压板双重编号		状态
编 号	名 称		编 号	名 称	
21XB	10 kV 复压过流 t2	投入	34XB	110 kV 母联跳闸	投入
22XB	10 kV 复压过流 t3	投入	35XB	10 kV 跳闸(主变)	投入
25XB	220 kV 侧跳闸一	投入	36XB	10 kV 跳闸(电容器)	投入
26XB	220 kV 旁路跳闸一	退出	37XB	10 kV 侧跳闸	退出
27XB	非电量旁路一	退出	38XB	10 kV 侧跳闸	退出
28XB	220 kV 侧跳闸二	投入	39XB	10 kV 侧跳闸	退出
29XB	220 kV 旁路跳闸二	退出	40XB	10 kV 分段跳闸	投入
30XB	非电量跳旁路二	退出	41XB	保护动作闭锁备自投	投入
31XB	220 kV 母联跳闸二	投入	46XB	220 kV 侧复压闭锁	投入
32XB	110 kV 侧跳闸	投入	47XB	10 kV 侧复压闭锁	投入
33XB	110 kV 侧旁路跳闸	退出			

表3.3 #2主变保护屏Ⅰ柜(23P)投退压板编号、名称及状态

压板双重编号		状态	压板双重编号		状态
编 号	名 称		编 号	名 称	
1XB	差动保护(大差)	投入	14XB	中压侧零序方向过流Ⅰ段	投入
2XB	备用	退出	15XB	中压侧零序方向过流Ⅱ段	投入
3XB	高压侧复压方向过流Ⅰ段	投入	16XB	中压侧零序过流	投入
4XB	高压侧复压方向过流Ⅱ段	投入	17XB	中间隙过流过压	投入
5XB	高复压过流	投入	18XB	低压侧过流保护	投入
6XB	高压侧零序方向过流Ⅰ段	投入	19XB	低压侧复压过流保护Ⅰ	投入
7XB	高压侧零序方向过流Ⅱ段	投入	20XB	低复压过流Ⅱ	投入
8XB	高压侧零序过流	投入	21XB	跳高压侧第一跳圈	投入
9XB	高间隙保护	投入	22XB	跳高开关第二跳圈	投入
10XB	非全相	退出	23XB	跳高压侧旁路开关	退出
11XB	中压侧复压方向过流Ⅰ段	投入	24XB	失灵启动	投入
12XB	中压侧复压方向过流Ⅱ段	投入	25XB	跳中压侧开关	投入
13XB	中复压过流	投入	26XB	跳中压侧旁路开关	退出

续表

压板双重编号		状态	压板双重编号		状态
编　号	名　称		编　号	名　称	
27XB	跳低压侧开关	投入	34XB	旁路失灵保护	退出
28XB	备用	退出	35XB	本体重瓦斯跳闸	投入
29XB	跳高母联开关	投入	36XB	调压重瓦斯跳闸	投入
30XB	跳中母联开关	投入	37XB	变压器油温高跳闸	投入
31XB	跳低分段开关	投入	38XB	冷却器故障	投入
32XB	备用	退出	39XB	压力释放阀	退出
33XB	备用	退出	40XB	绕组温度高	投入

表 3.4　#2 主变保护屏Ⅱ柜(24P)投退压板编号、名称及状态

压板双重编号		状态	压板双重编号		状态
编　号	名　称		编　号	名　称	
1XB	差动保护(小差)	投入	21XB	跳高开关第一线圈	投入
2XB	备用	退出	22XB	跳高开关第二线圈	投入
3XB	高压侧复压方向过流Ⅰ段	退出	23XB	跳高压侧旁路开关	退出
4XB	高压侧复压方向过流Ⅱ段	投入	24XB	失灵启动	投入
5XB	高复压过流	投入	25XB	跳中压侧开关	投入
6XB	高压侧零序方向过流Ⅰ段	投入	26XB	跳中压侧旁路开关	退出
7XB	高压侧零序方向过流Ⅱ段	投入	27XB	跳低压侧开关	投入
8XB	高压侧零序过流	投入	28XB	备用	退出
9XB	高间隙保护	投入	29XB	跳高母联开关	投入
10XB	高压侧非全相	退出	30XB	跳中母联开关	投入
11XB	中压侧复压方向过流Ⅰ段	投入	31XB	跳低分段开关	投入
12XB	中压侧复压方向过流Ⅱ段	投入	32XB	备用	退出
13XB	中复压过流	投入	33XB	备用	退出
14XB	中压侧零序方向过流Ⅰ段	投入	34XB	旁路失灵保护	退出
15XB	中压侧零序方向过流Ⅱ段	投入	35XB	备用	退出
16XB	中压侧零序过流	投入	36XB	备用	退出
17XB	中压侧间隙过流过压保护	投入	37XB	备用	退出
18XB	低压侧复压过流保护	投入	38XB	备用	退出
19XB	低压侧复压过流保护Ⅰ段	投入	39XB	备用	退出
20XB	低压侧复压过流Ⅱ段	投入	40XB	备用	退出

表 3.5　#3 主变保护屏 Ⅰ 柜(25P)投退压板编号、名称及状态

压板双重编号		状态	压板双重编号		状态
编　号	名　称		编　号	名　称	
1XB	差动保护(大差)	投入	21XB	跳高开关第一线圈	投入
2XB	备用	退出	22XB	跳高开关第二线圈	投入
3XB	高压侧复压方向过流Ⅰ段	投入	23XB	跳高压侧旁路开关	退出
4XB	高压侧复压方向过流Ⅱ段	退出	24XJ	高压侧复合闭锁	投入
5XB	高复压过流	投入	25XB	跳中压侧开关	投入
6XB	高压侧零序方向过流Ⅰ段	投入	26XB	跳中旁路开关	退出
7XB	高压侧零序方向过流Ⅱ段	退出	27XB	跳低压侧开关	投入
8XB	高压侧零序过流	投入	28XB	跳高分段Ⅰ开关	退出
9XB	高间隙过流过压保护	投入	29XB	跳高母联开关	投入
10XB	高压侧非全相	退出	30XB	跳中母联开关	投入
11XB	中压侧复压方向过流Ⅰ段	投入	31XB	跳低分段开关	退出
12XB	中压侧复压方向过流Ⅱ段	退出	32XB	跳高分段Ⅱ开关	退出
13XB	中复压过流	投入	33XJ	低压侧复压闭锁	投入
14XB	中压侧零序方向过流Ⅰ段	投入	34XJ	中压侧复合闭锁	投入
15XB	中压侧零序方向过流Ⅱ段	退出	35XB	本体重瓦斯跳闸	投入
16XB	中压侧零序过流	投入	36XB	调压重瓦斯跳闸	投入
17XB	中压侧过流过压	投入	37XB	油温高跳闸	投入
18XB	低压侧复压过流Ⅱ	投入	38XB	冷却器故障跳闸	投入
19XB	低压侧复压过流Ⅰ	退出	39XB	压力释放Ⅰ跳闸	退出
20XB	备用	退出	40XB	绕组温度高跳闸	投入
QP	失灵启动　本线	投入			
	旁路	退出			

表 3.6　#3 主变保护屏Ⅱ柜(26P)投退压板编号、名称及状态

<table>
<tr><th colspan="3">压板双重编号</th><th rowspan="2">状态</th><th colspan="2">压板双重编号</th><th rowspan="2">状态</th></tr>
<tr><th>编　号</th><th colspan="2">名　称</th><th>编　号</th><th>名　称</th></tr>
<tr><td>1XB</td><td colspan="2">差动保护(小差)</td><td>投入</td><td>21XB</td><td>跳高开关第一线圈</td><td>投入</td></tr>
<tr><td>2XB</td><td colspan="2">备用</td><td>退出</td><td>22XB</td><td>跳高开关第二线圈</td><td>投入</td></tr>
<tr><td>3XB</td><td colspan="2">高压侧复压方向过流Ⅰ段</td><td>投入</td><td>23XB</td><td>跳高压侧旁路开关</td><td>退出</td></tr>
<tr><td>4XB</td><td colspan="2">高压侧复压方向过流Ⅱ段</td><td>退出</td><td>24XB</td><td>备用</td><td>退出</td></tr>
<tr><td>5XB</td><td colspan="2">高复压过流</td><td>投入</td><td>25XB</td><td>跳中压侧开关</td><td>投入</td></tr>
<tr><td>6XB</td><td colspan="2">高压侧零序方向过流Ⅰ段</td><td>投入</td><td>26XB</td><td>跳中压侧旁路开关</td><td>退出</td></tr>
<tr><td>7XB</td><td colspan="2">高压侧零序方向过流Ⅱ段</td><td>退出</td><td>27XB</td><td>跳低压侧开关</td><td>投入</td></tr>
<tr><td>8XB</td><td colspan="2">高压侧零序过流</td><td>投入</td><td>28XB</td><td>跳高分段Ⅰ开关</td><td>退出</td></tr>
<tr><td>9XB</td><td colspan="2">高间隙过流过压</td><td>投入</td><td>29XB</td><td>跳高母联开关</td><td>投入</td></tr>
<tr><td>10XB</td><td colspan="2">高压侧非全相</td><td>退出</td><td>30XB</td><td>跳中母联开关</td><td>投入</td></tr>
<tr><td>11XB</td><td colspan="2">中压侧复压方向过流Ⅰ段</td><td>投入</td><td>31XB</td><td>跳低分段开关</td><td>退出</td></tr>
<tr><td>12XB</td><td colspan="2">中压侧复压方向过流Ⅱ段</td><td>退出</td><td>32XB</td><td>跳高分段Ⅱ开关</td><td>退出</td></tr>
<tr><td>13XB</td><td colspan="2">中复压过流</td><td>投入</td><td>33XB</td><td>备用</td><td>退出</td></tr>
<tr><td>14XB</td><td colspan="2">中压侧零序方向过流Ⅰ段</td><td>投入</td><td>34XB</td><td>备用</td><td>退出</td></tr>
<tr><td>15XB</td><td colspan="2">中压侧零序方向过流Ⅱ段</td><td>退出</td><td>35XB</td><td>备用</td><td>退出</td></tr>
<tr><td>16XB</td><td colspan="2">中压侧零序过流</td><td>投入</td><td>36XB</td><td>备用</td><td>退出</td></tr>
<tr><td>17XB</td><td colspan="2">中间隙过流过压</td><td>投入</td><td>37XB</td><td>备用</td><td>退出</td></tr>
<tr><td>18XB</td><td colspan="2">备用</td><td>退出</td><td>38XJ</td><td>低压侧复合闭锁</td><td>投入</td></tr>
<tr><td>19XB</td><td colspan="2">低压侧复压过流Ⅰ</td><td>投入</td><td>39XJ</td><td>高压侧复合闭锁</td><td>投入</td></tr>
<tr><td>20XB</td><td colspan="2">低压侧过流保护Ⅱ</td><td>退出</td><td>40XJ</td><td>中压侧复合闭锁</td><td>投入</td></tr>
<tr><td rowspan="2">QP</td><td rowspan="2">失灵启动</td><td>本线</td><td>投入</td><td rowspan="2"></td><td rowspan="2"></td><td rowspan="2"></td></tr>
<tr><td>旁路</td><td>退出</td></tr>
</table>

3.2.2　220 kV 系统保护

(1)220 kV 母线保护

本站 220 kV 母线采用 BP-2B 深圳南瑞科技有限公司微机母差保护。

该保护采用比相差动原理,适用于双母线接线方式,同时兼有断路器失灵保护及母线充电保护功能。

1)保护及自动重合闸装置的配置

①母线分相比率差动保护。

②失灵保护出口回路。

③母联失灵(死区)保护。

④母线充电保护。

⑤复合电压闭锁。

⑥CT 断线闭锁及告警。

⑦PT 断线告警。

2)保护及自动重合闸配置的投入和退出

新投产时按投产记录投退,在运行中按调度命令投退。

正常运行 220 kV 母线保护投退压板编号、名称及状态见表 3.7。

表 3.7 220 kV 母线保护投退压板编号、名称及状态

编 号	压板名称	状态	编 号	压板名称	状态
LP11	母差跳闸	投入	LP45	汕阳线失灵启动	投入
LP12	#3 主变跳闸	投入	LP46	濠阳乙线失灵启动	投入
LP13	#2 主变跳闸	投入	LP47	濠阳甲线失灵启动	投入
LP14	#1 主变跳闸	投入	LP51	备用	退出
LP15	两阳线跳闸	投入	LP52	备用	退出
LP16	汕阳线跳闸	投入	LP53	备用	退出
LP17	旁路跳闸	投入	LP54	备用	退出
LP18	濠阳乙线跳闸	投入	LP55	备用	退出
LP19	濠阳甲线跳闸	投入	LP56	备用	退出
LP21	备用	退出	LP67	备用	退出
LP22	备用	退出	LP68	备用	退出
LP23	备用	退出	LP69	备用	退出
LP24	备用	退出	LP71	备用	退出
LP25	备用	退出	LP72	备用	退出
LP26	备用	退出	LP73	备用	退出
LP41	#3 主变失灵启动	投入	LP76	双母分列运行	退出
LP42	#2 主变失灵启动	投入	LP77	互联投入	退出
LP43	#1 主变失灵启动	投入	LP78	充电保护投入	退出
LP44	两阳线失灵启动	投入	LP79	过流保护投入	退出

(2)220 kV 线路保护

1)保护及自动重合闸装置的配置

220 kV 线路保护及自动重合闸装置的配置见表 3.8。

表 3.8 220 kV 线路保护及自动重合闸装置的配置

CPU	CPU1				CPU2		CPU3	CPU4
保护功能 型号	高频距离	高频零序	高频负序	方向高频	相间距离	接地距离	零序	综重
WXB-11	●	●			●	●	●	●

2)保护及自动重合闸配置的投入和退出

新投产时按投产记录投退,在运行中按调度命令投退。

正常运行 220 kV 线路保护投退压板编号、名称及状态见表 3.9,表 3.10。

表 3.9 220 kV 线路保护(A 保护屏)投退压板编号、名称及状态

压板编号、名称	状态	压板编号、名称	状态
1LP1 跳 A 相	投入	1LP10 重合闸启动公共端	投入
1LP2 跳 B 相	投入	1LP11 高频保护	投入
1LP3 跳 C 相	投入	1LP12 距离保护	投入
1LP4 三跳	投入	1LP13 零序Ⅰ段	退出
1LP5 永跳	投入	1LP14 备用	退出
1LP6 启动失灵 A 相	投入	1LP15 零序保护总投入	投入
1LP7 启动失灵 B 相	投入	1LP16 重合闸时间控制	投入
1LP8 启动失灵 C 相	投入	1LP17 备用	退出
1LP9 合闸压板	退出	8LP1 三相不一致	投入

表 3.10 220 kV 线路保护(B 保护屏)投退压板编号、名称及状态

压板编号、名称	状态	压板编号、名称	状态
1LP1 跳 A 相	投入	1LP6 启动失灵 A 相	投入
1LP2 跳 B 相	投入	1LP7 启动失灵 B 相	投入
1LP3 跳 C 相	投入	1LP8 启动失灵 C 相	投入
1LP4 三跳	投入	1LP9 合闸出口	投入
1LP5 永跳	投入	1LP10 重合闸启动公共端	投入

续表

压板编号、名称	状态	压板编号、名称	状态
1LP11 高频保护	投入	1LP15 零序总投入	投入
1LP12 距离保护	投入	1LP16 重合闸时间控制	投入
1LP13 零序Ⅰ段	退出	1LP17 备用	退出
1LP14 备用	退出		

3）打印信息一览表

打印信息一览表见表3.11。

表3.11　打印信息一览表

序号	打　印	含义说明
1	GBQD	高频保护启动
2	GBIOTX	高频零序停信
3	GBJLTX	高频距离停信
4	GBIOCK	高频零序出口
5	GBJLCK	高频距离出口
6	GBJSCK	高频后加速出口
7	GB-DEVCK	高频转换性故障出口
8	GB-HB3TCK	高频后备三跳出口
9	GB-YTCK	高频永跳出口
10	GB-YTSB	高频永跳失败
11	GB-SHCK	手合出口
12	JL-SHCK	距离手合出口
13	ZKQD	距离保护阻抗启动
14	1ZKJCK	阻抗Ⅰ段出口
15	2ZKJCK	阻抗Ⅱ段出口
16	3ZKJCK	阻抗Ⅲ段出口
17	DZICK	振荡中带0.2 s延时Ⅰ段出口
18	2ZKJSCK	Ⅱ段阻抗加速出口
19	3ZKJSCK	Ⅲ段阻抗加速出口
20	ZKXJCK	阻抗相近加速出口

续表

序号	打　印	含义说明
21	JL-DEVCK	距离保护转换性故障出口
22	2ZKDEVCK	Ⅱ段距离保护转换性故障出口
23	CJ	测距
24	JL-HB3TCK	距离保护后备中跳出口
25	JL-HBYTCK	距离保护永跳
26	JL-YTSB	距离失败永跳
27	I01CK	零序Ⅰ段出口
28	I02CK	零序Ⅱ段出口
29	I03CK	零序Ⅲ段出口
30	I04CK	零序Ⅳ段出口
31	I0NICK	不灵敏Ⅰ段出口
32	ION2CK	不灵敏Ⅱ段出口
33	I02JSCK	零序Ⅱ段加速出口
34	I03JSCK	零序Ⅲ段加速出口
35	I04JSCK	零序Ⅳ段加速出口
36	LX-HB3TCK	零序后备三跳出口
37	LX-HBYTCK	零序后备永跳出口
38	LX-YTSB	零序永跳失败
39	ALJQD	静态破坏 A 相电流元件动作
40	BCZKQD	静态破坏 BC 相电流元件动作
41	T1QDCH	单跳启动重合
42	T3QDCH	三跳启动重合
43	BTQDCH	不对应启动重合
44	CHCK	重合出口
45	CPUXRESF	其 CPU 长期在振荡闭锁状态,不能复归
46	DATAERR	阻抗计算原始数据出错
47	NTACK	N 点保护动作跳 A 相
48	NTBCK	N 点保护动作跳 B 相

续表

序号	打　印	含义说明
49	NTCCK	N 点保护动作跳 C 相
50	MTACK	M 点保护动作跳 A 相
51	MTBCK	M 点保护动作跳 B 相
52	MTCCK	M 点保护动作跳 C 相
53	PTACK	P 点保护动作跳 A 相
54	PTBCK	P 点保护动作跳 B 相
55	PTCCK	P 点保护动作跳 C 相
56	NT3CK	N 点保护动作跳三相
57	MT3CK	M 点保护动作跳三相
58	PT3CK	P 点保护动作跳三相
59	BCH-T3CK	保护单跳、重合闸充电未准备好，由综重发三跳令
60	DLBPH	电流不平衡
61	CH-HB3TCK	重合闸后备三跳出口
62	CH-HBYTCK	重合闸后备永跳出口
63	CH-YTSB	重合闸永跳失败
64	RAMERR	内部 RAM 异常
65	RAMIERR	外部 RAM 异常
66	BADDRV　I	开出光隔击穿
67	BADDRV	开出光隔失效
68	SETERR	定值出错
69	ROMERR	ROM 和出错
70	DACERR	采样数据异常
71	PTDX	PT 断线
72	CTDX	CT 断线
73	GBTDERR	高频通道异常
74	OVLOAD	线路过载

(3)220 kV 旁路保护

潮阳站 220 kV 旁路保护由南自厂生产的 WBX-11 型微机保护屏组成。

220 kV 旁路保护的配置见表 3.12。

表 3.12 220 kV 旁路保护的配置

GWX-601	YQX-11D	交流电压切换箱
	JCSS-11D	失灵启动及三相不一致
	FCX-11	分相操作箱
	WXB-11	线路微机保护装置

WBX-11 型保护屏压板功能说明见表 3.13。

表 3.13 220 kV 旁路保护屏柜压板功能说明

压板双重编号		状态	压板双重编号		状态
编 号	名 称		编 号	名 称	
1LP1	A 相跳闸出口	投入	1LP10	重合闸启动公共端	投入
1LP2	B 相跳闸出口	投入	1LP11	高频保护投入	投入
1LP3	C 相跳闸出口	投入	1LP12	距离保护投入	投入
1LP4	三相跳闸出口	投入	1LP13	零序Ⅰ段投入	退出
1LP5	永跳出口	投入	1LP14	备用	退出
1LP6	A 相启动失灵	投入	1LP15	零序总投入	投入
1LP7	B 相启动失灵	投入	1LP16	重合闸时间控制	投入
1LP8	C 相启动失灵	投入	8LP1	三相不一致	投入
1LP9	合闸出口	投入			

3.2.3 110 kV 系统保护

(1)110 kV 线路保护

本站 110 kV 潮棉Ⅰ,Ⅱ线,潮铜Ⅱ线,潮和线采用南自厂的 WBX-11 型微机线路保护装置;潮铜Ⅰ线、潮沙线采用许昌继电器厂 CSL-161B 型微机线路保护;潮谷线、潮磐线采用南自院生产的 LFP-941B 型微机线路保护装置。

1)WBX-11 型微机线路保护(潮棉Ⅰ,Ⅱ线,潮铜Ⅱ线,潮和线)

①保护及自动重合闸装置的配置

潮棉Ⅰ,Ⅱ线,潮铜Ⅱ线,潮和线保护及自动重合闸装置的配置见表 3.14。

表3.14 潮棉Ⅰ,Ⅱ线,潮铜Ⅱ线,潮和线保护及自动重合闸装置的配置

CPU	CPU1				CPU2		CPU3	CPU4
保护功能 / 型号	高频距离	高频零序	高频负序	方向高频	相间距离	接地距离	零序	综重
WXB-11		●			●	●	●	●

②保护及自动重合闸配置的投入和退出

新投产时按投产记录投退,在运行中按调度命令投退。

110 kV 潮棉Ⅰ,Ⅱ线,潮铜Ⅱ线,潮和线保护屏压板功能说明见表3.15。

表3.15 110 kV 潮棉Ⅰ,Ⅱ线,潮铜Ⅱ线,潮和线保护屏压板功能说明

压板编号、名称	状态	压板编号、名称	状态
1LP1 跳闸出口	投入	1LP6 距离保护投入	投入
1LP2 备用	退出	1LP7 零序Ⅰ段投入	投入
1LP3 合闸出口	投入	1LP8 零序Ⅱ段投入	投入
1LP4 重合闸投入	投入	1LP9 零序Ⅲ段投入	投入
1LP5 高频保护投入	退出	1LP10 重合闸时间控制	投入

③打印信息一览表

打印信息一览表见表3.16。

表3.16 打印信息一览表

序号	打 印	含义说明
1	GBQD	高频保护启动
2	GBIOTX	高频零序停信
3	GBJLTX	高频距离停信
4	GBIOCK	高频零序出口
5	GBJLCK	高频距离出口
6	GBJSCK	高频后加速出口
7	GB(GF)—DEVCK	高频保护转换性故障出口
8	GB(GF)—HB3TCK	高频保护后备三跳出口
9	GB(GF)—HBYTCK	高频保护永跳出口
10	GB(GF)—YTSB	高频保护永跳失败

续表

序号	打　印	含义说明
11	GBFXCK	高频方向保护出口
12	GBSHCK	高频保护手合出口
13	JL—SHCK	距离保护手合出口
14	ZKQD	距离保护阻抗启动
15	1ZKJCK	Ⅰ段距离保护出口
16	2ZKJCK	Ⅱ段距离保护出口
17	3ZKJCK	Ⅲ段距离保护出口
18	2ZKJSCK	Ⅱ段距离保护加速出口
19	3ZKJSCK	Ⅲ段距离保护加速出口
20	ZKXJCK	距离保护阻抗相近加速出口
21	DZICK	振荡中Ⅰ段距离保护出口
22	JL—DEVCK	距离保护转换性故障出口
23	2ZKDEVCKI	Ⅱ段距离保护转换性故障出口
24	CJ	测距
25	JL—HB3TCK	距离保护后备三跳出口
26	JL—HBYTCK	距离保护后备永跳出口
27	JL—YTSB	距离保护永跳失败
28	I01CK	零序保护Ⅰ段出口
29	I02CK	零序保护Ⅱ段出口
30	I03CK	零序保护Ⅲ段出口
31	I04CK	零序保护Ⅳ段出口
32	I0N1CK	零序不灵敏Ⅰ段出口
33	I0N2CK	零序不灵敏Ⅱ段出口
34	I02JSCK	零序Ⅱ段加速出口
35	I03JSCK	零序Ⅲ段加速出口
36	I04JSCK	零序Ⅳ段加速出口
37	LX—HB3TCK	零序后备三跳出口
38	LX—HBYTCK	零序后备永跳出口

续表

序号	打　印	含义说明
39	LX—YTSB	零序永跳失败
40	CHCK	重合闸出口
41	BCH—T3CK	不重合跳三相
42	NTACK	N 端子跳 A 出口
43	MTACK	M 端子跳 A 出口
44	PTACK	P 端子跳 A 出口
45	NTBCK	N 端子跳 B 出口
46	MTBCK	M 端子跳 B 出口
47	PTBCK	P 端子跳 B 出口
48	NTCCK	N 端子跳 C 出口
49	MTCCK	M 端子跳 C 出口
50	PTCCK	P 端子跳 C 出口
51	NT3CK	N 端子跳三相
52	MT3CK	M 端子跳三相
53	PT3CK	P 端子跳三相
54	CH—HB3TCK	重合闸后备三跳出口
55	CH—HBYTCK	重合闸后备永跳出口
56	CH—YTSB	重合闸永跳失败
57	T1QDCH	单跳启动重合闸
58	T3QDCH	三跳启动重合闸
59	BTQDCH	不对应启动重合
60	RAMERR	内部 RAM 异常
61	RAM1ERR	外部 RAM 异常
62	BADDRV1	开出光隔击穿
63	BADDRV	开出光隔失效
64	CPUXERR	某 CPU 故障
65	SETERR	定值出错
66	ROMERR	ROM 和出错

续表

序号	打　印	含义说明
67	DACERR	采样数据异常
68	PTDX	PT 断线
69	CTDX	CT 断线
70	GBTDERR	高频通道异常
71	OVLOAD	线路过载
72	ALJQD	静稳破坏 A 相电流元件动作
73	BCZKQD	静稳破坏 BC 相电流元件动作
74	CPUXRESF	某 CPU 长期在振荡闭锁状态,不能复归
75	DATAERR	阻抗计算原始数据出错
76	CHANGE SETTING?	定值区改变?
77	DLBBH	电流不平衡
78	DIGITAL INPUT CHANGED	开关输入量改变

2)CSL-161B 型保护(潮铜Ⅰ线、潮沙线)

①保护及自动重合闸装置的配置

闭锁式高频距离和高频零序方向保护(可选),三段相间距离、三段接地距离、四段零序方向电流保护及三相一次重合闸、专用故障录波插件。

②保护及自动重合闸配置的投入和退出

新投产时按投产记录投退,在运行中按调度命令投退。

110 kV 潮沙线,潮铜Ⅰ线保护屏压板功能说明见表 3.17。

表 3.17　110 kV 潮沙线,潮铜Ⅰ线保护屏压板功能说明

压板双重编号		状态	压板双重编号		状态
编　号	名　称		编　号	名　称	
1LP	保护跳闸	投入	4LP	零序保护投入	投入
2LP	重合闸出口	投入	5LP	高频投入	退出
3LP	距离保护投入	投入			

注:1LP2 重合闸出口压板根据调度命令投退。

3)LFP-941B 型保护(潮谷线、潮磐线)

①保护装置的功能

设有三相一次重合闸,带有跳合闸操作回路以及交流电压切换回路,配有液晶显示屏。

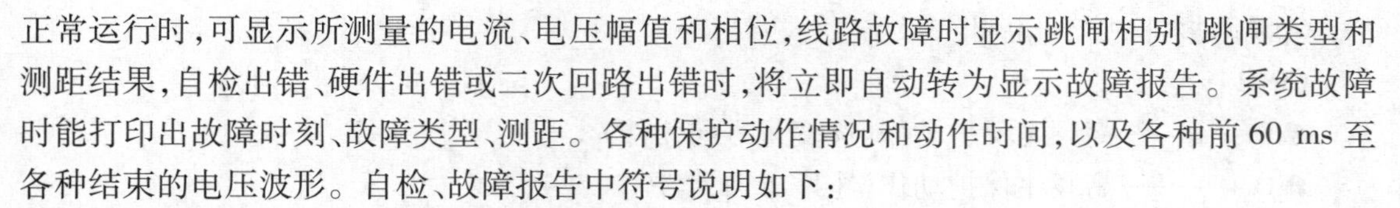
正常运行时，可显示所测量的电流、电压幅值和相位，线路故障时显示跳闸相别、跳闸类型和测距结果，自检出错、硬件出错或二次回路出错时，将立即自动转为显示故障报告。系统故障时能打印出故障时刻、故障类型、测距。各种保护动作情况和动作时间，以及各种前 60 ms 至各种结束的电压波形。自检、故障报告中符号说明如下：

②LFP-941B 型装置信号灯含义说明

LFP-941B 型装置信号灯含义说明见表 3.18。

表 3.18 LFP-941B 型装置信号灯含义说明

信号灯	位置(插件)	含 义	备 注
DC	DC	电源指示灯	正常运行时，应亮
OP	CPU1，CPU2，OUT	运行正常监视灯	正常运行时，应亮；保护告警或整定定值时，熄灭
DX	CPU1	二次交流电压断线指示灯	正常时，不亮；该灯亮时，应检查 PT 二次回路是否断线
CD	CPU2	重合闸充电指示灯	正常状态，开关合上后经 15S 灯亮
TJ	OUT	跳闸信号灯	亮，表示保护动作跳闸，可通过 OUT 上的 RST 按钮或屏后侧 1FA 按钮复归
HJ	OUT	合闸信号灯	亮，表示重合闸动作，可通过 OUT 上的 RST 按钮或屏后侧 1FA 按钮复归
HWJ	SWI	合闸位置信号灯	亮，表示开关在合闸位置
TWJ	SWI	跳闸位置信号灯	亮，表示开关在跳闸位置
1	YQ	1 母指示灯	亮，表示当前运行在Ⅰ母
2	YQ	2 母指示灯	亮，表示当前运行在Ⅱ母

③PLP941B-01 型保护屏压板的功能和投退情况

110 kV 潮谷线、潮磬线保护屏压板功能说明见表 3.19。

表 3.19 110 kV 潮谷线、潮磬线保护屏压板功能说明

压板双重编号		状态	压板双重编号		状态
编 号	名 称		编 号	名 称	
1LP1	保护跳闸	投入	1LP8	投零序Ⅲ段	投入
1LP2	重合闸	投入	1LP9	投零序Ⅳ段	投入
1LP3	备用	退出	1LP10	投双回线相继速动	退出
1LP4	投检修状态	投入	1LP11	不对称故障速断	投入
1LP5	投距离	投入	1LP12	投低周减载	退出
1LP6	投零序Ⅰ段	投入	1LP13	闭锁重合闸	退出
1LP7	投零序Ⅱ段	投入	1LP14	强制手动	退出

④跳闸报告中符号说明

CPU1：

●D＋＋——高频主保护动作（突变量方向元件）。

●O＋＋——高频主保护动作（零序方向元件）。

●DZ——突变量距离元件动作。

●CF1——合闸于故障加速（包括手合后加速及重合后加速）。

●LPT——PT断线后，零序或相电流元件动作。

CPU2：

●Z1——距离Ⅰ段元件。

●Z2——距离Ⅱ段元件。

●Z3——距离Ⅲ段元件。

●L01——零序过流Ⅰ段元件。

●L02——零序过流Ⅱ段元件。

●L03——零序过流Ⅲ段元件。

●L04——零序过流Ⅳ段元件。

●LPT——PT断线时过流元件。

●CF2——合闸于故障加速（包括手合后加速及重合后加速）。

●SHXS——双回线相互闭锁相继速动。

●BDXS——不对称故障相继速动。

●SXJS——三相故障加速Ⅱ段距离。

（2）110 kV母线保护

本站110 kV母线采用深圳南瑞科技有限公司的BP-2B型母差保护，BP-2B为用于110 kV及以下的母线保护装置，适用于单母线、单母分段、双母线等主接线系统，母线上允许所接的线路与元件最多为24个（包括母联），另外装置还设有母联充电保护和母联过流保护。

110 kV母线保护屏（59P）压板功能及其投退说明见有3.20。

表3.20　110 kV母线保护屏（59P）压板功能及其投退说明

压板双重编号		状态	压板双重编号		状态
编　号	名　称		编　号	名　称	
LP11	110 kV母联跳闸出口	投入	LP19	潮棉Ⅰ线跳闸出口	投入
LP12	潮磐线跳闸出口	投入	LP21	潮铜Ⅱ线跳闸出口	投入
LP14	潮棉Ⅱ线跳闸出口	投入	LP22	潮谷跳闸出口	投入
LP16	潮和线跳闸出口	投入	LP23	旁路跳闸出口	投入
1LP17	潮沙线跳闸出口	投入	LP24	#1主变跳闸出口	投入
LP18	潮铜Ⅰ线跳闸出口	投入	LP25	#2主变跳闸出口	投入

续表

压板双重编号		状态	压板双重编号		状态
编　号	名　称		编　号	名　称	
LP26	#3 主变跳闸出口	投入	LP43	110 kV 旁路放电	投入
LP34	潮棉Ⅱ线放电	投入	LP76	双母线分列运行	退出
LP36	潮和线放电	投入	LP77	母线强制互联	退出
LP39	潮棉Ⅰ线放电	投入	LP78	充电保护投入	退出
LP41	潮铜Ⅱ线放电	投入	LP79	过流保护投入	退出

装置在正常运行情况下，一次为双母线运行，此即为母线保护的双母线方式，常称为双母差；当一次为单母线运行或一次为双母线运行，保护在互联状态下，保护为单母方式，即常称的单母差方式。

(3)110 kV 旁路保护

110 kV 旁路保护采用南自厂的 WBX-11 型微机线路保护装置。

旁路代线路：

①将旁路 CSL 162B 型保护的定值区改换至相应定值区。

②旁路屏 1LP1 保护跳闸，1LP3 距离保护、1LP4 零序保护应投入。

旁路代主变：

旁路屏所有压板应退出。

110 kV 旁路保护压板功能及其状态见表 3.21。

表 3.21　110 kV 旁路保护压板功能及其状态

压板编号、名称	状态	压板编号、名称	状态
1LP1 跳闸出口	投入	1LP6 距离保护投入	投入
1LP2 备用	退出	1LP7 零序Ⅰ段投入	投入
1LP3 合闸出口	投入	1LP8 零序Ⅱ段投入	投入
1LP4 重合闸投入	投入	1LP9 零序Ⅲ段投入	投入
1LP5 高频保护投入	退出	1LP10 重合闸时间控制	投入

3.2.4　10 kV 系统保护

(1)10 kV 线路保护

1)保护概述

本站 10 kV 线路保护由许昌继电器厂电磁型线路保护装置构成。

2)压板功能说明及状态

10 kV 线路保护屏压板功能说明及状态见表 3.22。

表 3.22　10 kV 线路保护屏压板功能说明及状态

压板双重编号		状态	压板双重编号		状态
编　号	名　称		编　号	名　称	
LP	重合闸出口	投入	5LP	时限过流	投入
4LP	电流速断	投入			

(2)分段断路器自投装置

10 kV Ⅰ A 段、Ⅱ段的分段断路器 500 设有备自投装置,采用广州四方公司的 CSB 21A 数字式备用电源自投装置。

装置的原理如下:

CSB-21A 基本是一个可编程逻辑控制器,通过不同的整定,即可适用于不同的备投要求。它提供 8 路模拟量的输入,9 路通用的开关量输入,一路停用开关量输入,10 个独立的节点式的出口。在定值中,可利用这些资源,灵活定义装置在各种条件下的动作行为,从而完成整个的备用电源自动投入过程。可实现手跳闭锁/备用电源过负荷联切线路等功能。

分段备自投装置压板功能说明及状态见表 3.23。

表 3.23　分段备自投装置压板功能说明及状态

压板双重编号		状态	压板双重编号		状态
编　号	名　称		编　号	名　称	
31LP1	跳#1 主变变低 501A	投入	31LP1	跳#1 站用变低 401	投入
31LP2	合#1 主变变低 501A	投入	31LP2	合#1 站用变低 401	投入
31LP3	跳#2 主变变低 502	投入	31LP3	跳#2 站用变低 402	投入
31LP4	合#2 主变变低 502	投入	31LP4	合#2 站用变低 402	投入
31LP5	跳 10 kV 分段 500	投入	31LP5	跳 0.38 分段 400	投入
31LP6	合 10 kV 分段 500	投入	31LP6	合 0.38 分段 400	投入

(3)电容器保护

①10 kV #3,#4 电容器采用许昌继电器厂电磁式保护;#2,#5—#7 电容器采用广州邦德电气自动化公司的 CSL 200B 系列数字式电容器保护装置;#8—#10 电容器采用国电南京自动化的 PSC 641 系列数字式电容器保护装置。包括时限速断、过流和中性线不平衡电流保护、过压和失压保护,保护动作后跳本分组电容器。

②分组保护屏压板说明见表3.24。

表3.24　电容器组保护屏压板说明

压板双重编号		状态	压板双重编号		状态
编　号	名　称		编　号	名　称	
3LP	#2变低手跳联跳#5电容	投入		手跳联跳#8电容	投入
4LP	#2变保护联跳#5电容	投入		保护跳联跳#8电容	投入
5LP	#2变低手跳联跳#6电容	投入		手跳联跳#9电容	投入
6LP	#2变保护联跳#6电容	投入		保护跳联跳#9电容	投入
7LP	#2变手跳联跳#7电容	投入		手跳联跳#10电容	投入
8LP	#2变保护联跳#7电容	投入		保护跳联跳#10电容	投入
1LP1	跳闸出口连接片	投入		保护跳闸	投入
1LP2	合闸出口连接片	投入		备用	退出

(4)站用变保护

#1站用变保护采用许昌继电器厂的电磁式保护；#2站用变保护采用广州邦德电气公司的CST 302A站用变保护装置，包括Ⅱ段定时限过流保护、Ⅲ段定时限零序过流保护。保护动作后跳站用变两侧开关和380 V分段开关400。

站用变保护屏压板说明见表3.25。

表3.25　站用变保护屏压板说明

压板双重编号		状态	压板双重编号		状态
编　号	名　称		编　号	名　称	
1LP	电流速断跳#1站用变	投入	1LP1	#2站用变跳闸出口连接片	投入
2LP	时限过流跳#1站用变	投入	1LP2	#2站用变合闸出口连接片	投入
3LP	零序电流跳#1站用变	投入	1LP3	保护联跳#2站用变402	投入
4LP	过流跳0.38 V分段400	投入	1LP4	保护出口跳#2站用变582	投入
5LP	零序电流跳0.38 V分段400	投入	1LP5	保护联跳0.38V分段400	投入
			1LP6	#2站用变保护出口闭锁备自投	退出

思考题

1. 请描述仿真变电站的电气主接线。
2. 请描述仿真变电站的主要保护配置。

技能题

请对仿真变电站220 kV出线断路器检修、母线检修时的供电可靠性进行分析。

单元4　220 kV 变电站三维仿真系统使用说明

知识目标

➢ 能描述仿真系统可实现的功能。

技能目标

➢ 能在仿真机上的监控画面、一次场景、保护室进行设备的查找定位。
➢ 能在仿真机上对一次设备进行巡视。
➢ 能进行开关、刀闸的分合闸操作及状态检查。
➢ 能进行验电、悬挂标识牌、设置围栏。
➢ 能进行二次屏盘的相关操作。

项目4.1　仿真系统基本情况

变电站三维动画培训系统以 Visual Studio 6.0 Enterprise 和 Compaq Visual Fortran 6.1 为开发工具,软件支撑平台采用具有国内领先水平的 TS-2000 仿真支撑平台,它全面采用国际先进的三层结构的客户/服务器模型,有良好的规模可伸缩性,确保了系统既可多机运行,也可单机运行。系统采用了虚拟仪器技术、组件技术、3D 建模技术和基于 OpenGL 的虚拟现实技术,构建了220/110/10 kV 这3 种电压等级的虚拟变电站,包括变电站主控制室、控制屏、保护屏、交直流屏等二次设备和现场一次设备。

4.1.1　硬件系统结构

(1)教员席

在三维变电站培训仿真系统配置下,教员席为一台微机服务器,主要用于教案编制、运行方式的整定、故障设置、系统维护管理、数据组织和对学员的监管等。

(2)学员席

学员席直接提供人机交互操作界面。调度员学员席提供调度自动化系统人机界面,变电站集中监控学员席提供变电站集中监控系统人机界面,变电站学员席提供变电站主控制室及一次设备人机界面。各学员席可独立运行互不影响,也可分组协调运行。

4.1.2　可实现的功能

仿真系统具有的主要功能包括:正常运行下设备的监视;设备缺陷与异常设置;设备的巡视与检查;设备的操作;设备故障与系统事故设置;继电保护系统的正确动作;五防系统模拟;安全用具的使用;安全措施布置;培训效果的评估与考核。

(1)正常操作

①开关操作,在集控站仿真界面、变电站监控后台仿真界面、变电站虚拟控制盘上或虚拟现场设备上操作。

②刀闸操作,在虚拟现场设备上操作。

③压板操作,在虚拟保护盘上操作,包括变压器差流端子的操作。

④液晶屏按钮操作,能够看到液晶显示随操作的变化情况、保护动作情况、量测情况等。

⑤保护投停、定值修改及查看。

⑥电压互感器的切换。

⑦自动重合闸方式的切换。

⑧绝缘监视电压表的切换。

⑨按钮操作,包括音响解除、信号复归等。

⑩自动装置的投入和切除。

⑪小电流接地系统接地故障的查找。

⑫变压器分接头的调整。

⑬电容器、电抗器的投停。

⑭消弧线圈投、退。

⑮交、直流系统操作,可进行直流接地的查找。

⑯现场变电工作的安全措施(停电、验电、挂接地线等)。

⑰定期试验及切换:变压器、所用变、电容器、接地变、光子牌,等。

(2)一次设备巡视

所有可操作的设备和可观测的动态量都属巡视训练内容,所有的检查都可进行自动记录,便于考核评分。

①变压器巡视检查项目。

②GIS 巡视检查项目。

③断路器巡视检查项目。

④隔离开关巡视检查项目。

⑤所变巡视检查项目。

⑥母线巡视检查项目。

⑦互感器巡视检查项目。

⑧电容器巡视检查项目。

⑨避雷器巡视检查项目。

⑩电抗器、电容器巡视检查项目。

(3)设备故障仿真

1)开关本体及其相关的故障

①开关拒动。

②开关合在有故障的线路或母线上。

2)刀闸及其相关的故障

①带负荷拉、合刀闸。

②带电合接地刀闸。

③带地线合刀闸。

3)变压器本体及其相关故障

①变压器油箱内故障,包括相间短路、接地短路、匝间短路。

②变压器油箱外故障,包括套管和引出线上相间短路,以及接地短路(中性点直接接地电网一侧)。

③变压器过负荷。

④变压器油温过高。

⑤风冷全停。

4)母线故障

①母线短路。

②母线接地。

5)线路故障

①三相出口短路。

②近区短路(单相、两相、两相接地、三相故障)。

③远区短路(单相、两相、两相接地、三相故障)。

④接地(单相、两相)。

6)继电保护及自动装置故障

①保护、自动装置拒动。

②装置异常。

7)智能装置故障

小电流接地选线装置。

(4)五防系统仿真

“五防”微机防误闭锁模拟系统是根据实际“五防”装置功能,基于仿真变电站人机交互界面系统开发的。由仿真模拟盘、仿真电子锁、仿真电子钥匙等组成。具有投退闭锁装置、模拟盘元件对位、模拟操作预演、自动记录及显示预演内容、向模拟现场一次设备发送操作票、限制一次设备的操作次序和操作状态等功能。

1)投退系统

通过人机界面的切换控制,可实现防误系统的投入和退出。在系统投入状态,必须严格按照“五防”的防误规则来进行模拟操作,以及一次设备的现场操作;在系统退出时,就可随意进行模拟操作和一次设备的操作。

2)模拟操作

通过启动模拟盘上的模拟功能,可实现模拟盘上的元件与现场一次设备状态的自动对位,如果有一次设备的实际位置同模拟盘上的模拟元件的位置发生不一致,在模拟盘的液晶指示面上,依次提示出各个位置不一致设备的名称,供操作者修正模拟盘上元件的状态。对位结束后,可进行模拟盘上的模拟操作。

3)强制对位

在确认一次设备的实际位置同模拟盘上的模拟元件的位置一致的情况下,可使用强制对位功能,省略上面的对位功能,以节省时间,这样可立即进行模拟盘上的模拟操作。

4)显示预演

启动显示模拟操作记录功能,可在进行模拟操作的同时看到操作过的设备和操作状态。可关闭该窗口,取消显示,也可在进行一次设备操作时,提供对照和参考。

5)自动记录

在模拟盘进行操作时,系统自动将操作过程记录下来。

6)发送操作票

在模拟操作结束经确认无误后,通过启动发送操作票功能,将生成的一次系统操作票发送到一次现场的五防闭锁装置上,同时形成一个虚拟的仿真电子钥匙,里面存有相同的操作票。

7)闭锁功能

在操作票发送结束后,就可进行一次设备的操作。操作必须严格按照模拟操作的次序,进行解锁和操作。如果走错间隔或者拉错刀闸等,闭锁系统会成功实现防误闭锁,并且给出应进行操作的正确提示。

(5)变电站后台监控系统仿真

①反映变电站主接线图、报表、事件及信息库访问界面、控制操作、保护信号动作情况和遥测、遥信。

②能进行就地监视设备运行情况。

③能进行遥控、遥调操作培训。

项目 4.2　变电站三维一次设备巡视

为了更好地完成漫游、观察和操作,系统主窗口一共设置了 10 种运行状态,分别是运行、环绕、操作、检查、望远镜、验电、挂牌、围栏和异常处理等,为了方便学员使用,系统还提供了导航图功能。下面分别进行论述。

4.2.1　运行模式

系统进入后,默认的运行方式,如图 4.1 所示。

在本方式下,常有的运动控制键如下:

光标键:

↑前进

左扭头←　　→右扭头

↓后退

键盘区:

Home 大步前进

左扭头 a　　d 右扭头

End　大步后退

图4.1　运行方式

PgUp:视点升高

PgDn:视点降低

键盘区:

　　　w 抬头

左跨步 q　　　e 右跨步

　　　s　低头

c——蹲下/站起切换

z——平视

其中,在左扭头和右扭头时,按下"Shift"键,能够实现一次转90°。

4.2.2　环绕模式

为了方便对某一设备进行观察,在运行模式下,用鼠标右键双击某一设备,弹出如图4.2所示的对话框,单击"确定"按钮后进入环绕模式。

在环绕模式下,键盘控制键和运行模式下基本一致,不过左右转时是环绕物体的几何中心,而不是转体;前进后退时是拉近/拉远与物体的距离,而不是进退。建议还是采用光标键:

光标键:

　　　↑拉近

环绕左转 ←　　　→ 环绕右转

　　　↓拉远

如果要退出环绕模式回到运行模式,只要用鼠标右键在屏幕任何地方双击即可。

图 4.2　环绕模式

4.2.3　操作模式

为了对开关、刀闸的操作机构(包括端子箱)进行操作,可用鼠标左键双击某一机构箱,系统会自动面向该机构箱,进入近距离操作模式,调整视点高度和方向。左键双击门或按“Ctrl”键左键单击门,可打开/关闭机构箱的门,如图 4.3 所示。

图 4.3　近距离操作模式

对于标签比较小的箱子，也可采用望远镜模式切近画面，如图4.4所示。

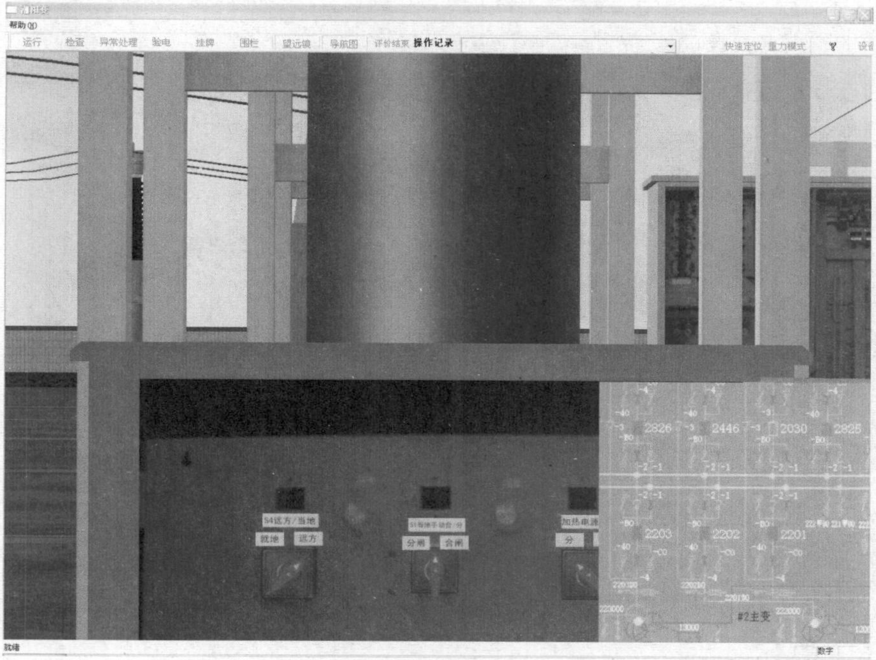

图4.4　望远镜模式

对于机构箱的各个活动机构，可进行以下操作：

①按钮，用鼠标左键单击后，弹出对话框来操作，如图4.5所示。

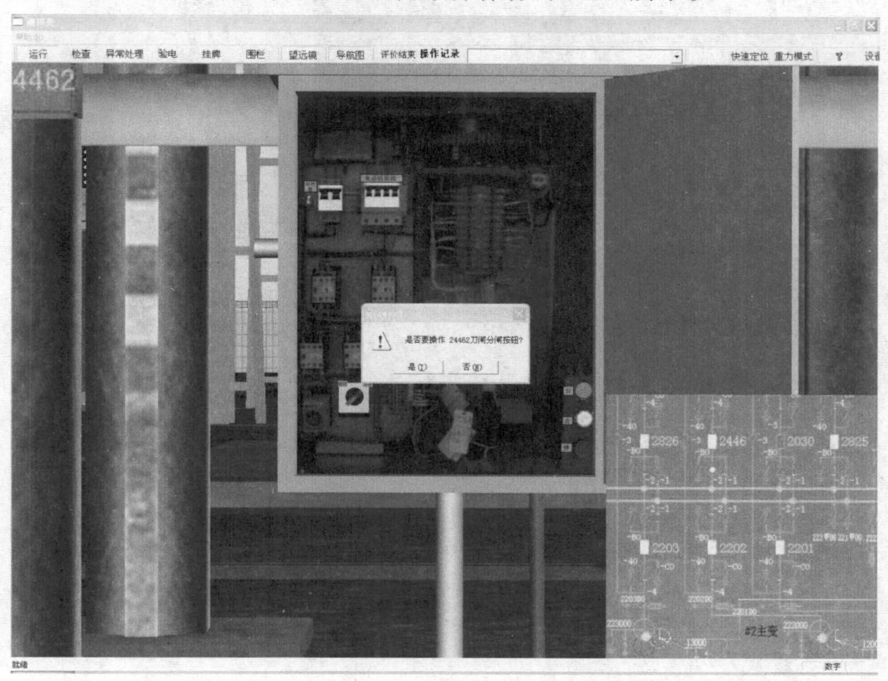

图4.5　弹出对话框

②两状态开关，用鼠标左键单击后，弹出对话框来操作，如图 4.6 所示。

图 4.6　两状态开关

③多状态开关，左键单击，在弹出的对话框上单击相应的挡位或取消，如图 4.7 所示。

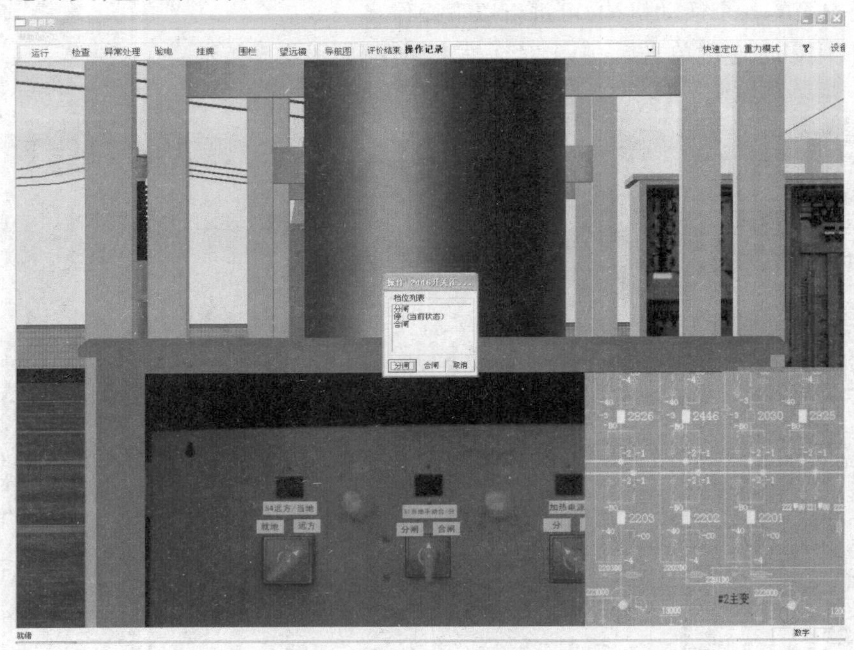

图 4.7　多状态开关

4.2.4　检查模式

在此模式下，可检查仪表度数、信号灯状态、设备状态，如图 4.8—图 4.11 所示。

图4.8　检查

图4.9　检查仪表度数

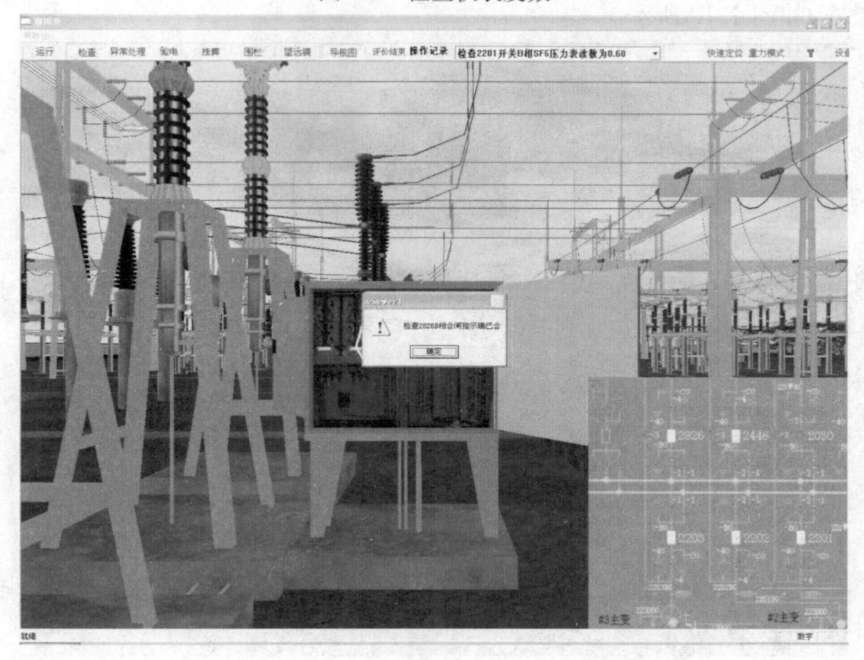

图4.10　检查信号灯状态

图 4.11　检查设备状态

4.2.5　望远镜模式

为了放大观察某一物体，可单击工具栏上的“望远镜”按钮切换到望远镜模式下，以 5 倍比例进行观察。在该模式下，运动控制和运行模式下一致，再次单击“望远镜”按钮重新切换回正常的模式，如图 4.12 所示。

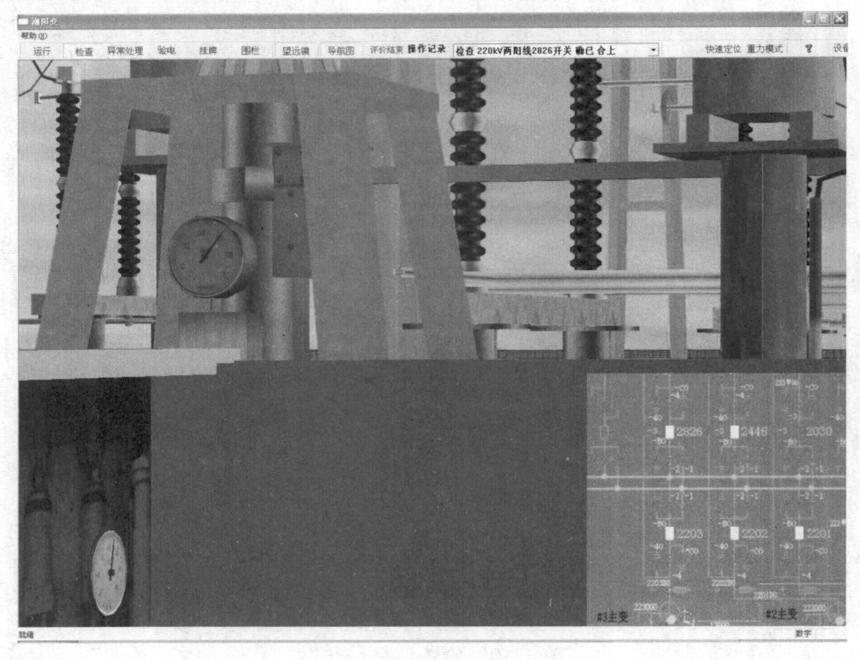

图 4.12　重新切换

4.2.6　验电模式

为了验某个接线的带电属性,可以先单击工具栏上的“验电”按钮,然后在场景中左键双击该接线即可,如图4.13所示。

图4.13　验电

4.2.7　挂牌模式

为了进入挂牌模式,可先单击工具栏上的“挂牌”按钮,然后在场景中左键双击要挂牌的位置即可,选中挂的牌子,单击“确定”按钮即可,如图4.14、图4.15所示。

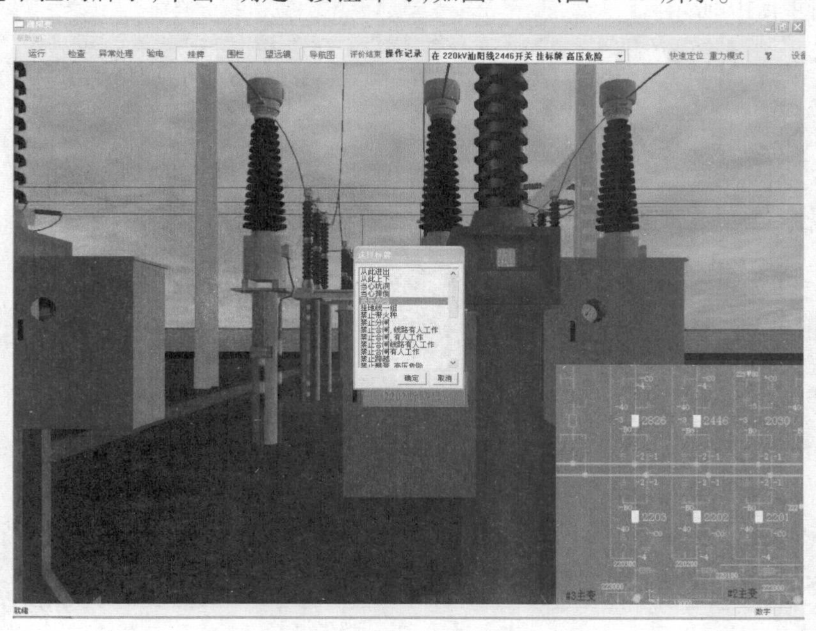

图4.14　选择挂牌

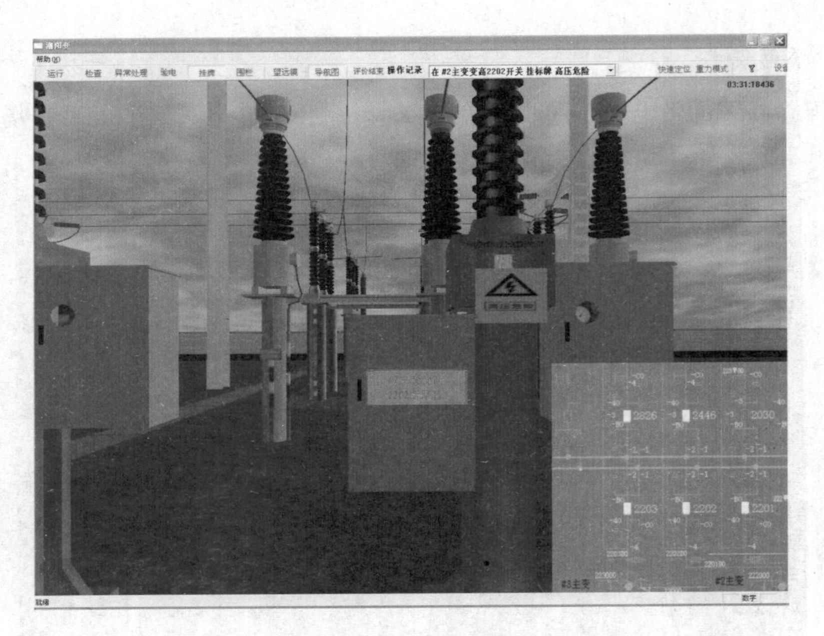

图 4.15　挂标牌

图 4.16　“撤销挂牌”对话框

如果要撤销该挂牌,在挂牌模式下左键双击该挂牌,会弹出如图 4.16 所示的对话框,单击“是”按钮即可。

4.2.8　围栏模式

选择围栏模式后,左键双击要作为围栏的起点(地面上一点),然后依次左键双击下一个围栏点(地面上一点),程序会自动拉出一段围栏,直至用户右键双击并在弹出的对话框内输入该围栏的描述,如图 4.17—图 4.19 所示。

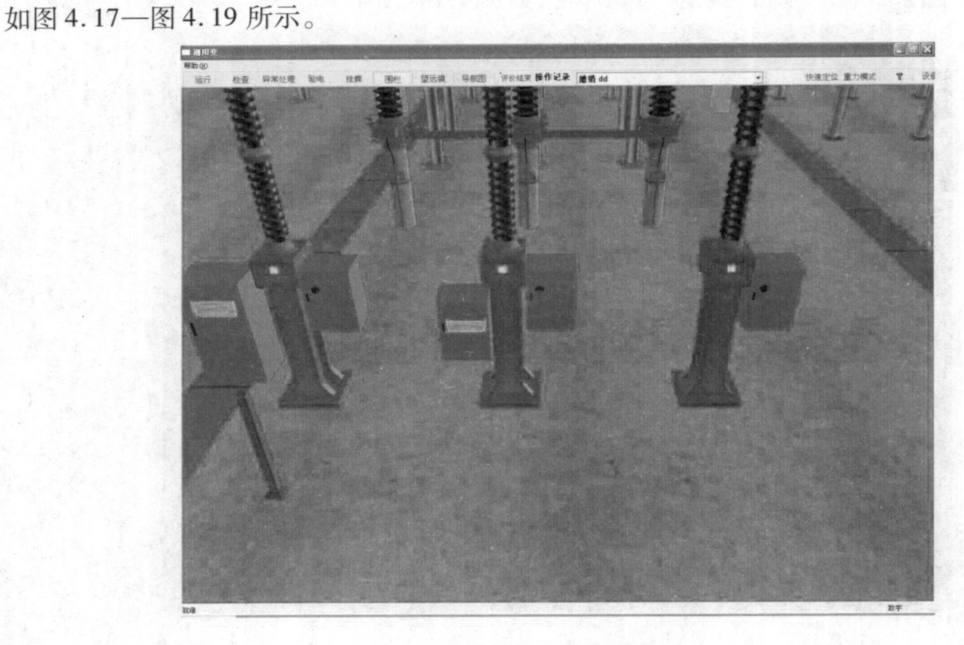

图 4.17　围栏模式

图4.18　拉出围栏

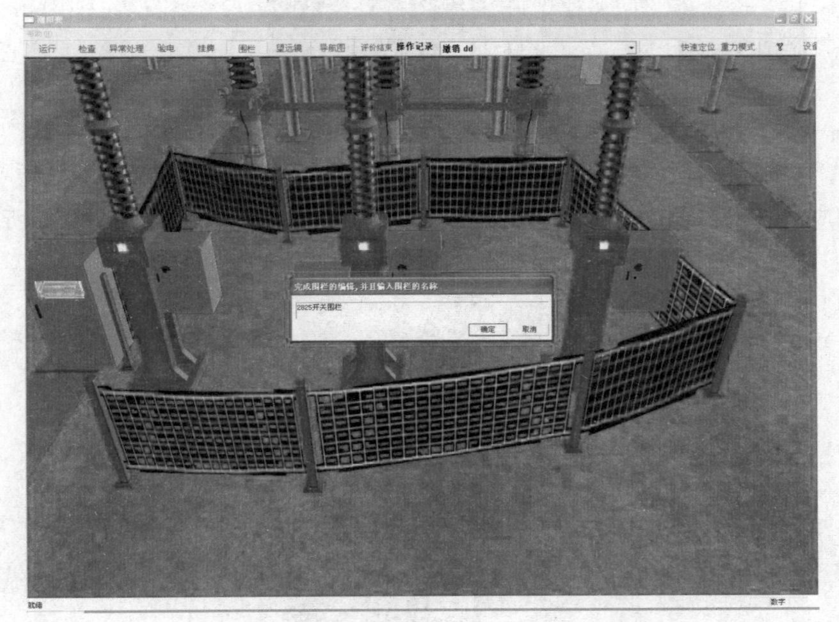

图4.19　围栏名称

在围栏模式下，左键双击围栏即可出现撤销围栏对话框，如图4.20所示，单击“是”按钮可撤销围栏。

图4.20　“撤销围栏”对话框

4.2.9　异常处理模式

当学员巡视场景中的设备时，可先单击工具栏上的“异常处理”按钮，然后在场景中左键双击要判断状态的设备，会出现异常处理的对话框，选中存在缺陷的按钮，并且选择相应的缺陷点、缺陷类型和缺陷等级,然后选择响应的处理方式，并且单击“确定”按钮即可,如图 4.21所示。

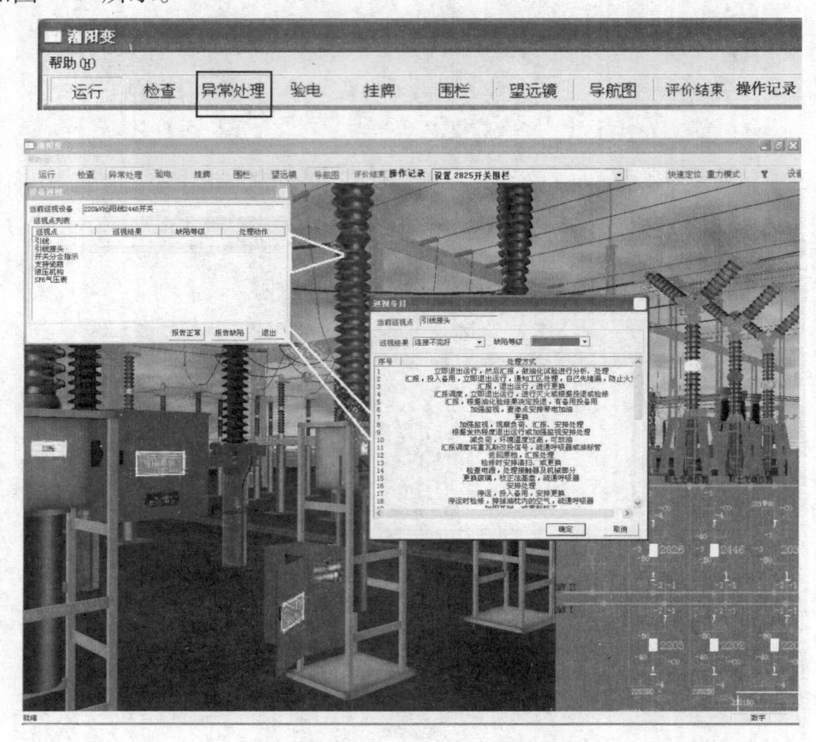

图 4.21　异常处理模式

选择相应的异常巡视项目,单击“报告正常”或“报告缺陷”按钮,如图 4.22 所示。

图 4.22　设备巡视

4.2.10　导航图功能

为了方便在三维场景中巡视,可按“F10”键切换导航图,或单击工具栏上的“导航图”按钮来切换导航图窗口,如图4.23所示。

图4.23　导航图功能

该方式下,可用鼠标左键点击(并保持按下状态)导航图的上下、左右方位拖动,即可实现在导航图内移动。

为了快速定位到指定的设备位置,可在导航图内用鼠标左键双击开关、刀闸、地刀、主变名称、线路名称、PT符号定位到操作的位置,实现导航图跳转功能,如图4.24所示。

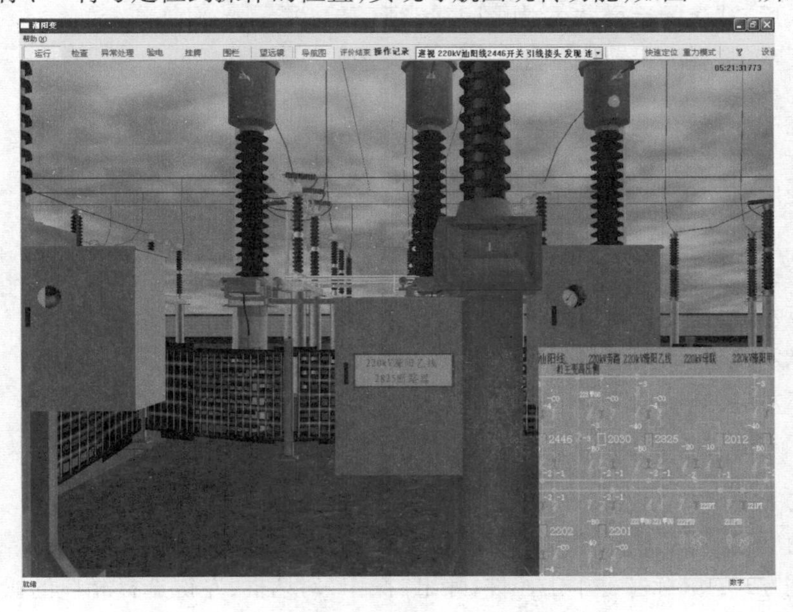

图4.24　定位到操作位置

也可导航图内用鼠标右键双击开关、刀闸、地刀、主变名称、线路名称、PT符号定位到观察的位置,如图4.25所示。

图4.25　定位到观察位置

项目4.3　变电站三维二次屏盘

4.3.1　运行模式

系统进入后,默认的运行方式,如图4.26所示。

在本方式下,常有的运动控制键如下:

光标键:

↑视点前移

视点左移←　　　→视点右移

↓视点后移

鼠标操作:

按下鼠标左键,拖动到窗口左边	视点左移
按下鼠标左键,拖动到窗口右边	视点右移
按下鼠标左键,拖动到窗口上边	视点上移
按下鼠标左键,拖动到窗口下边	视点下移
鼠标滚轮上滚	视点远离屏盘
鼠标滚轮下滚	视点靠近屏盘

操作控件方式:鼠标左键单击控件,弹出“操作”对话框,左键选择相应的操作即可,如图4.27所示。

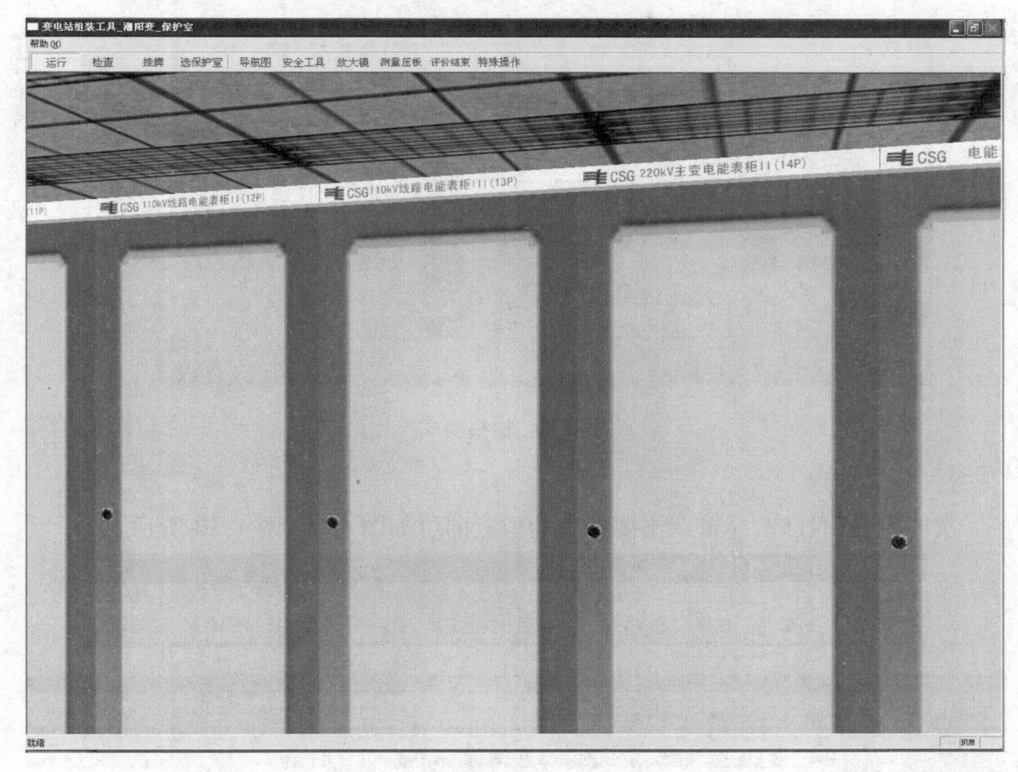

图 4.26　运行方式

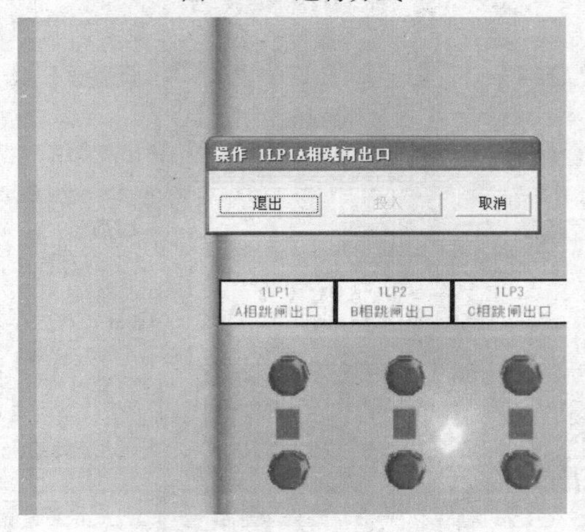

图 4.27　“操作”对话框

定位方式：左键双击屏盘表面，定位到近距离查看；右键双击屏盘表面，视点回到查看整个屏盘的距离。

4.3.2 检查模式

在该模式下，鼠标左键单击某个控件可显示该控件当前的操作位置或当前的读数，如图4.28所示。

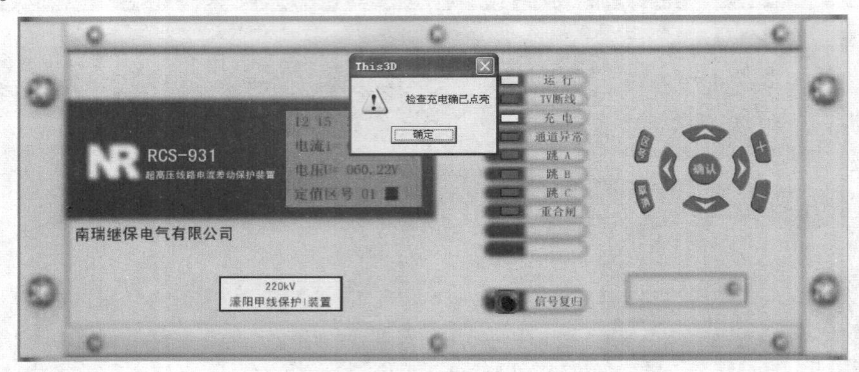

图4.28 检查模式

4.3.3 挂牌模式

在二次屏盘表面挂牌，左键双击要挂牌的位置即可如图4.29、图4.30所示。

图4.29 挂牌模式

图 4.30　挂牌操作

左键双击已有的挂牌可撤销挂牌如图 4.31 所示。

图 4.31　撤销挂牌

4.3.4 选保护室

左键单击“选保护室”工具栏，如图4.32所示。

图4.32 选保护室

弹出如图4.33所示的菜单，选择相应的保护室即可。

图4.33 区域定位

4.3.5 显示导航图

左键选择“导航图”工具栏，如图4.34所示。

左键双击相应的导航文本可定位到相应的屏盘或保护室。

4.3.6 安全工具室

左键单击“安全工具”工具栏，如图4.35所示。

弹出如图4.36所示的对话框。

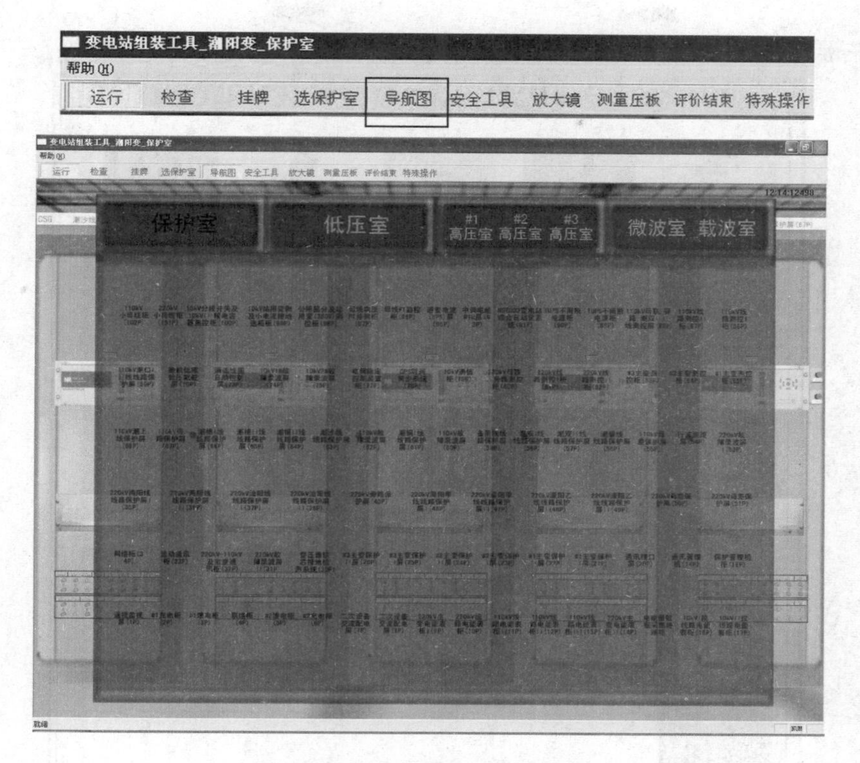

图4.34　导航图操作

图4.35　安全工具

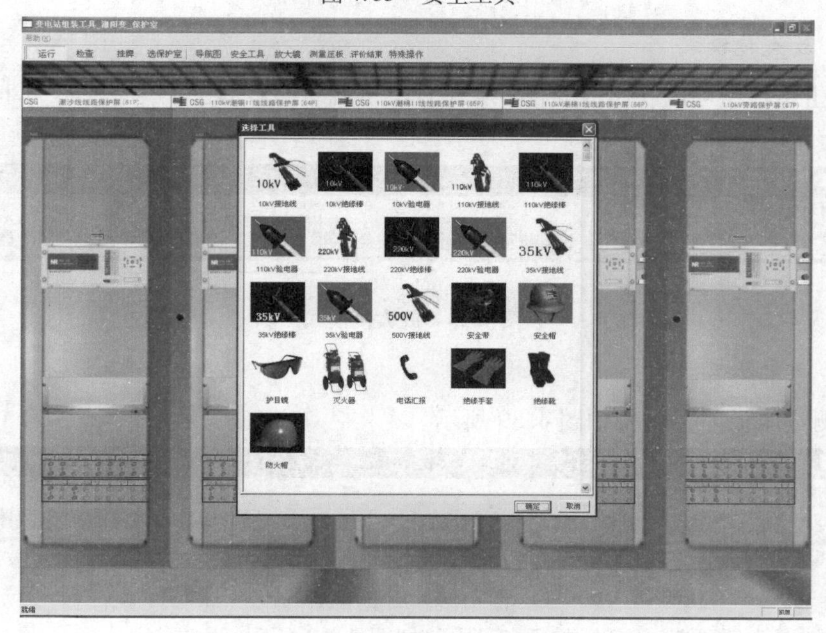

图4.36　选择工具

鼠标左键选择需要的安全工具后，单击“确定”按钮即可，如图4.37所示。

图4.37 “选择工具”对话框

4.3.7 放大镜模式

左键双击该按钮可以以3倍的视野大小观察屏盘，再次双击可还原视野大小，如图4.38所示。

图4.38 放大镜模式

4.3.8 测量压板模式

选择“测量压板”工具栏，如图4.39所示。

图4.39 测量压板

鼠标左键单击需要测量电压的压板即可，如图4.40所示。

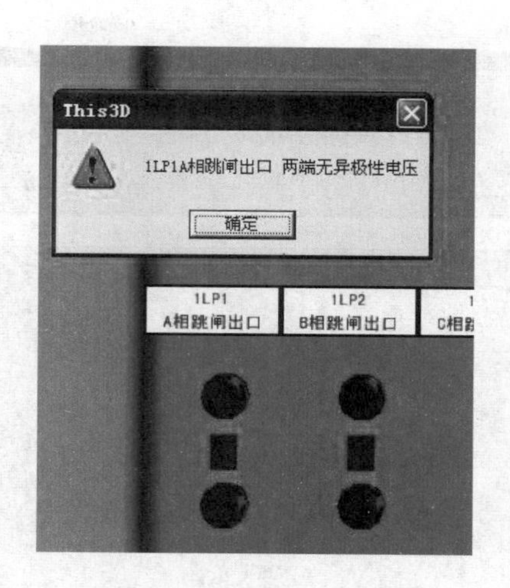

图 4.40　测量电压的压板

4.3.9　特殊操作

左键双击该按钮可在弹出的对话框中输入汉字，该行文字将进入操作记录。此功能主要用于操作票中某些特殊项无法在仿真软件中实现时，学员用文字描述需要进行的操作，如图 4.41 所示。

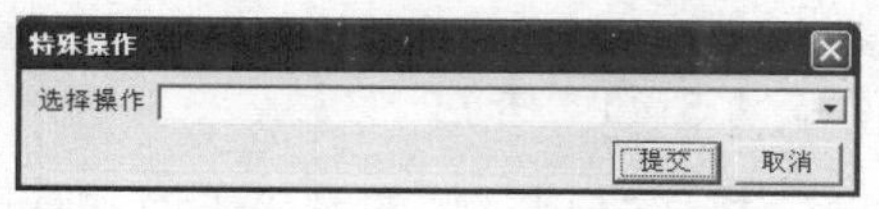

图 4.41　特殊操作

4.3.10　屏后操作

走到屏后：在某个屏前时，单击空格键，即可走到相应屏的后面，如图 4.42、图 4.43 所示。

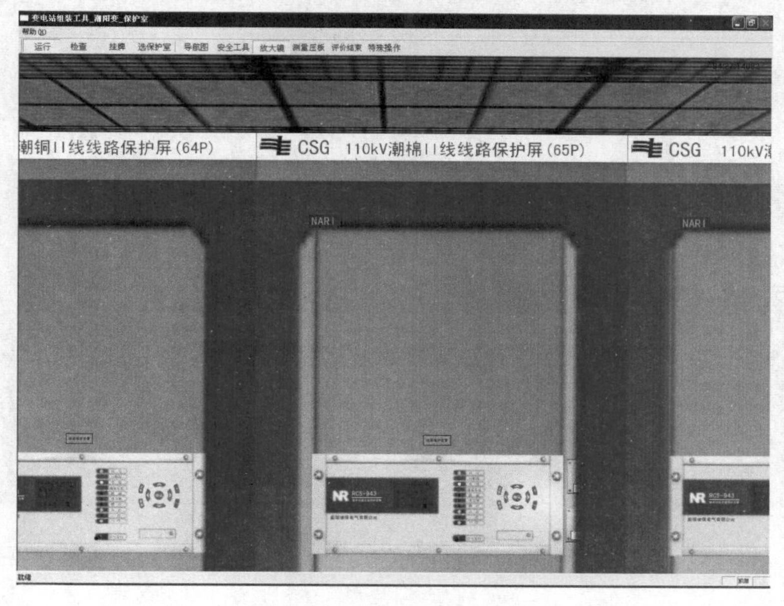

图 4.42　屏后操作模式

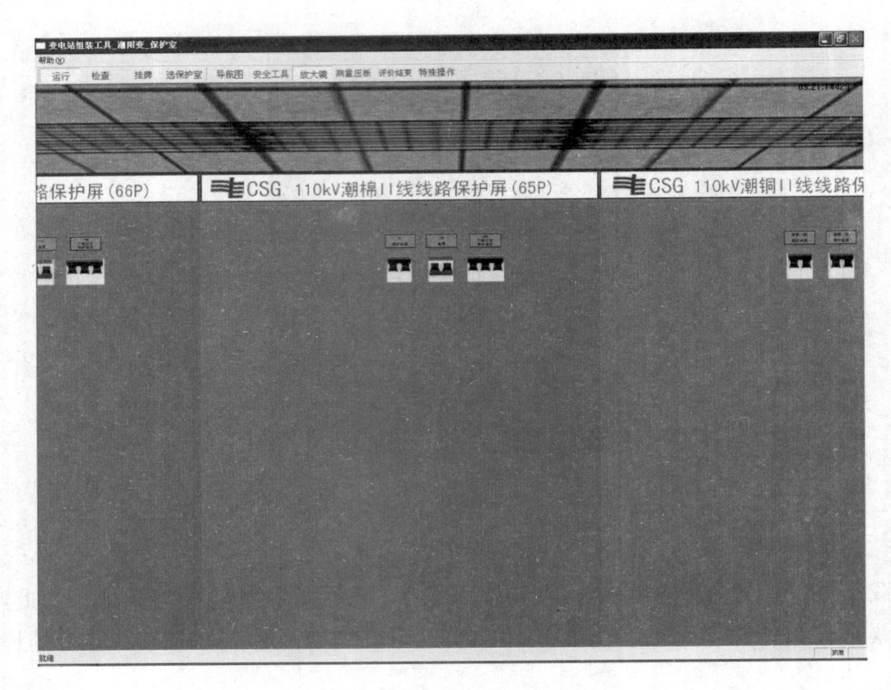

图4.43　屏后操作

4.3.11　开门

按住“Ctrl”键,左键单击门,即可开门,如图4.44所示。

图4.44　开门操作

思考题

请描述仿真系统可实现的功能。

技能题

1. 对262开关进行分闸操作。
2. 检查290开关状态。
3. 对2624刀闸线路侧进行验电。
4. 查找220 kV母联操作端子箱。
5. 退出262开关的操作电源和信号电源。
6. 退出220 kV两阳线261保护Ⅱ屏B相失灵启动连接片。

模块 3

典型工作任务分析与仿真

单元5　电气设备运行、巡视与缺陷处理

知识目标

➢ 熟记巡视检查电气设备的基本方法。

➢ 熟悉变电站一、二次设备的原理结构、操作要求、正常巡视检查项目、异常及故障处理方法。

技能目标

➢ 能正确进行电气设备运行参数及方式监控。

➢ 能正确进行电气设备巡视检查。

➢ 能发现电气设备异常现象，进行电气设备异常原因分析和处理。

项目5.1　电气设备巡视概述

巡回检查是保证设备安全运行、及时发现和处理设备缺陷及隐患的有效手段，每个运行值班人员应按各自的岗位职责，认真、按时执行巡回检查制度。巡回检查一般分为交接班巡视、班中巡视、全面巡视、夜间巡视和特殊巡视。

5.1.1　巡回检查的要求

①值班人员在值班期间应按规定对一、二次设备进行巡视检查，对设备的异常和缺陷要做到及时发现、认真分析、正确处理、做好记录并及时汇报。

②值班人员必须按规定的设备巡视路线巡视本岗位所分工负责的设备，以防漏巡设备。

③巡回检查时，应带好必要的工具，如手套、手电、电笔、防尘口罩、套鞋、听音器等。

④巡回检查时，必须遵守有关安全规定。不要触及带电、高温、高压、转动等危险部位，防止危及人身和设备安全。

⑤检查中若发现事故，应立即返回自己的岗位处理事故。

⑥巡回检查前后，均应汇报班长，并作好有关记录。

5.1.2　巡回检查的有关规定

①每班值班期间，对全部设备检查应不少于3次，即交、接班各一次，班中相对高峰负荷时一次。

②确定巡视检查路线。为了防止巡视检查中漏巡设备，减少重复巡视，首先应明确设备巡视检查路线。巡视检查路线应报技术部门领导批准后，绘制出本站的巡视检查路线图，并在设备区做好必要的巡视检查路线标志。运行人员应按规定路线进行巡视检查。

③遵守《电业安全工作规程》（发电厂和变电站电气部分）第一章第二节中对高压设备巡视的有关规定。

④对于天气突变、设备存在缺陷及运行设备失去备用等各种特殊情况，应临时安排特殊检查或增加巡视次数；对巡视中发现的缺陷应分析其起因、发展和后果，并采取适当措施限制其发展，按设备缺陷管理制度的要求，做好记录，分类上报。属于一类缺陷，除立即报告当值调度和有关领导外，还应加强监视，做好事故预想。

⑤值班人员必须认真、按时地巡视设备。对设备的异常状态要做到及时发现，认真分析，正确处理，做好记录，并向有关上级领导汇报。

5.1.3　巡视检查设备的基本方法

（1）以运行人员的感观判断设备的缺陷及隐患

以运行人员的眼观、耳听、鼻嗅、手触等感觉为主要检查手段，判断运行中设备的缺陷及隐患。

1）目测检查法

目测检查法就是用眼睛来检查看得见的设备部位，通过设备外观的变化来发现异常情况。通过目测可发现的异常现象综合如下：

①破裂、断股断线。

②变形（膨胀、收缩、弯曲、位移）。

③松动。

④漏油、漏水、漏气、渗油。

⑤腐蚀污秽。

⑥闪络痕迹。

⑦磨损。

⑧变色（烧焦、硅胶变色、油变黑）。

⑨冒烟、接头发热。

⑩火花。

⑪有杂质、异物搭挂。

⑫不正常的动作等。

这些外观现象往往反映了设备的异常情况,靠目测观察就可作出初步的分析判断。应该说变电站的电气设备几乎都可用目测法对外观进行巡视检查。因此,目测法是巡视检查中最常用的方法之一。

2)耳听判断法

发电厂、变电站的一、二次电磁式设备(如变压器、互感器、接触器等)正常运行时通过交流电后,其绕组铁芯会发出均匀有规律和一定响度的"嗡嗡"声。这些声音是运行设备所特有的,也可以说是设备处于运行状态的一种特征。如果仔细听这种声音,并熟练掌握声音特点,就能通过它的高低节奏、音量的变化、音量的强弱,以及是否伴有杂音等,来判断设备是否运行正常。

3)鼻嗅判断法

电气设备的绝缘材料一旦过热会产生一种异味。如果值班人员检查电气设备嗅到设备过热或绝缘材料被烧焦产生的气味时,应立即进行深入检查,看有没有冒烟的地方,有没有变色的现象,听一听有没有放电的声音等,直到查找出原因为止。嗅气味是发现电气设备某些异常和缺陷的比较灵敏的一种方法。

4)手触检查法

用手触试检查是判断设备的部分缺陷和故障的一种必需的方法,但用手触试检查带电设备是绝对禁止的。运行中变压器、消弧线圈的中性点接地装置,必须视为带电设备,在没有可靠的安全措施时,也禁止用手触试。对外壳不带电且外壳接地很好的设备及其附件等,检查其温度或温差需要用手触试时,应保持安全距离。对于二次设备发热、振动等,也可用手触试检查。

(2)使用工具和仪表,进一步探明故障的性质

用仪器进行检测的优点是灵敏、准确、可靠。检测技术发展较快,测试仪器种类较多。使用这些测试仪器时,应认证阅读说明书,掌握测试要领和安全注意事项。

目前,在发电厂、变电站中使用较多的是用仪器对电气设备的温度进行检测。

1)测温的重要性

在电气设备事故中,由于绝缘物受热老化而引起的事故较多。因此,准确地掌握运行中的电气设备各部位的温度变化是非常重要的。设备的过热大部分在停电时表现不出来,而只有在带电运行时才会出现,况且有些设备发热初期,不伴随出现变色、变形,也不产生异常声音和气味等,这种情况下如果只依靠人的感觉来判断设备是否正常是比较困难的。为了尽早、尽快地发现设备过热,应尽可能地使用仪器仪表定期或不定期地测量运行中设备的温度,尤其是高温天气、高峰负荷时是测温的重点。

2)常用的测温方法

①在设备易发热部位贴示温蜡片,黄、绿、红3种示温蜡片的熔点各为60,70,80 ℃。

②在设备上涂示温漆或涂料。

③用红外线测温仪。

前两种方法的优点是简便易行,但也存在一些缺点。它的主要缺点是不能与周围温度作比较;蜡片贴的时间长了易脱落;涂料和漆可长期使用,但受阳光照射会引起变色,变色后不

易分辨清楚;不能发现设备发热初期的微热以及温差等。红外线测温仪是一种利用高灵敏度的热敏感应辐射元件,检测由被测物发射出来的红外线而进行测温的仪表。它能正确地测出运行设备的发热部位及发热程度,如图5.1所示为巡视人员用红外线测温仪测试设备温度。

图5.1 用红外线测温仪测试设备温度

3)测温后的判断

实际上测温的目的是在运行设备发热部位尚未达到其最高允许温度之前,尽快发现发热的异常状态,以便采取相应的措施。因此,经过测温得到设备实际温度后,必须了解设备在测温时所带负荷情况,与该设备历年的温度记录资料及同等条件下同类设备温度作比较,并与各类电气设备的最高允许温度比较,然后进行综合分析,作出判断,制订处理意见。电气设备的最高允许温度参考值见表5.1;设备经测温后的判断分析见表5.2。

表5.1 电气设备的最高允许温度参考值

<table>
<tr><th colspan="2">被测设备及部位</th><th>最高允许温度/℃</th><th colspan="2">被测设备及部位</th><th>最高允许温度/℃</th></tr>
<tr><td rowspan="2">油浸变压器</td><td>接线端子</td><td>75</td><td rowspan="2">互感器</td><td>接线端子</td><td>75</td></tr>
<tr><td>本体</td><td>90</td><td>本体</td><td>90</td></tr>
<tr><td rowspan="2">断路器</td><td>接线端子</td><td>75</td><td rowspan="2">母线接头处</td><td>硬铜线</td><td>75</td></tr>
<tr><td>机械结构部分</td><td>110</td><td>硬铝线</td><td>70</td></tr>
<tr><td rowspan="2">隔离开关</td><td>接头处</td><td>65</td><td rowspan="2">电容器</td><td>接线端子</td><td>75</td></tr>
<tr><td>接线端子</td><td>75</td><td>本体</td><td>70</td></tr>
</table>

表5.2 设备经测温后的判断

设备发热程度	判断
几乎没有温升,各相几乎没有温差	正常
有少许温升,且各相有一些温度差	注意
温度超过最高允许温度,或即使温度未超最高允许温度,但各相温度差极大	危险

经判断属于“注意”范围的设备,应加强巡视检查,并在定期检修时安排处理;属于“危险”范围的设备,应立即报告调度和领导,进行停电处理。

5.1.4 电气设备的巡视

电气设备的设备巡视内容、主要设备的正常巡视项目,详见后续项目有关设备的运行巡视。除此之外,还应对以下内容进行检查:

①设备遮栏应加上锁,标志及告警牌应醒目齐全。

②配电装置、站用变室及蓄电池室门窗应关闭严密。

③灯光、音响应正常,测量表计指示应正确。

④电缆头无损坏漏油,半导体绝缘子无过热现象。

⑤阴雨后应检查厂房是否漏水,基础有无下沉、倾斜,电缆沟是否积水。

⑥备用设备应始终保持在可用状态,其运行维护与运行中的设备要求相同。

⑦巡视时应按巡视路线和设备巡视项目对一次、二次设备逐台认真地进行。

⑧每次巡视情况均应记入设备巡视检查交接记录簿内。新发现的设备缺陷分别记入“运行工作记录簿”和“设备缺陷记录簿”内。

5.1.5 特殊巡视

下列情况下,应进行特殊巡视:

①气温骤变及大风、雷雨过后。天气预报有恶劣天气前。

②变电站发生事故或异常时。主要是指过负荷或负荷剧增、超温、设备发热、系统冲击、跳闸、有接地故障情况等,应加强巡视。必要时,应派专人监视。

③主变压器新安装或大修后投入运行 72 h 内。

④新设备投入后。

⑤设备有严重缺陷时。

⑥设备经过检修、改造或长期停运后重新投入运行后。

⑦设备缺陷近期有发展时,法定节假日、上级通知有重要保电任务时。

在特殊情况下巡视设备时应注意以下 7 点:

①雪天。注意导线覆冰及设备端子、接头处的落雪有无特殊溶化,套管、绝缘子上是否有冰溜,积雪是否过多,有无放电现象。

②大风。注意母线及引线的摆动是否过大,端头是否松动,设备位置有无变化,设备上及周围有无杂物。

③雷雨后。注意套管、绝缘子、避雷器等瓷件有无外部放电痕迹,有无破裂损伤现象;避雷器、避雷线、避雷针的接地引下线有无烧伤痕迹,并记录避雷器放电记录器的动作次数。

④雾、露及雨后。注意套管、绝缘子、母线有无放电现象,设备接点处有无热气流现象。

⑤高峰负荷期。注意设备接点及导线有无发红过热现象及热气流现象。

⑥气温突变。注意有油设备的油面和导线弛度有无变化,变压器、油断路器、电容器的套管有无变化,各开关电器是否在良好状态。

⑦断路器事故跳闸后。注意断路器是否喷油，油色、油位有无突然变化，接线端子是否松动或过热，机械部分有无损坏现象等。

项目5.2　变压器运行、巡视与缺陷处理

5.2.1　变压器的原理和结构

变压器（见图5.2）是利用电磁感应的原理来改变交流电压的装置，主要构件是初级线圈、次级线圈和铁芯（磁芯）。工作时，绕组是“电”的通路，而铁芯则是“磁”的通路，且起绕组骨架的作用。一次侧输入电能后，因其交变，故在铁芯内产生了交变的磁场（即由电能变成磁场能）；由于匝链（穿透），二次绕组的磁力线在不断地交替变化，因此感应出二次电动势，当外电路接通时，则产生了感生电流，向外输出电能（即由磁场能又转变成电能）。这种“电—磁—电”的转换过程是建立在电磁感应原理基础上而实现的，这种能量转换过程也就是变压器的工作过程。其原理如图5.3所示。

图5.2　电力变压器

图5.3　变压器工作原理示意图

变压器的结构由于类型的不同而不同，以油浸式变压器为例，其主要结构如下：

（1）铁芯

铁芯是变压器的磁路部分，由交流电流所产生的交变磁通绝大多数都将经铁芯闭合。铁芯材料采用高导磁性能的0.28 mm或0.35 mm厚、两面涂有绝缘涂膜的硅钢片或非晶合金带材叠成。

(2)绕组

油浸式电力变压器绕组结构是由一次绕组、二次绕组、对地绝缘层和一次、二次绝缘层(主绝缘)、垫块和撑条构成的油道、高压和低压引线构成。三相对称绕组采用绝缘导线绕制而成。

(3)油箱及底座

油箱采用钢板加工而成,作为变压器油的容器和器身及附件的支承部件。油箱具有良好的密封性、较高的机械强度以及理想的散热性,同时应可靠接地。底座用槽钢等钢铁材料制成,下面装有滚轮,以便安装、移动变压器使用。

(4)绝缘套管和引线

变压器的绝缘套管既可固定引线,又起到引线对地绝缘的作用,高、低压绕组的引线经过绝缘套管引到油箱外部的顶部,与母线及线路连接。要求变压器的绝缘套管具有足够的电气绝缘强度和机械强度,以及良好的热稳定性。绝缘套管主要由连接绕组与外线路的中心导电杆和绝缘瓷套组成。常用的变压器套管有纯瓷型、充油型和电容型3种类型。

(5)储油柜

储油柜又称油枕,位于变压器顶部,是变压器的呼吸装置之一。既可隔离空气与变压器油的接触,减缓油的劣化速度,又起到调节油压、储存变压器油的作用,保证变压器油箱内部的油在由于环境温度变化或负荷变化而引起油体积热胀冷缩时,油箱里的油通过储油柜与油箱间油的流动,调节油箱的压力,并使油箱里面的油始终是满的。常见的主变压器的储油柜有隔膜式、胶囊式和不锈钢波纹管式3种类型。

(6)吸湿器

吸湿器又称呼吸器,与储油柜相连,共同构成变压器的呼吸装置。空气通过该装置底部的油杯时产生气泡,空气中的固体杂质被油杯中的油吸附从而达到去尘的目的;空气在经过玻璃管部分时,所含水分被玻璃管中的硅胶吸附,干燥后的空气通过连管与储油柜相通。玻璃管内的硅胶采用变色硅胶,干燥时呈现蓝色,受潮后变为粉红或玫红色,变色后失去干燥空气的作用。运行人员可以根据硅胶的颜色判断其干燥能力是否满足运行要求。受潮后的硅胶烘干后可再次使用。

(7)防爆装置

为避免油浸式电力变压器在发生严重故障时产生大量气体造成油箱爆裂,在变压器结构上设置了相应的防爆装置。当油箱内部的压力超过允许值时,变压器油将从防爆装置喷出,以减少油箱内部的压力。通常小型变压器采用防爆管,大中型电力变压器采用压力释放阀。

(8)净油器

净油器位于变压器油箱的一侧,上下两个阀门分别与变压器油箱上部和下部相通,净油器内有活性氧化铝或硅胶作为吸附剂,吸附油中的水分和杂质,达到净化油质、延长变压器油使用寿命的目的。

(9)冷却装置

冷却装置分为散热器和冷却器两种。不带强油循环的称为散热器,利用潜油泵进行强油循环的称为冷却器。其中,散热器又分为自然冷却方式和带风扇的风冷散热器。冷却器有强油风冷冷却器和强油水冷冷却器，以及在此基础上的强油导向风冷方式和强油导向水冷方式。

(10)气体继电器

气体继电器是变压器本体的主要保护装置，一般用于800 kVA及以上的变压器中，安装在油箱与储油柜的连管之间。当变压器发生内部故障使变压器油分解产生气体或不规则的油流时，将触动气体继电器动作，发出信号或者跳闸命令。

(11)分接开关

电力变压器应能够在其额定电压±5%的范围内进行电压调整以满足供电要求，可通过分接开关(调压开关)位置的切换来改变变压器一侧绕组的匝数，以改变变压器的变比进行电压调整。分接开关分为有载调压分接开关和无励磁调压分接开关两种。

(12)变压器油

变压器油是一种矿物油，在油箱中的作用主要是绝缘和散热。

(13)油位计

由于变压器在运行中受到环境温度以及负荷波动、冷却器运行状况等因素变化的影响，造成变压器的损耗或散热能力变化，引起变压器油温变化，油的体积波动。为了变压器运行安全，需要对变压器的油面高度进行监视，一般在变压器的储油柜上安装油位计。常见的油位计有玻璃管式、磁铁式和磁针式3种。

(14)温度计、温度继电器

为了监视和保证变压器不超温运行，变压器装有温度继电器和就地温度计，以监视变压器的上层油温。通常小型变压器只装设水银温度计，1 000 kVA及以上的变压器或容量为160 kVA及以上的油浸密封式变压器装设信号温度计，8 000 kVA及以上的变压器还要装设电阻温度计(遥控温度计)。风冷变压器应装设信号温度计，一个用于测量上层油温，一个用于接冷却自动控制线路。

(15)油流继电器

强迫油循环的变压器在潜油泵出口侧的连管上装有油流继电器，是冷却器的保护用附件，用以监视强油循环风冷却器和强油循环水冷却器的油泵运行情况，还可以监视油泵是否反转、阀门是否打开、管道有无堵塞等状况。当潜油泵由于故障停止运行，油流量减少到一定数值时，油流继电器将动作发出信号并投入备用冷却器组。

5.2.2 变压器的投运、停运

(1)变压器投运前的要求

①新安装或检修的变压器应经验收合格。

②有关检修工作票全部结束，临时安全措施全部拆除，常设遮栏和标识牌恢复正常。

③测量变压器的绝缘电阻及吸收比合格。可用1 000~2 500 V的绝缘电阻表或绝缘电阻测试仪测量变压器的各级电压绕组的对地绝缘以及各级电压绕组之间的绝缘电阻。测试前，断开被试变压器各侧的隔离开关、中性点隔离开关，并且将被试绕组接地充分放电，清除套管表面污垢。油浸变压器注油后要静放5~6 h(大型变压器应为12 h)后再测量绝缘电阻和吸收比，并尽量在油温低于50 ℃时测量。

④新装、大修、事故检修或换油后的变压器,在施加电压前静置时间不应少于以下规定:110 kV 及以下为 24 h,220 kV 及以下为 48 h,500 kV 及以下为 72 h。

若有特殊情况不能满足上述规定者,须经本单位总工程师批准。

(2)变压器的投运

①变压器正式运行前,应做空载全电压合闸冲击试验。新装变压器应反复冲击合闸 5 次,大修后的变压器应冲击合闸 3 次,每次冲击试验的间隔时间不少于 5 min,其间应派专人到现场监视变压器的状况,检查变压器是否产生异常声音或状态,若有异常应立即停止操作。

②变压器投运前,应合上各侧中性点接地隔离开关。一方面防止单相接地产生过电压和避免操作过电压,保护变压器绕组不因承受过电压而损坏;另一方面中性点接地隔离开关合上后,一旦发生单相接地,有接地故障电流流过变压器,使保护动作切除故障。

③变压器送电操作顺序原则是先送电源测,后送负荷侧。三绕组升压变压器送电时,先合低压侧,后合中压侧,再合高压侧;三绕组降压变压器送电时,先合高压侧,后合中压侧,再合低压侧。实际运行中,拉合顺序根据现场不同情况也有个别的不同规定。

④采用发电机-变压器组单元接线的变压器,送电时应尽可能安排由零起升压到额定值后,再与系统并列。

⑤送电前,变压器的保护应全部投入(对可能误动或未试验合格的保护应经批准停用),禁止将无保护的变压器投入运行。

(3)变压器正常运行时的操作

1)变压器的并列倒换

①变压器并列的条件:各变压器变比相等,一般要求变比差不超过 ±0.5%;各变压器的连接组别应相等,这是变压器并联的绝对条件;各变压器的短路电压百分比应相等,一般要求偏差不应超过 ±10%,短路阻抗角相差在 10°~20°。

②并列倒换的步骤:首先按照送电的操作步骤投入待并入的变压器;确证新并入的变压器已带负荷;停下运行的变压器。

2)中性点的倒换操作

一般在中性点直接接地系统中,若根据系统的需要,两台变压器并联运行时,仅一台变压器的中性点接地运行,在要对这两台变压器中性点接地开关进行切换操作时,应遵守保证电网不能失去接地点的原则,采用先合后拉的操作方法。

3)有载调压分接开关的操作

①应逐级调压,同时监视分接位置及电压、电流的变化,发现异常,立即停止操作,并向有关部门汇报,以便查明原因及时处理。每调节一个分接头后,应间隔 1~2 min 以上再调节下一个分接头,尽量不要不间断地连续调节。每进行一次分接变换后,都应检查电压和电流的变化情况,防止过负荷。升压操作时,应先操作负荷电流相对较小的一台,再操作负荷电流相对较大的一台,以防止过大的环流;降压操作时与之相反。操作完毕,应再次检查并联的两台变压器的电流大小与分配情况。

②有载开关在电动调压时,发生连动或拒动以及有载开关瓦斯信号频繁动作之类的情况时,应停止操作,查明原因,以便及时处理。

③有载调压变压器并联运行时，两台变压器的调压操作应交替逐级进行，并且始终保持两台变压器的分接头位置只相差一挡，不得使任何一台变压器过负荷运行。

④由3台单相变压器构成的变压器组和三相变压器分相安装的有载分接开关，在进行分接变换操作时，宜三相同步远方或就地电气控制操作，并必须具备失步保护，在实际操作中如果出现因一相开关机械故障导致三相位置不同时，应利用就地电气或手动将三相分接位置调齐，并报修，修复期间不允许进行分接变换操作。

⑤有载调压变压器与无励磁调压变压器并联运行时，其分接电压应尽量靠近无励磁调压变压器的分接位置。

⑥应核对系统电压与分接额定电压间的差值，使其符合变压器允许运行电压的有关规定。

⑦当分接开关位置已在极限位置时，不得向超极限位置操作。每次操作完毕后，应做好分接头位置记录。操作人员应到主变压器现场检查一切正常后，向调度汇报操作情况。

⑧装有自动控制器的分接开关必须装有计数器，每天定期记录分接变换次数。当计数器失灵时，应暂停使用自动控制器，查明原因，故障消除后，方可恢复自动控制。

⑨过负荷1.2倍时，不得进行调压操作。在恶劣气候条件下，应在电压曲线下限运行。

(4)变压器停电操作

①变压器停运前，应先合上各侧中性点接地隔离开关。

②当带有消弧线圈的变压器停用时，应先将消弧线圈切断，然后将消弧线圈连接到其他变压器上，再进行停电操作，不允许用中性点隔离开关并列的方法切换，以防止线路发生接地故障的同时，母线联络断路器跳闸，致使没有接地的系统产生虚幻接地现象。

③变压器停电操作顺序与送电时相反。

5.2.3　变压器允许运行方式

(1)变压器运行允许温度及温升

变压器中绝缘材料的使用寿命直接受到温度高低的影响，不同绝缘等级的绝缘材料的最高允许工作温度也不同。绝缘材料承受的温度一旦超过最高允许工作温度，将无法达到其正常的使用寿命。因此，必须要规定变压器的运行允许温度。

同时，由于温度是变压器发热温度与环境温度之和，不能充分反映变压器的发热情况，因此工程上一般用温升来表示。温升即变压器温度与环境温度40 ℃的差值。假设变压器运行时的上层油温是70 ℃，在不同的环境温度下，其运行状态是不同的。环境温度是30 ℃时，变压器的温升是40 ℃，而环境温度是0 ℃时，则温升为70 ℃。

油浸式变压器正常运行时的上层油温允许值和允许温升见表5.3。

表5.3　油浸式变压器上层油温允许值/℃

冷却方式	冷却介质温度	最高上层油温	最高上层油温升
自然循环冷却、风冷	40	95	55
强迫油循环风冷	40	85	45
强迫油循环水冷	30	70	40

(2)变压器电源电压变化的允许范围

运行于电力系统中的变压器,其一次侧所接的电源电压受电力系统运行方式改变、负荷变动、系统事故等因素的影响总会有一定的波动。当电网电压低于变压器所接分接头额定电压时,对变压器本身没有损害,只是会使变压器的输出能力下降。但当电网电压高于变压器所接分接头额定电压较多时,将会引起变压器损耗增大、效率降低、铁芯过热、允许带负载能力降低等,同时由于磁路过饱和而造成电压畸变,使变压器绕组绝缘的承受电压升高;引起用户电流波形畸变,增加电机和线路的附加损耗;可能使变压器的电感和线路的电容构成振荡回路,而使系统产生谐振过电压,从而使电气设备的绝缘遭到破坏;高次谐波还会对附近的通信线路形成干扰。

因此,变压器的运行电压一般不应高于该运行分接额定电压的105%,对于特殊的使用情况(如变压器的有功功率可以在任何方向流通),允许在不超过110%的额定电压下运行。变压器允许过电压时间规定如下:

①小于105% U_N,满负荷连续运行。

②105% ~110% U_N,空载连续运行。

③110% ~130% U_N,小于1 min。

(3)变压器负荷运行方式

在变压器的运行中,随着负荷的大小不断变化,变压器的发热量也不断变化,不同的温度对变压器绝缘的影响不同。根据变压器的不同负荷大小、相应的运行时间以及对变压器绝缘寿命的影响,可以把变压器的负荷划分为3类,即正常周期性负荷、长期急救周期性负荷和短期急救负荷。

1)正常周期性负荷运行

正常周期性负荷是指变压器在额定使用条件下(冷却方式对应的冷却介质温度、上层油温)或带周期性负荷运行中,某段时间环境温度较高,或超过额定电流,绝缘寿命损失的增加,可由其他时间内环境温度较低,或低于额定电流时,绝缘寿命损失的减少进行等效补偿。从热老化的观点出发,它与设计采用的环境温度下施加额定负载是等效的,变压器允许在平均相对老化率小于或等于1的情况下,周期性地超额定电流运行而不影响变压器的使用寿命,变压器可以长期在这种负荷方式下正常运行。当变压器有较严重的缺陷(如存在绝缘缺陷、局部过热、严重漏油、冷却系统不正常、色谱分析异常、有载调压分接开关异常等),不宜超过额定电流运行。

2)长期急救周期性负荷运行

长期急救周期性负荷运行要求变压器长时间在环境温度较高,或超过额定电流的情况下运行。这种负荷方式可能持续几个星期或几个月。变压器在这种负荷方式下运行将导致变压器的老化加速,虽不直接危及绝缘,但将在不同程度上缩短变压器的寿命,应尽量减少出现这种负荷方式;必须采用时,应尽量缩短超额定电流运行的时间,降低超额定电流的倍数,有条件时(按制造厂规定)投入备用冷却器。当变压器有较严重缺陷时,不宜超额定电流运行。在长期急救周期性负荷运行期间,应有负荷电流记录,并计算该运行期间的平均相对老化率。超额定电流负荷系数和时间可按《油浸式电力变压器负载导则》的规定来确定。

3)短期急救负荷运行

在系统发生事故时,为保证用户的供电和不限制发电厂的功率,要求变压器短时间大幅度超额定电流运行,即事故过负荷。这种负荷方式是以保证供电可靠性为前提、以牺牲变压器使用寿命为代价的过负荷运行,可能导致绕组热点温度达到危险程度,使绝缘强度暂时下降。由于此时的相对老化率远大于1,绕组温度快速升高,为确保绝缘安全,应投入包括备用在内的全部冷却器(制造厂另有规定的除外),并尽量压缩负荷、减少时间,一般不超过0.5 h。过负荷倍数、环境温度越高,则允许短期急救负荷运行的时间越短。当变压器有严重缺陷时,不宜带短期急救负荷运行。在短期急救负荷运行期间,应有详细的负荷电流记录,并计算该运行期间的相对老化率。

一般情况下,长期周期性负载运行的室外变压器过负荷总数不超过30%,室内变压器过负荷总数不超过20%。过负荷百分数的计算式为

$$\text{过负荷百分数} = \frac{\text{负荷电流} - \text{变压器额定电流}}{\text{变压器额定电流}} \times 100\%$$

变压器出现过负荷时,运行人员应立即报告当值调度员,以便设法转移负荷。变压器过负荷时期,应每0.5 h抄表一次,并加强监视。过负荷的运行中,应将过负荷的大小、持续时间及油温等情况做详细记录。短期急救负荷运行时,除将短期急救负荷运行情况记入运行日志外,还应在变压器的技术档案内做详细记载。

(4)冷却器运行方式

油浸式变压器冷却方式分为油浸自冷、油浸风冷、强迫油循环冷却等;干式变压器用风机冷却。

①油浸风冷变压器在风扇停止工作时允许的负载和运行时间应遵守制造厂规定。油浸风冷变压器当上层油温不超过65 ℃时,允许不开风扇带额定负载运行。

②强迫油循环变压器运行时,必须投入冷却器,并根据负载情况决定投入冷却器的台数。在空载和轻载时不应投入过多的冷却器。按温度或负载投切的辅助冷却器及备用冷却器各置一组并启用。变压器停运时应先停变压器,冷却装置需继续运行一段时间待油温不再上升后再停。

③强迫油循环冷却器必须有两路电源,并且可自动切换,同时当工作电源故障时,自动启动备用电源并发出音响及灯光信号。为提高风冷自动装置的运行可靠性,要求对风冷电源及冷却器的自动切换功能定期进行试验。

④风扇、水泵及油泵的附属电动机应有过负荷、短路及断相保护,应有监视油泵电机旋转方向的装置。

⑤水冷却器的油泵应装在冷却器的进油侧,并保证在任何情况下冷却器中的油压大于水压0.05 MPa,以防止万一发生泄漏时,水不致进入变压器内。冷却器水侧应有放水旋塞,在变压器停运时,将水放掉,防止冬天水结冰胀破油管。

⑥强迫油循环风冷式变压器运行中,当冷却系统(指油泵、风扇、电源等)发生故障,冷却器全部停止工作时,允许在额定负荷下运行20 min。20 min后上层油温尚未达到75 ℃,则允许继续运行到上层油温上升到75 ℃。但切出全部冷却装置后变压器的最长运行时间在任何情况下不得超过1 h。

⑦干式变压器的通风良好,温控装置的电源引自变压器低压侧直接连接的母排上,并根据应急使用的重复性采用自动切换的双路电源系统供电。

(5)变压器正常运行的监视和维护

1)变坟器的运行监视

安装在发电厂和变电所的变压器,以及无人值班变电所内有远方检测装置的变压器,应经常监视仪表的指示,及时掌握变压器运行情况。监视仪表的抄表次数由现场规程规定。当变压器超过额定电流运行时,应做好记录。

无人值班变电所的变压器应在每次定期检查时记录其电压、电流和上层油温,以及曾达到的最高上层油温等。对配电变压器,应在最大负载期间测量三相电流,并保持基本平衡。测量周期由现场规程规定。

2)变压器的日常巡视检查

变压器的日常巡视检查,可参照以下规定:

①发电厂和变电所内的变压器,每天至少一次;每周至少进行一次夜间巡视。

②无人值班变电所内容量为3 150 kVA及以上的变压器每10天至少1次,3 150 kVA以下的每月至少一次。

③2 500 kVA及以下的配电变压器,装于室内的每月至少一次,户外(包括郊区及农村)每季

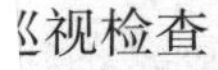

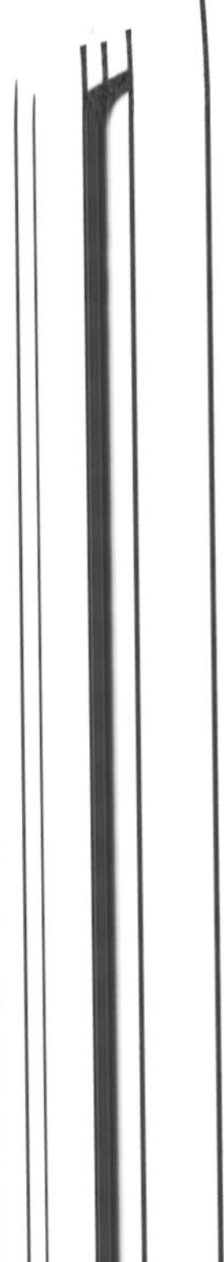

巡视检查

寸变压器进行特殊巡视检查,增加巡视检查次数:

金修、改造的变压器在投运72 h内。

风、大雾、大雪、冰雹、寒潮等)时。

是雷雨后。

负载期间。

运行时。

巡视检查内容

查一般包括以下内容:

温度计应正常,储油柜的油位应与温度相对应,各部位无渗油、漏油。

,套管外部无破损裂纹、无油污、无放电痕迹及异常现象。

。

度应相近,风扇、油泵、水泵运转正常,油流继电器工作正常。

应大于水压(制造厂另有规定者除外)。

附剂干燥。

母线应无发热迹象。

全气道及防爆膜应完好无损。

分接位置及电源指示应正常。

无气体。

⑪各控制箱和二次端子箱应关严、无受潮。

5)变压器的定期检查内容

应对变压器作定期检查(检查周期由现场规程规定),并增加以下检查内容:

①外壳及箱缘应无异常发热。

②各部位的接地应完好,必要时应测量铁芯和夹件的接地电流。

③强迫油循环冷却的变压器应做冷却装置的自动切换试验。

④水冷却器从旋塞放水检查应无油迹。

⑤有载调压装置的动作情况应正常。

⑥各种标志应齐全明显。

⑦各种保护装置应齐全、良好。

⑧各种温度计应在鉴定周期内,超温信号应正确可靠。

⑨消防设施应齐全完好。

⑩室内变压器通风设备应完好。

⑪储油池和排油设施应保持良好状态。

6)变压器的维护项目

下述维护项目的周期,可根据具体情况在现场规程中规定:

①消除储油柜集污器内的积水和污物。

②清洗被污物堵塞影响散热的冷却器。

③换吸湿器和净油器内的吸附剂。

④变压器的外部(包括套管)清扫。

⑤各种控制箱和二次回路的检查和清扫。

(6)变压器的异常运行

变压器出现异常情况,可能是将要发生事故的先兆,内部故障多是由轻微到严重发展的。值班人员应随时对变压器运行的情况进行监视与检查。通过对变压器的声音、振动、气味、油色、温度及外部状况等现象的变化来判断有无异常,以便采取相应的措施。

1)声音异常

正常变压器的声音,应是均匀的“嗡嗡”声。如果声音不均匀或者有其他异音都属不正常,但不一定都是内部有异常。

①内部有较高且沉重的“嗡嗡”声。可能是过负荷运行,由于电流大,铁芯振动力增大引起。可根据变压器负荷情况鉴定,并加强监视。

②内部有短时的“哇哇”声。一种可能是电网中发生过电压,如中性点不接地系统,有单向接地故障或铁磁谐振;另一种可能是大动力设备(如电弧炉、大电机等)启动,负荷突然变大,因高次谐波作用产生。可参考当时有无接地信号,电压、电流表指示情况,有无负荷的摆动来判定。

③内部有尖细的“哼哼”声。可能是系统中有铁磁谐振现象,也可能是系统中有一相断线或单向接地故障。“哼哼”声会忽粗忽细。可参考当时有无接地信号、电压表指示、绝缘监察电压表指示情况判断。

④系统内发生短路或接地故障,内部通过短路电流,发出很大的噪声。

⑤内部有“吱吱”或“噼啪”响声,可能是内部有放电故障。如铁芯接触不良,分接开关接触不良,内部引线对外壳放电等。

⑥内部个别零件松动,发出异音。如负荷突变,个别零件松动,内部有“叮当”声;轻负载时,某些离开叠层的硅钢片振动发出“嘤嘤”声;铁芯松动,内部有强烈而不均匀的噪声。

以上前 4 种情况属外部因素引起,而后两种则可能属内部因素造成。变压器运行中的异常声音较复杂,检查时要注意以下 6 点:

①观察电压、电流表指示变化,保护、信号装置动作是否同时发生。

②用手或绝缘杆敲击油箱外部附件或引线,判断响声是否来自外部设备。借助于听音棒,细听内部声音变化。

③在几个不同的位置听响声,并注意排除变压器以外的其他声音。

④不同天气条件下或不同时间、不同运行状态下巡视检查,仔细观察和听其声音。

⑤注意发生异音的同时有关系统、设备的运行状况和保护及信号动作情况。

⑥必要时取油样做色谱分析,检测内部有无过热、局部放电等潜伏性故障。

2)外形异常

①防爆管防爆膜破裂。防爆管防爆膜破裂引起水和潮气进入变压器内,将导致绝缘油劣化及变压器的绝缘强度降低,除去安装、材质、外力和自然灾害原因外,可能是呼吸器堵塞或变压器发生内部短路故障。

②压力释放阀异常。目前,大中型变压器以大多应用压力释放阀代替老式的防爆管装置。当变压器油压超过一定标准时,释放阀便开始动作进行溢油或喷油,从而减少油压,保护油箱。释放阀有信号报警,以便运行人员迅速发现异常并进行处理。

③套管闪络放电。套管闪络放电会造成发热、绝缘老化受损甚至引起爆炸,常见原因是套管表面脏污、不光洁或系统内部或外部过电压。

④渗漏油。

3)颜色、气味异常

变压器的许多故障常伴有过热现象,使得某些局部过热,因而引起一些有关部件的颜色变化或产生特殊臭味。

①引线、线卡处过热引起异常。

②套管、绝缘子有污秽或损伤严重时发生放电、闪络,产生一种特殊的臭氧味。

③呼吸器硅胶变色。

4)油温异常

若发现变压器上层油温超出允许值,温升超过规定,或相同运行条件下上层油温比平时升高 10 ℃及以上,或负荷不变但油温不断上升,应认为变压器温度属异常,应查明原因。

①检查散热器是否正常,各散热器阀门是否全部都打开,温度是否一致。

②检查冷却器风冷系统,油循环系统有无异常,风扇、油泵转向是否正确。

③检查负荷、气温有无变化。

若以上检查未发现问题,可能属于变压器内部故障。但应注意温度表指示是否正确,有无大的误差或失灵。用几个不同安装点的温度计、压力温度计和水银温度计及远方测温表计相互参照比较,才能正确判别。

5)油位异常

变压器储油柜的油位表,一般标有 -30 ℃, +20 ℃, +40 ℃这3条线,分别是指变压器安装地点在环境最低温度为 -30 ℃时变压器空载运行的油位刻度线和环境平均温度为 +20 ℃、环境最高为 +40 ℃时变压器满载运行的油位刻度线。根据这3条标志线与变压器负载变化时相对应的油位高低,可判断是否需要加油或放油。因为运行中变压器温度的变化会使油体积变化,从而引起油位的上下位移。

常见的变压器油位异常有以下3种情况:

①假油位

若温度变化正常,但变压器油标管内的油位变化不正常或不变,则说明是假油位。原因主要有油标管堵塞、油枕呼吸器堵塞、防爆管通气孔堵塞、油枕内存有一定数量的空气等。

②油面过低

油面过低到一定限度时,会造成轻瓦斯保护动作;严重缺油时变压器内部绕组暴露,会使其绝缘能力降低,甚至造成因绝缘散热不良而引起损坏。处于备用的变压器如严重缺油,也会因吸潮而使其绝缘能力降低。原因主要有变压器严重渗油、修试人员因工作需要多次放油未补充、气温过低且油量不足、油枕容积偏小而不能满足运行要求。

③油位过高

造成油位过高的原因有:变压器长期在大负荷下运行;加油过多;内部故障等。若油位因温度上升而逐渐上升,最高油温下的油位高出油位指示时(并经分析不是假油位或变压器内部故障及冷却器装置异常),经调度及有关领导同意,由检修人员进行放油、放气处理至适当的高度。

6)油色异常

变压器油色应是透明亮黄色或亮蓝色,若发现变压器油位计中油的颜色发生变化,如红棕色,则可能是油位计本身脏污造成,也可能是变压器油运行时间过长、运行油温高,使油变质引起的,应取油样分析化验。若运行中的变压器油色骤变恶化,油内出现炭质并有其他不正常现象时,应立即汇报调度及有关领导,进行停电检查处理。

7)变压器过负荷

运行中的变压器过负荷时,警铃响,发"过负荷"和"温度高"光字牌信号,可能出现电流表指示超过额定值,有功、无功表指示增大。运行值班人员发现上述现象时,按下述原则处理:

①停止音响报警,汇报值班长、值长,并做好记录。

②及时调整运行方式,调整负荷的分配,如有备用变压器,应立即投入。

③属正常过负荷或事故过负荷时,按过负荷倍数确定运行时间,若超过允许运行时间,应立即减负荷,并加强对变压器温度的监视。

④过负荷运行时间内,应对变压器及其相关系统进行全面检查,发现异常应立即处理。

5.2.4　仿真练习

学生在仿真系统中对1#主变按照变压器的巡视要点进行巡视。

教师在教员台设置1#主变的缺陷(见图5.4),学生进行查找处理。

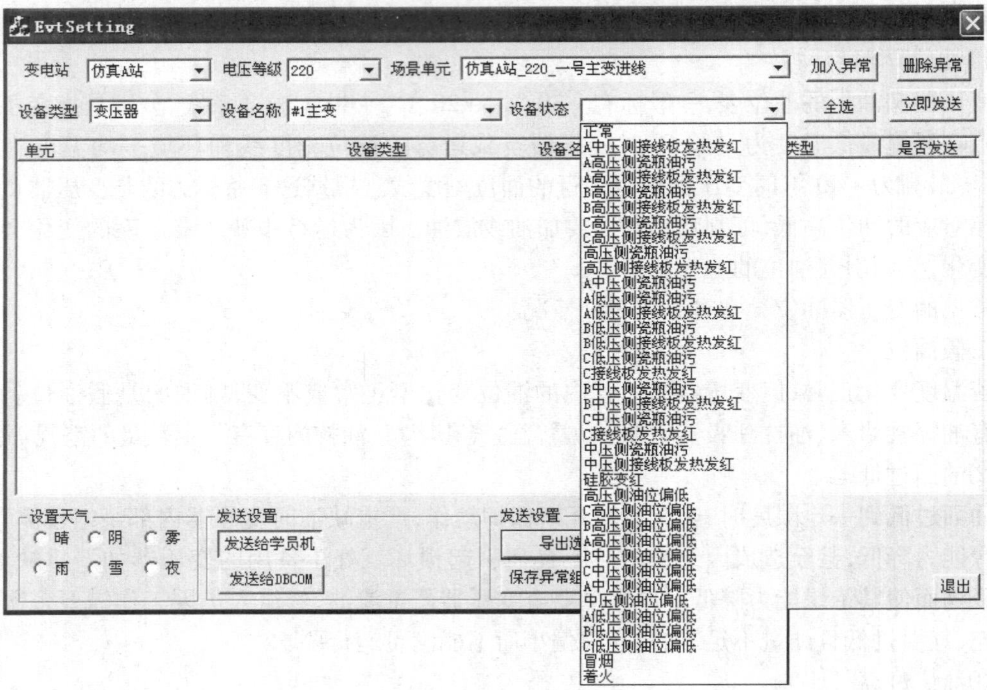

图5.4　教员台设置主变缺陷

项目5.3　开关设备运行、巡视与缺陷处理

5.3.1　高压断路器运行、巡视与缺陷处理

高压断路器(或称高压开关)(见图5.5、图5.6)是电力系统最重要的控制和保护设备,它在电网中起两方面的作用:一是正常运行时,根据电网的需要,接通或断开电路的负载电流和

图5.5　SF_6断路器

图5.6　真空断路器

负荷电流,这时起控制作用;二是当电网发生故障时,高压断路器与继电保护装置及自动装置配合,迅速、自动地切除故障电流,将故障部分从电网中断开,保证电网无故障部分的安全运行,以减小停电范围,防止事故扩大,这时起保护作用。

高压断路器依据它使用的灭弧介质,可分为以下4类:

①油断路器。它用变压器的油作为灭弧介质,多油断路器的油除灭弧外,还作为对地绝缘使用。

②真空断路器。它用真空作为灭弧介质和绝缘介质,具有可频繁操作、维护工作量少、体积小等优点。

③空气断路器。它以压缩空气作为灭弧介质和绝缘介质,具有灭弧能力强、动作迅速等优点。

④SF_6(六氟化硫)断路器。它采用具有优异绝缘性能和灭弧能力的SF_6气体作为灭弧介质和绝缘介质,具有开断能力强、动作快、体积小等优点。

真空断路器、SF_6断路器是现在和未来重点发展与使用的断路器,油断路器、空气断路器已逐渐被淘汰。

(1)高压断路器的操作及注意事项

电力系统的运行状态、负荷性质是多种多样的,作为起控制和保护作用的高压断路器,其操作和动作较为频繁。为使高压断路器能安全、可靠运行,保证其性能,必须做到以下12点:

①断路器工作条件必须符合制造厂规定的使用条件,如户内或户外、海拔、环境温度、相对湿度等。

②断路器的性能必须符合国家标准的要求及有关技术条件的规定。

③在正常运行时,断路器的工作电流、最大工作电压和断流容量不得超过额定值。

④在满足上述要求的情况下,断路器的瓷件、机构等部分均应处于良好状态。

⑤运行中的断路器,机构的接地应可靠,接触必须良好可靠,防止因接触部位过热而引起断路器事故。

⑥运行中与断路器相连接的汇流排,接触必须良好可靠,防止因接触部位过热而引起断路器事故。

⑦运行中断路器本体、相位油漆及分合闸机械指示等应完好无缺,机构箱及电缆孔洞应使用耐火材料封堵。场地周围应清洁。

⑧断路器绝对不允许在带有工作电压时使用手动合闸,或手动就地操作按钮合闸,以避免合闸故障时引起断路器爆炸和危及人身安全。

⑨远方和电动操作的断路器禁止使用手动分闸。

⑩明确断路器的允许分、合闸次数,以便决定计划外检修。断路器每次故障跳闸后应进行外部检查,并做记录。

⑪为使断路器运行正常,在下述情况下,断路器严禁投入运行:

a. 严禁将有拒跳或合闸不可靠的断路器投入运行。

b. 严禁将严重缺油、漏气、漏油及绝缘介质不合格的断路器投入运行。

c. 严禁将动作速度、同期、跳合闸时间不合格的断路器投入运行。

d. 断路器合闸后，由于某种原因，一相未合闸，应立即拉开断路器并查明原因。缺陷消除前，一般不可进行第二次合闸操作。

⑫需经同期合闸的断路器，必须满足同期条件后方可合闸送电。

(2)断路器在运行中的巡视检查

断路器在运行时，电气值班人员必须依照现场规程和制度，对断路器进行巡视检查，及时发现缺陷，并尽快设法解除，以保证断路器的安全运行。实践证明，对断路器在运行中的巡视检查，特别对容易造成事故部位，如操动机构、出线套管等的巡视检查，大部分缺陷可以被发现。因此，运行中的维护和检查是十分重要的。

1)断路器的正常巡视检查项目

①套管引线接头有无发热变色现象，引线有无断股、散股、扭伤痕迹。

②瓷套、支柱绝缘子是否清洁，有无裂纹、破损、电晕和不正常的放电现象。

③断路器内有无放电及不正常声音。

④断路器的实际位置与机械及电气指示位置是否符合。

⑤液压机构的工作压力是否在规定范围内，箱内无渗油、漏油。

⑥机械闭锁是否与断路器实际位置相符。

⑦SF_6断路器压力正常，各部分及管道无异常（漏气声、振动声）和管道夹头正常。

⑧SF_6断路器巡视检查时，记录 SF_6气体压力。

⑨断路器及操动机构接地是否牢固可靠。

⑩防雨罩、机构箱内无小动物及杂物。

2)断路器的特殊巡视检查项目

在系统或线路发生事故使断路器跳闸后，应对断路器进行以下检查：

①检查断路器各部位有无松动、损坏，瓷件是否断裂等。

②检查各引线接点有无发热、熔化等。

③高峰负荷时应检查各发热部位是否发热变色、示温片是否熔化脱落。

④天气突变、气温骤降时，应检查连接导线是否紧密等。

⑤下雪天应观察各接头处有无融雪现象，以便发现接头发热。雪天、浓雾天气时，应检查套管有无严重放电闪络现象。

⑥雷雨、大风过后，应检查套管瓷件有无闪络痕迹、室外断路器上有无杂物、导线有无断股或松股等现象。

3)断路器操动机构运行中的巡视检查项目

用来接通或断开断路器，并保持其在合闸或断开位置的机械传动机构，称为断路器的操动机构。对断路器来说，操动机构是重要部件，也是易出问题的部位。

①弹簧操动机构检查项目

a. 机构箱门平整，开启灵活，关闭紧密。

b. 断路器在运行状态储能电动机的电源开关或熔断器应在投入位置，并不得随意拉开。

c. 检查储能电动机，行程开关触点无卡住和变形，分、合闸线圈无冒烟异味。

d. 断路器在分闸备用状态时，分闸连杆应复归，分闸锁扣应到位，合闸弹簧应储能。

e. 防潮加热器良好。

运行中的断路器应每隔 6 个月用万用表检查熔断器情况。

②液压操动机构检查项目

a. 机构箱门平整,开启灵活,关闭紧密,箱内无异味。

b. 油箱油阀正常,无渗油、漏油。

c. 液压指示在允许范围内。

d. 加热器正常完好。

e. 每天记录油泵启动次数。

液压操动机构运行注意事项如:

a. 经常监视液压机构油泵启动次数,当断路器未进行分合闸操作时,油泵在 24 h 内启动,大多为高压油路渗油,应汇报调度和领导,及时处理。高压油路渗油油压降低至下限,机械压力触点闭锁,断路器将不能操作。

b. 液压机构蓄压时间应不大于 5 min,在额定油压下,进行一次分合闸操作油泵运转不大于 3 mm。

c. 运行中的断路器严禁慢分合操作,紧急情况下,在液压正常时,可就地用手按分闸按钮进行分闸。

③电磁操动机构检查项目

a. 机构箱门平整,开启灵活,关闭紧密。

b. 分合闸线圈及合闸接触器线圈无冒烟异味。

c. 直流电源回路接线端无松动、无锈蚀。

电磁操动机构运行注意事项:

a. 严禁用手动杠杆和千斤顶的办法带电进行合闸操作。

b. 以硅整流作电磁操动机构合闸电源时,合闸电源应符合要求。

(3)高压断路器异常及故障处理

1)断路器合闸失灵

断路器合闸失灵的原因分析如下:

①合闸保险、控制保险熔断或接触不良。

②直流接触器接点接触不良或控制开关接点及开关辅助接点接触不良。

③直流电压过低。

④合闸闭锁动作。

断路器合闸失灵的处理方案如下:

①对控制回路、合闸回路及直流电源进行检查处理。

②若直流母线电压过低,调节蓄电池组端电压,使电压达到规定值。

③检查 SF_6 气体压力、液压压力是否正常;弹簧机构是否储能。

④若值班人员现场无法消除时,按危急缺陷报值班调度员。

2)断路器分闸失灵

原因分析如下:

①掉闸回路断线,控制开关接点和开关辅助接点接触不良。

②操动保险接触不良或熔断。

③分闸线圈短路或断线。

④操动机构故障。

⑤直流电压过低。

断路器分闸失灵的处理方案如下:

①对控制回路、分闸回路进行检查处理,当发现断路器的跳闸回路有断线的信号或操作回路的操作电源消失时,应立即查明原因。

②对直流电源进行检查处理,若直流母线电压过低,调节蓄电池组端电压,使电压达到规定值。

③手动远方操作跳闸一次,若不成,请示调度,隔离故障开关。

3)液压机构压力异常处理

①当压力不能保持、油泵启动频繁时,应检查液压机构有无漏油等缺陷。

②压力低于启泵值,但油泵不启动,应检查油泵及电源系统是否正常,并报缺陷。

③"打压超时"应检查液压部分有无漏油,油泵是否有机械故障,压力是否升高超出规定值等。若液压异常升高,应立即切断油泵电源,并报缺陷。

4)液压机构突然失压处理

①立即断开油泵电机电源,严禁人工打压。

②立即取下开关的控制保险,严禁进行操作。

③汇报调度,根据命令,采取措施将故障开关隔离。

④汇报缺陷,等待检修。

5)SF_6 断路器本体严重漏气处理

①应立即断开该开关的操作电源,在手动操作把手上挂禁止操作的标识牌。

②汇报调度,根据命令,采取措施将故障开关隔离。

③在接近设备时要谨慎,尽量选择从"上风"接近设备,必要时要戴防毒面具、穿防护服。

④室内 SF_6 气体开关泄漏时,除应采取紧急措施处理外,还应开启风机通风 15 min 后方可进入室内。

5.3.2 隔离开关运行、巡视与缺陷处理

隔离开关(见图 5.7)的主要特点是无灭弧能力,只能在没有负荷电流的情况下分、合电路。在高压电网中,隔离开关的主要功能是当断路器断开电路后,由于隔离开关的断开,使有电与无电部分造成明显的断开点,起辅助断路器的作用。由于断路器触头位置的外部指示器既缺乏直观,又不能绝对保证它的指示与触头的实际位置相一致,因此用隔离开关把有电与无电部分明显隔离是非常必要的。有的隔离开关在刀闸打开后能自动接地(一端或二端),

图 5.7 高压隔离开关

以确保检修人员的安全。

(1)隔离开关的操作

①隔离开关操作前应检查断路器、相应接地刀闸确已拉开并分闸到位,确认送电范围内接地线已拆除。

②隔离开关电动操动机构操作电压应在额定电压的85% ~110%。

③手动合隔离开关应迅速、果断,但合闸终了时不可用力过猛。合闸后应检查动、静触头是否合闸到位,接触是否良好。

④手动分隔离开关开始时,应慢而谨慎;当动触头刚离开静触头时,应迅速,拉开后检查动、静触头断开情况。

⑤隔离开关在操作过程中,如有卡滞、动触头不能插入静触头、合闸不到位等现象时,应停止操作,待缺陷消除后再继续进行。

⑥在操作隔离开关过程中,要特别注意若瓷瓶有断裂等异常时应迅速撤离现场,防止人身伤害。对GW6,GW16型等隔离开关,合闸操作完毕后,应仔细检查操动机构上下拐臂是否均已越过死点位置。

⑦电动操作的隔离开关正常运行时,其操作电源应断开。

⑧操作带有闭锁装置的隔离开关时,应按闭锁装置的使用规定进行,不得随便动用解锁钥匙或破坏闭锁装置。

⑨严禁用隔离开关进行以下操作:

a.带负荷分、合操作。

b.配电线路的停送电操作。

c.雷电时,拉合避雷器。

d.系统有接地(中性点不接地系统)或电压互感器内部故障时,拉合电压互感器。

e.系统有接地时,拉合消弧线圈。

(2)隔离开关在运行中的巡视检查

隔离开关与断路器不同,它没有专门的灭弧结构,不能用来切断负荷电流和短路电流。

隔离开关使用时一般与断路器配合,只有在断开断路器后,才能进行操作,起隔离电源等作用。但是隔离开关也要承受负荷电流、短路冲击电流,因而对其要求也是严格的。

触头是隔离开关上最重要的部分,在运行中的维护和检查比较复杂。这是因为不论哪一类隔离开关,在运行中它触头的弹簧或弹簧片都会因锈蚀或过热,使弹力降低;隔离开关在断开后,触头暴露在空气中,容易发生氧化和脏污;隔离开关在操作过程中,电弧会烧坏触头的接触面,加之每个联动部件也会发生磨损或变形,因而影响了接触面的接触;在操作过程中用力不当,还会使接触面位置不正,造成触头压力不足等。上述情况均会造成隔离开关的触头接触不紧密,因此值班人员应把检查三相隔离开关每相触头接触是否紧密,作为巡视检查隔离开关的重点。

隔离开关的正常巡视检查项目如下:

①检查隔离开关合闸状况是否完好,有无合不到位或错位现象。

②检查隔离开关绝缘子是否清洁完整,有无裂纹、放电现象和闪络痕迹。

③触头检查：

a. 检查触头接触面有无脏污、变形锈蚀，触头是否倾斜。

b. 检查触头弹簧或弹簧片有无折断现象。

c. 检查隔离开关触头是否由于接触不良引起发热、发红。夜巡时应特别留意，观察触头是否烧红，严重时会烧焊在一起，使隔离开关无法拉开。

④检查操动连杆及机械部分有无锈蚀、损坏，各机件是否紧固，有无歪斜、松动、脱落等不正常现象。

⑤检查隔离开关底座连接轴上的开口销是否断裂、脱落，法兰螺栓是否紧固、有无松动现象，底座法兰有无裂纹等。

⑥对于接地的隔离开关，应检查接地刀口是否严密，接地是否良好，接地体可见部分是否有断裂现象。

⑦检查防误闭锁装置是否良好；在隔离开关拉、合后，检查电磁锁或机械锁是否锁牢。

(3)隔离开关的缺陷处理

1)隔离开关接头发热

应加强监视，尽量减少负荷，如发现过热，应该迅速减少负荷或倒换运行方式，停止该隔离开关的运行。

2)传动机构失灵

应迅速将其与系统隔离，按危急缺陷上报，做好安全措施，等待处理。

3)瓷瓶断裂

应迅速将其隔离出系统，按危急缺陷上报，做好安全措施，等待处理。

4)隔离开关拒绝分闸

隔离开关拒绝分闸，一般是由于隔离开关操动机构故障或断路器与隔离开关间闭锁装置损坏或因断路器处于合闸位置造成正常闭锁。其具体原因及相应的处理方法如下：

①隔离开关操动机构故障。

处理方法：修复操作机构。

②断路器与隔离开关间闭锁装置故障或损坏。

处理方法：修复或更换闭锁装置。

③断路器处于合闸位置。

处理方法：按正常倒闸操作程序，先将断路器断开，再拉开隔离开关。

5)隔离开关拒绝合闸

隔离开关拒绝合闸，一般也是由于隔离开关操动机构故障或断路器与隔离开关间闭锁装置损坏或因断路器处于合闸位置造成正常闭锁。其具体原因及相应的处理方法如下：

①隔离开关操动机构故障。

处理方法：修复操作机构。

②断路器与隔离开关间闭锁装置故障或损坏。

处理方法：修复或更换闭锁装置。

③断路器处于合闸位置。

处理方法：按正常倒闸操作程序，先将断路器断开，再合隔离开关，然后再合断路器。

5.3.3 高压负荷开关运行、巡视与缺陷处理

高压负荷开关是一种带有简单灭弧装置的开关电器（见图5.8）。负荷开关开断和接通电流的能力介于断路器与隔离开关之间，它能在额定电压下接通和开断负荷电流，但不能开断故障电流和短路电流，真空式和 SF_6 气体式负荷开关能开断较小的过负荷电流。在大多数情况下，负荷开关与高压熔断器配合使用，由负荷开关接通和开断负荷电流和不大的过负荷电流，由熔断器切断短路电流和较大的过负荷电流。

图5.8 高压负荷开关

高压负荷开关按照安装地点的不同可分为户内式与户外式；按照使用灭弧介质的不同可分为压气式（压缩空气）、产气式（有机材料产气）、真空式和 SF_6 气体式。

产气式负荷开关是目前我国使用最为广泛的一种负荷开关，但由于其只能开断正常的负荷电流而不能开断过负荷电流，因此与熔断器配合存在死区。当过负荷电流大于负荷开关的额定开断电流而又小于熔断器的熔断电流时，两者都不能开断；而真空式和 SF_6 气体式负荷开关不仅能开断正常的负荷电流，同时也能开断一定程度下的过负荷电流，两者与熔断器配合没有死区。真空式负荷开关在性能上与 SF_6 气体式负荷开关基本相同，在某些指标上还超过 SF_6 气体式负荷开关，并且价格却比 SF_6 气体式负荷开关便宜。因此，真空式负荷开关在我国得到越来越多的使用。

高压负荷开关正常情况下应在其额定电压、额定电流下运行。高压负荷开关具有简单的灭弧装置，能接通和开断负荷电流，真空式和 SF_6 气体式负荷开关还能开断一定范围内的过负荷电流。

（1）高压负荷开关可进行的操作

①接通和开断空载线路。

②接通和开断空载变压器。

③接通和开断电容器组。

④与限流熔断器串联组合可代替断路器。

⑤用作变电所10 kV母线分段开关。

⑥用于配电线路上作为分段开关、旁路开关、联络开关带负荷操作。

（2）高压负荷开关操作注意事项

①严禁用负荷开关来切断短路电流。

②只有手动操动机构而无电动操动机构的负荷开关在合闸操作时，必须迅速果断，但合闸终了时用力不可过猛，防止冲击过大损坏负荷开关及其附件。合闸后，应检查是否已合到位，动、静触头是否接触良好等。如果在负荷开关合闸操作的过程中发现触头间有电弧产生（即误合负荷开关时），应果断将负荷开关合到位。严禁将负荷开关再拉开，以免造成带负荷

拉隔离开关的误操作。

③只有手动操动机构而无电动操动机构的负荷开关在拉闸操作时,在拉闸操作的开始期间,要缓慢而又谨慎,当刀片刚刚离开静触头时要注意有无电弧产生。若无电弧产生等异常情况,则迅速果断地拉开,以利于迅速灭弧。负荷开关拉闸后应检查是否已拉到位。如果在负荷开关刀片刚刚离开静触头瞬间有电弧产生(即误拉负荷开关时),应果断地将负荷开关重新合上,停止操作,待查明原因并处理完毕后再进行合闸操作。此时若仍强行拉开负荷开关的话,可能造成带负荷拉隔离开关的严重事故。

(3)高压负荷开关运行中的检查项目及注意事项

高压负荷开关在运行中,要加强巡检,及时发现异常和缺陷并进行处理,防止异常和缺陷转化为事故。具体检查项目如下:

①高压负荷开关触头应无发热现象。

②绝缘子应完整无裂纹、无电晕和放电现象。

③操动机构和各机械部件应无损伤和锈蚀,安装牢固。

④动、静触头的消弧部位应无烧伤、不变形。

⑤动、静触头无脏污、无杂物、无烧痕。

⑥动、静触头间接触良好。

⑦压紧弹簧和铜辫子无断股、无损伤。

⑧接地部分应接地良好。

⑨各辅助部分情况良好。

(4)高压负荷开关缺陷处理

1)高压负荷开关接触部位过热

运行经验表明,高压负荷开关触头因发热而烧损的现象比较常见。高压负荷开关触头发热的原因及相应的处理方法如下:

①触头压紧弹簧性能(如弹性)下降

触头压紧弹簧弹性下降会使动、静触头间接触面压力不够,从而导致接触电阻的增大。接触电阻的增大又会使发热量增加,使接触面处温度进一步上升。温度的升高又会使压紧弹簧弹性进一步下降,形成恶性循环。这种现象如果得不到及时处理,就会酿成动、静触头烧损,从而导致非正常停电的重大事故。

处理方法:更换或调整弹簧。

②动、静触头间接触不良(如触头氧化或腐蚀导致接触电阻增大)

动、静触头间接触不良,就会使动、静触头间的接触电阻增大。因此,动、静触头间接触不良情况的演变和后果同触头压紧弹簧弹性下降一样。

处理方法:去除氧化层,并在接合面上涂导电膏。

③动、静触头间接触面积偏小、触头错位

动、静触头间接触面积偏小、触头错位,就会使动、静触头间的接触电阻增大。因此,动、静触头间接触面积偏小情况的演变和后果同触头压紧弹簧弹性下降一样。

处理方法:重新调整触头,使动、静触头间全接触。

④负荷开关与铜排连接处接触不良(如连接处氧化或腐蚀导致接触电阻增大)

负荷开关与铜排连接处接触不良,就会使负荷开关与铜排连接处的接触电阻增大。接触电阻增大会使连接处发热量增加,使连接处温度上升,而温度上升又反过来使接触电阻进一步增大,形成恶性循环。这种现象如果得不到及时处理,就会酿成负荷开关与铜排连接处烧断,从而导致非正常停电的重大事故。

处理方法:去除氧化层,并在接合面上涂导电膏。

⑤负荷开关与铜排连接处固定不紧

负荷开关与铜排连接处固定不紧会导致连接处接触电阻增大。这种情况的演变和后果与负荷开关与铜排连接处接触不良相同。

2)高压负荷开关拒绝分、合闸

高压负荷开关拒绝分、合闸,一般是由于高压负荷开关操动机构故障或控制回路(若为电动操动机构)等故障所引起。相应的处理方法如下:

①负荷开关操动机构故障。

处理方法:修复操动机构。

②负荷开关传动机构故障。

处理方法:修复传动机构。

③控制设备或控制回路故障。

处理方法:修复控制设备或控制回路。

5.3.4　仿真练习

学生在仿真系统中对断路器、隔离开关按照巡视要点进行巡视。

教师在教员台对断路器、隔离开关设置缺陷(见图5.9和图5.10),学生进行查找处理。

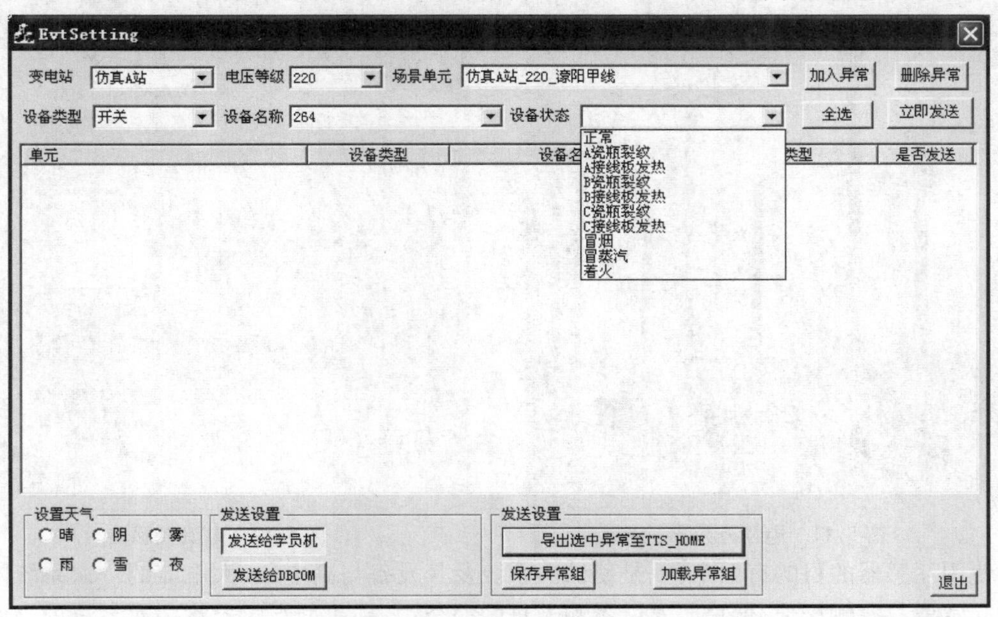

图5.9　教员台设置断路器缺陷

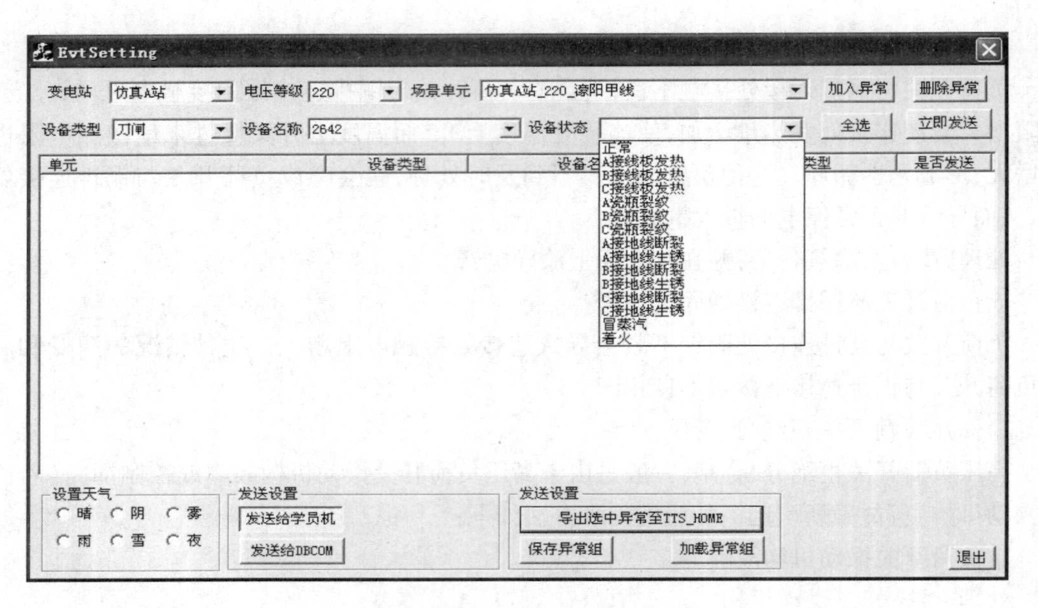

图 5.10　教员台设置隔离开关缺陷

项目 5.4　互感器运行、巡视与缺陷处理

互感器是实现电气一次、二次系统互相联络的重要的一次设备(见图 5.11、图 5.12)。互感器的主要用途是把一次系统的高电压、大电流转换成统一标准的低电压、小电流,供二次系统的测量仪表、继电保护和自动装置等设备使用,使这些设备可工作在低电压、小电流状态。

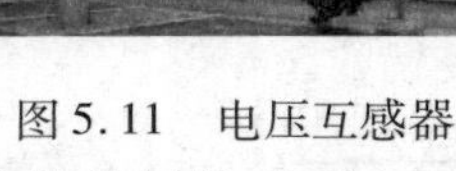

图 5.11　电压互感器

图 5.12　电流互感器

使用互感器的目的有两个:一是使二次系统及其设备与高电压、大电流的一次系统隔离,而且互感器二次侧接地,保护二次设备和人身的安全;二是通过互感器将一次系统的高电压、大电流转换成统一标准的低电压、小电流后,可使测量仪表、继电保护和自动装置等二次设备

标准化、小型化,并使其结构简单、价格便宜,以便于屏内布置。

互感器分为电压互感器和电流互感器两大类。通常电压互感器的二次侧电压统一规定为100 V,电流互感器的二次侧电流统一规定为5 A或1 A。

5.4.1 电压互感器的运行

(1)电压互感器的允许运行方式

①运行中的电压互感器,其二次回路不得短路。

②运行中的电压互感器,其二次绕组的一端和铁芯必须可靠接地(在发电厂中,一般采用B相接地)。

③电压互感器运行中的容量(即二次侧负载)不准超过其铭牌上所标的规定值。

④投入运行的电压互感器绝缘电阻应符合以下要求:

a.一次侧额定电压为1 000 V及以上的电压互感器的绝缘电阻不得小于1 MΩ/kV(采用1 000V或2 500 V绝缘电阻表测量)。

b.一次侧额定电压为1 000 V以下(不包含1 000 V)的电压互感器的绝缘电阻不得小于0.5 MΩ(采用500 V绝缘电阻表测量)。

c.电压互感器二次侧回路的绝缘电阻不得小于0.5 MΩ(采用500 V绝缘电阻表测量)。

⑤电压互感器一次、二次侧回路都必须装设熔断器,具体要求如下:

a.一次侧(即高压侧)熔断器的熔断电流不得大于1 A,一般为0.5 A。

b.二次侧(即低压侧)熔断器的熔断电流不得大于2 A。

c.一次、二次侧熔丝必须用消弧绝缘套住。

⑥电压互感器所带的负载必须并联在二次回路中。

(2)电压互感器的操作及注意事项

1)电压互感器投入运行前的检查项目

为了防止将异常或有故障的电压互感器投入运行,影响正常的安全生产,电压互感器在投入运行前必须经过仔细、全面的检查,具体要求如下:

①电压互感器周围应无影响送电的杂物。

②各连接部位接触良好,无松动现象。

③电压互感器及其绝缘子无裂纹、无脏污、无破损现象。

④接地部分接地良好。

⑤电压互感器附属设备及回路应情况良好,无影响运行的异常或缺陷。

⑥充油式电压互感器油位正常、油色清洁,无渗油、漏油现象。

2)电压互感器的送电操作及注意事项

①电压互感器及其所属设备、回路上无检修等工作,工作票已收回。

②检查电压互感器及其附属回路、设备均正常,没有影响送电的异常情况。

③装上一次侧熔丝。

④合上电压互感器高压侧隔离开关。

⑤装上二次侧熔丝或合上二次侧空气开关。

⑥电压互感器投入运行后,应检查电压互感器及其附属回路、设备运行正常。

注意事项:若在投入运行过程中,发现异常情况,应立即停止投运操作,待查明原因并处理完毕后再行投入运行。

3)电压互感器退出运行的操作及注意事项

①先将接在该电压互感器回路上的、在该电压互感器退出运行后可能引起误动作的继电保护和自动装置停用(如低电压保护、备用电源自投装置等)。

说明:如果相关继电保护装置和自动装置可以切换至另一组电压互感器回路运行,则不用将它们停用,通过电压互感器的自动或手动切换装置切换至另一组电压互感器回路即可。

②取下低压侧熔丝或断开二次空气开关。

③拉开电压互感器高压侧隔离开关。

④取下高压侧熔丝。

⑤根据需要做好相应的安全措施。

4)电压互感器二次侧切换操作的注意事项

①电压互感器一次侧不在同一系统时,其二次侧严禁并列切换。

②当低压侧熔丝熔断后,在没有查明原因前,即使电压互感器在同一系统,也不得进行二次切换操作。

(3)电压互感器运行中的检查项目及注意事项

电压互感器在运行中,电气运行人员应加强巡回检查(具体间隔时间各个单位有所不同,但间隔时间最好不超过4 h),以便及时发现异常和缺陷并进行处理,防止异常和缺陷转化为事故。具体检查项目如下:

①电压互感器高、低压侧熔丝应完好。

②各连接部位接触良好,无松动现象,辅助开关接点接触良好。

③电压互感器及其绝缘子无裂纹、无脏污、无破损现象。

④没有焦味及烧损现象。

⑤无放电(声音、弧光)现象。

⑥接地部分接地良好。

⑦充油式电压互感器油位正常、油色清洁,无渗油、漏油现象。

5.4.2 电流互感器的运行

(1)电流互感器的允许运行方式

①运行中的电流互感器,其二次回路不得开路。

②运行中的电流互感器,其二次绕组的一端和铁芯必须可靠接地。

③电流互感器运行中的容量(即二次侧负载)不准超过其铭牌上所标的规定值。

④投入运行的电流互感器绝缘电阻应符合以下要求:

a.一次侧额定电压为1 000 V及以上的电流互感器的绝缘电阻不得小于1 MΩ/kV(采用1 000 V或2 500 V绝缘电阻表测量)。

b.一次侧额定电压为1 000 V以下(不包含1 000 V)的电流互感器的绝缘电阻不得小于0.5 MΩ,(采用500 V绝缘电阻表测量)。

c. 电流互感器二次侧回路的绝缘电阻不得小于0.5 MΩ(采用500 V绝缘电阻表测量)。

⑤电流互感器一次、二次侧回路都不得装设熔断器。

⑥电流互感器所带的负载必须串联在二次回路中。

(2)电流互感器投入运行前的检查项目

为了防止将异常或有故障的电流互感器投入运行,影响正常的安全生产,电流互感器在投入运行前必须经过仔细、全面的检查。具体要求如下:

①电流互感器周围应无影响送电的杂物。

②各连接部位接触良好,无松动现象。

③电流互感器及其绝缘子无裂纹、无脏污、无破损现象。

④接地部分接地良好。

⑤电流互感器附属设备及回路应情况良好,无影响运行的异常或缺陷。

⑥二次回路中的试验端子接触牢固且无断开现象。

5.4.3　互感器的异常及故障处理

(1)电磁式电压互感器发生谐振时的故障处理

①故障现象

当具有开关断口电容的空母线进行操作时,出现电压表异常升高。

②故障处理

当具有开关断口电容的空母线进行操作时,容易发生开关断口电容与电磁式电压互感器的谐振。操作前应有防谐振预想,准备好消除谐振的措施。操作过程中,如发生电压互感器谐振,采取措施破坏谐振条件以达到消除谐振的目的。

(2)电磁式电压互感器二次电压降低故障时的处理

①故障现象

二次电压明显降低,可能是下节绝缘支架放电击穿或下节一次线圈匝间短路。

②故障处理

这种互感器的严重故障,从发现二次电压降低,到互感器爆炸时间很短,应尽快汇报调度,采取停电措施。这期间不得靠近异常互感器。

(3)电容式电压互感器二次电压异常现象及引起的主要原因

①二次电压波动

引起的主要原因可能为二次连接松动;分压器低压端子未接地或未接载波线圈;电容单元可能被间断击穿;铁磁谐振引起。

②二次电压低

引起的主要原因可能为二次连接不良;电磁单元故障或电容单元C2损坏。

③二次电压高

引起的主要原因可能为电容单元C1损坏;分压电容接地端未接地。

④开口三角形电压异常升高

引起的主要原因可能为某相互感器的电容单元故障。

(4)电流互感器常见异常判断及处理

①电流互感器过热

可能是内、外接头松动,一次过负荷,二次开路,或绝缘介损升高。

②互感器产生异常声响

可能是铁芯或零件松动,电场屏蔽不当,二次开路或接触不良,末屏开路及绝缘损坏放电。

③绝缘油溶解气体色谱分析异常

应按 GB/T 7252 进行故障判断并追踪分析。若仅氢气含量超标,并且无明显增加趋势,其他组分正常,可判断为正常。

(5)互感器的更换

若互感器出现下述情况,应进行更换。

①瓷套出现裂纹或破损。

②互感器有严重放电,已威胁安全运行时。

③互感器内部有异常响声、异味、冒烟或着火。

④金属膨胀器异常膨胀变形。

⑤压力释放装置(防爆片)已冲破。

⑥树脂浇注互感器出现表面严重裂纹、放电。

⑦经红外测温检查发现内部有过热现象。

(6)互感器严重漏油或漏气的处理

互感器严重漏油或漏气,应立即退出运行,检查各密封部件是否渗漏,查明绝缘是否受潮,根据情况选择干燥处理或更换。

(7)互感器本体或引线端子有严重过热的处理

互感器本体或引线端子有严重过热时,应立即退出运行,若仅是连接部位接触不良,未伤及固体绝缘的,可对连接部位紧固处理;否则,应对互感器进行更换。

(8)互感器的设备试验、油化验等主要指标超过规定的处理

互感器的设备试验、油化验等主要指标超过规定,应查明原因,根据情况进行现场处理或更换。

(9)电流互感器二次回路开路或末屏开路的处理

如果对二次或末屏开路的处理不能保证人身安全,应立即报告调度值班员,请求尽快停电处理。

(10)互感器发生火灾的处理

当互感器发生火灾时,应立即切断电源,用灭火器材灭火。

(11)SF_6互感器故障处理

①设备故障跳闸后,先使用 SF_6 分解气体快速测试装置,对设备内气体进行检测,以确定内部有无放电。

②故障设备解体检查前,也应先进行 SF_6 分解气体检测,以确认内部是否放电,由于气体分解后有毒性应做好防护措施。对初步判定没有内部放电的设备,则首先进行工频耐压试验

或局部放电测量,然后再解体;对已查明存在放电的设备,则直接解体检查,不必进行耐压试验,以免再次放电影响正确分析。

5.4.4 仿真练习

学生在仿真系统中对电压互感器、电流互感器按照巡视要点进行巡视。

教师在教员台对电压互感器、电流互感器设置缺陷(见图5.13和图5.14),学生进行查找处理。

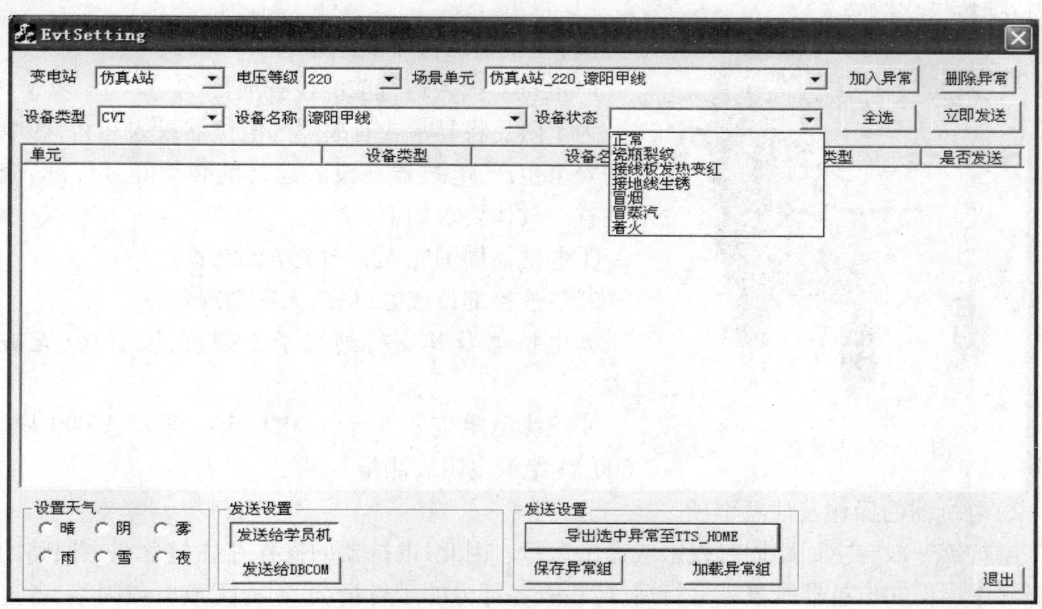

图5.13 教员台设置电压互感器缺陷

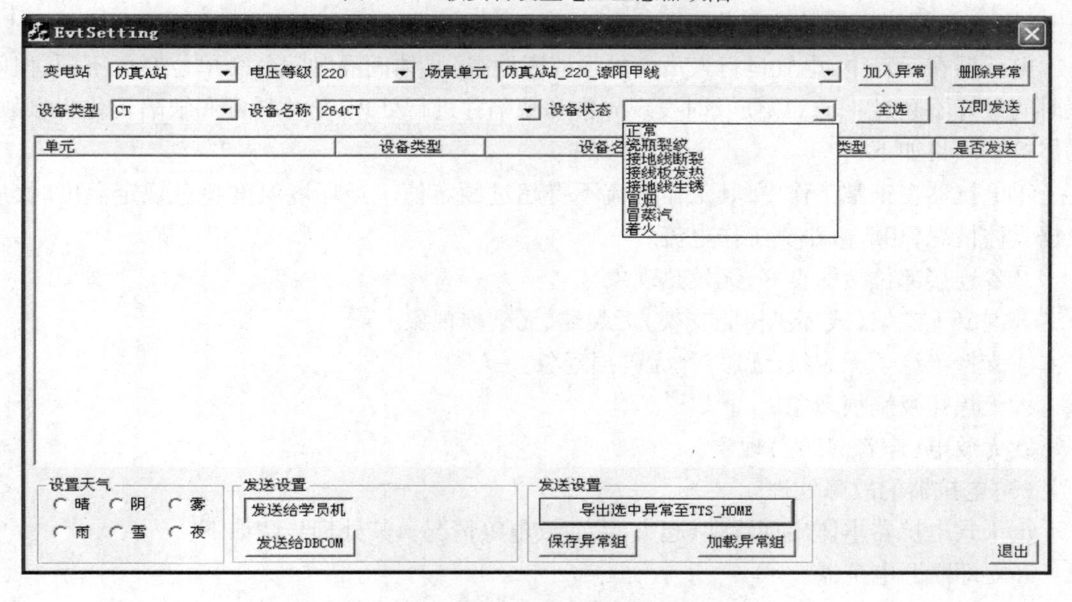

图5.14 教员台设置电流互感器缺陷

项目5.5　电抗器、消弧线圈运行、巡视与缺陷处理

5.5.1　电抗器

在小型电厂及热电厂中广泛采用电抗器(见图5.15),如母线分段电抗器、线路电抗器以及厂用电分支电抗器等。电抗器的主要作用是当电抗器所在回路发生短路故障时,限制短路电流,维持母线残压。

图5.15　电抗器

(1)电抗器的操作及注意事项

1)电抗器投入运行前的检查项目

为了防止将异常或有故障的电抗器投入运行,影响正常的安全生产,电抗器在投入运行前必须经过仔细、全面的检查。具体要求如下:

①电抗器周围应无影响送电的杂物。

②各连接部位接触良好,无松动现象。

③电抗器及其支持绝缘子无裂纹、无脏污、无破损现象。

④绝缘电阻应不小于1 MΩ/ kV(采用1 000 kV或2 500 kV绝缘电阻表测量)。

2)电抗器的操作及注意事项

电抗器一般与主回路同时投入或退出运行。因此,电抗器的操作往往包含在主回路的操作步骤中。但在电抗器刚投入运行后,应检查各部分的运行情况,如有无放电或闪络、各连接部位有无发热等。这些情况在投运前无法进行检查。

(2)电抗器运行中的检查项目及注意事项

电抗器在运行中,电气运行人员应加强巡回检查(具体间隔时间各个单位有所不同,但间隔时间最好不超过4 h),以便及时发现异常和缺陷并进行处理,防止异常和缺陷转化为事故。具体检查项目如下:

①电抗器在正常工作中,其工作电流不得超过额定值。当环境温度超过规定温度时,应根据具体情况,相应减小其工作电流。

②各连接部位接触良好,无发热现象。

③混凝土支架(或环氧树脂支架)无裂纹、无破损现象。

④支持绝缘子无裂纹、无脏污、无破损现象。

⑤无焦味及烧损现象。

⑥无放电(声音、弧光)现象。

(3)电抗器的故障处理

①干式电抗器本体出现冒烟、起火、沿面放电等情况。其处理步骤如下:

a. 立即断开电抗器。

b. 拉开干式电抗器隔离开关(串联电抗器必须合上电容器侧接地刀闸)。

c. 灭火。

②干式电抗器因保护跳闸停运,在没有查明跳闸原因之前,不得强送电。

③干式电抗器因故障跳闸,其处理原则步骤如下:

a. 检查干式电抗器断路器的位置信号、表计指示,以及检查系统电压有无变化等连锁反应,若有,应立即汇报调度。

b. 详细检查干式电抗器本体、相间情况,找出故障点。

c. 检查干式电抗器保护动作情况。

d. 检查断路器实际位置及本体、机构的情况,并联避雷器有无动作等。

e. 将检查情况详细汇报调度,申请将干式电抗器转为冷备用或检修状态,以作处理。

f. 因总断路器跳闸使母线失压后,应手动拉开各组并联电抗器。正常操作中不得用总断路器对并联电抗器进行投切。

5.5.2 消弧线圈

在中性点不接地电网中,当电网中某一相发生单相接地故障其电容电流不大时,接地故障点的电弧一般能够快速自行熄灭。但当中性点不接地电网中电容电流大于一定值时(与电网额定电压有关),接地故障点的电弧就可能无法自行熄灭,而且电弧又是不稳定的(一会儿电弧熄灭,一会儿电弧重燃)。这种不稳定燃烧的电弧会引起电网运行状态的瞬息变化,导致电网振荡,并在电网中产生危险的过电压,影响电网的安全运行。

由于电感电流与电容电流相位相反,可以达到相互补偿的效果。因此,工程中广泛采用将电网中性点接入消弧线圈的办法来消除中性点不接地电网中的弧光接地过电压(见图5.16)。

图5.16 变压器中性点消弧线圈

目前,规定在电压等级为3~60 kV的电网中,当电网接地电容电流大于下列数值时,应采用消弧线圈接地方式:

①3~6 kV的电网中,接地电容电流大于30 A。

②10 kV的电网中,接地电容电流大于20 A。

③20 kV 的电网中，接地电容电流大于 15 A。

④35 kV 及以上电压等级的电网中，接地电容电流大于 10 A。

根据消弧线圈的电感电流 I_L 对电网接地电容电流 I_{DC} 补偿程度的不同，可分为以下 3 种补偿方式：

①全补偿($I_L = I_{DC}$)。这种补偿方式消弧线圈的电感电流等于电网接地电容电流，完全补偿了电网接地电容电流，消弧效果最好。然而这种补偿方式引起电网串联谐振，产生串联谐振过电压。因此，在实际使用中不采用全补偿方式。

②欠补偿($I_L < I_{DC}$)。这种补偿方式消弧线圈的电感电流小于电网接地电容电流，部分补偿了电网接地电容电流，使电网接地电容电流小于一定数值，达到电网安全运行的目的。然而当电网在运行中切除部分线路时，这种补偿方式可能会接近或达到全补偿方式，使电网产生串联谐振过电压。因此，欠补偿方式一般也很少使用。

③过补偿($I_L > I_{DC}$)。这种补偿方式消弧线圈的电感电流大于电网接地电容电流，接地处尚有多余的电感电流。这种补偿方式可避免串联谐振过电压的产生，因此电网采用消弧线圈接地方式补偿主要是采用过补偿的方式。

中性点采用消弧线圈接地方式的电网，在电网正常运行期间，消弧线圈必须投入运行。

在电网中有操作故障或接地故障时，不得停用消弧线圈。

(1)消弧线圈的操作及注意事项

1)消弧线圈投入运行前的检查项目

为了防止将异常或有故障的消弧线圈投入运行，影响正常的安全生产，消弧线圈在投入运行前必须经过仔细、全面的检查。具体要求如下：

①消弧线圈周围应无影响送电的杂物。

②各连接部位接触良好，无松动现象。

③消弧线圈无裂纹，无脏污，无渗油、漏油以及无破损现象。

④绝缘电阻应不小于 1 MΩ/ kV(采用 1 000 kV 或 2 500 kV 绝缘电阻表测量)。

⑤隔离开关情况良好。

⑥所在电网无接地故障。

⑦所在电网没有其他操作。

2)消弧线圈的操作及注意事项

电网在正常运行时，消弧线圈必须投入运行。消弧线圈除了投入、退出运行的操作外，在运行中还需要根据电网运行方式的变化调节分接头(即调节补偿度)。

①消弧线圈的投入、退出运行以及调节分接头的操作，必须在查明电网无单相接地故障后方可进行。

②改变消弧线圈的分接头前，必须拉开消弧线圈的隔离开关，将消弧线圈停电后方可进行。

③变换消弧线圈分接头位置工作完成后，应该在仔细检查各部分情况良好后，再将消弧线圈投入运行。

④不允许将两台变压器的中性点同时并接在一台消弧线圈上运行。

⑤若需要将消弧线圈由一台变压器的中性点切换到另一台变压器的中性点上运行时,应先将消弧线圈从一台变压器的中性点上拉开再合到另一台变压器的中性点上,以防止消弧线圈同时并接在两台变压器的中性点上运行。

⑥若运行中的变压器与接于该变压器中性点上的消弧线圈一起停电时,最好先停消弧线圈,再停变压器。送电时顺序相反。

⑦当中性点经消弧线圈接地的电网进行线路停、送电操作时,应注意进行以下消弧线圈分接头的相应调节:

a. 电网采用过补偿方式运行情况下,在线路送电操作时,应先调节消弧线圈分接头的位置,增加消弧线圈电感电流后,再送电。线路停电时顺序相反。若采用先将线路送电,再调节(提高)消弧线圈的分接头位置的操作方式,那么在线路已送电,而消弧线圈的分接头位置调节(提高)前这段时间,有可能使电网的 $I_L = I_{DC}$,电网进入完全补偿方式运行。在这段时间内若电网发生单相接地故障,就有可能引起电网串联谐振,产生串联谐振过电压,危害电网的安全运行。若采用先调节(提高)消弧线圈的分接头位置,再将线路送电的操作方式,那么无论在操作前、操作期间,还是在操作完成后,电网始终保持 $I_L > I_{DC}$,即电网始终保持在过补偿方式运行。因此,电网运行是安全的。

b. 电网采用欠补偿方式运行情况下,在线路送电操作时,应先将线路送电,再调节消弧线圈的分接头位置。线路停电时顺序相反。

(2)消弧线圈运行中的检查项目及注意事项

消弧线圈在运行中,电气运行人员应加强巡回检查,以便及时发现异常和缺陷并进行处理,防止异常和缺陷转化为事故。具体检查项目如下:

①消弧线圈的补偿电流以及温度应在正常范围内。

②中性点位移电压不得超过额定相电压的15%;在操作过程中,允许1 h内可超过15%,但不得超过30%。

③当电网发生单相接地故障时,应加强对消弧线圈及其所属设备的检查,并监视所属仪表的指示值和信号情况,以判明接地相,及时作好记录并汇报调度。

④接地故障或其他原因导致消弧线圈带负荷运行时,其上层油温不得超过95 ℃,其时间不得超过运行规程规定或铭牌规定。

⑤定期检查气体继电器的情况,并按规定及时进行放气操作。

⑥消弧线圈的油色应正常,油位应在正常范围内。上层油温不得超过85 ℃,消弧线圈本体无渗油、漏油现象。

⑦消弧线圈声音应正常。

⑧所属套管、支持绝缘子以及隔离开关、防爆玻璃等附件应完好,无破损和裂纹现象。

⑨检查外壳和中性点的接地装置完好。

⑩检查吸潮剂颜色以判明是否受潮,及时更换吸潮剂。

⑪密切监视信号装置的情况,及时发现问题并处理。

(3)消弧线圈的异常运行及故障处理

①中性点位移电压在相电压额定值的15%~30%,允许运行时间不超过1 h。

②中性点位移电压在相电压额定值的30%～100%，允许在事故时限内运行。

③发生单相接地必须及时排除，接地时限一般不超过2 h。

④发现消弧线圈、接地变压器、阻尼电阻发生下列情况之一时应立即停运：

a. 正常运行情况下，声响明显增大，内部有爆裂声。

b. 严重漏油或喷油，使油面下降到低于油位计的指示限度。

c. 套管有严重的破损和放电现象。

d. 冒烟着火。

e. 附近的设备着火、爆炸或发生其他情况，对成套装置构成严重威胁时。

f. 当发生危及成套装置安全的故障，而有关的保护装置拒动时。

⑤有下列情况之一时，禁止拉合消弧线圈与中性点之间的单相隔离开关：

a. 系统有单相接地现象出现，已听到消弧线圈的"嗡嗡"声。

b. 中性点位移电压大于15%相电压。

项目5.6　电容器运行、巡视与缺陷处理

在电力系统和工业企业用户中，电力电容器主要用来提高电网的功率因数。众所周知，大多数用电设备不仅需要消耗有功功率，而且还需要消耗一定的无功功率。一般情况下，用电设备消耗的无功功率主要为感性无功功率。在电网中通过并联电容器或电容器组（见图5.17），对无功功率进行就地补偿，可提高电网的功率因数，从而降低线路损耗和电压损失，提高电网运行的经济性和电能质量。

图5.17　10 kV并联电容器

5.6.1　电力电容器的操作及注意事项

(1)新装电容器或电容补偿柜投入运行前的检查

电容补偿柜把补偿电容器与开关电器和控制电器组装在一面柜内。

①新装电容器或电容补偿柜投入运行前应按交接试验项目进行试验并合格（检修后的电

容器或电容补偿柜投入运行前应按预防性试验项目进行试验并合格)。

②电容器或电容补偿柜及附属设备情况良好,电容器无渗油、漏油现象。

③各连接部位接触良好,连接牢固。

④放电电阻的容量和电阻值应符合规程要求,并经试验合格。

⑤保护配备完整并动作正常。

⑥所处环境通风良好、干燥。

⑦接地部分接地良好。

(2)电容器或电容补偿柜的操作

电容器在操作过程中会产生操作过电压和合闸涌流,该涌流可达电容器组额定电流的几倍,甚至几十倍,以致引起所在电网电气设备绝缘损坏和电容器击穿。因此,在电容器组或电容补偿柜的操作过程中应特别仔细。

①电容器组或电容补偿柜的投入或退出是根据所在电网电压和功率因数决定的,当变电所全部停电操作时,应首先拉开电容器组或电容补偿柜,然后再进行其他电气设备的停电操作;当变电所恢复供电时,应首先将其他电气设备投入运行,然后根据电压和功率因数情况决定是否投入电容器组或电容补偿柜以及投入的组数(若电容器组或电容补偿柜带有自动控制装置,则会根据电压和功率因数情况自动投入合适的组数)。

②发生下列情况之一时,应立即将电容器组或电容补偿柜退出运行:

a. 电容器组母线电压超过其额定电压的1.1倍或超过规定值。

b. 通过电容器组的电流超过电容器组额定电流的1.3倍。

c. 电容器温度超过规定的允许值。

d. 周围环境温度超过规定的允许值。

e. 电容器内部有异常声音或放电声。

f. 电容器外壳明显膨胀。

g. 电容器瓷套管发生严重放电或闪络。

h. 电容器喷油、起火或油箱爆炸。

③发生下列情况之一时,在没有查明原因的情况下不得将电容器组或电容补偿柜投入运行:

a. 当电容器或电容器组开关跳闸后。

b. 熔断器熔丝熔断后。

④禁止带电荷进行合闸操作。电容器组或电容补偿柜在每次拉闸后,必须通过放电装置进行放电,待电荷消失后才能再进行合闸操作。

5.6.2　电力电容器运行中的检查、维护项目

电力电容器在运行中,要加强检查和维护,及时发现异常和缺陷并进行处理,防止异常和缺陷转化为事故。具体检查项目如下:

①各连接部位应接触良好,无发热现象。

②电容器或电容补偿柜及附属设备情况良好。

③电容器无渗油、漏油现象。

④电容器内部无异常声音或放电声。

⑤电容器瓷套管无放电或闪络现象。

⑥电容器外壳应无变形。

⑦带有自动控制装置的电容器组或电容补偿柜应能根据电压和功率因数的变化,自动控制电容器投入运行的组数,使电压和功率因数在规定的范围内。

⑧接地部位接地良好。

5.6.3 电力电容器的故障处理

电力电容器的故障处理见表5.4。

表5.4 电力电容器的故障处理

故障现象	产生原因	处理方法
外壳鼓肚变形	1.介质内产生局部放电,使介质分解而析出气体 2.部分元件击穿或极对外壳击穿,使介质析出气体	立即将其退出运行
渗漏油	1.搬运时提拿瓷套,使法兰焊接处裂缝 2.接线时拧螺钉过紧,瓷套焊接处损伤 3.产品制造缺陷 4.温度急剧变化 5.漆层脱落,外壳锈蚀	1.用铅锡料补焊,但勿使过热,以免瓷套管上银层脱落 2.改进接线方法,消除接线应力,接线时勿搬摇瓷套,勿用猛力拧螺母 3.防爆晒,加强通风 4.及时除锈、补漆
温度过高	1.环境温度过高,电容器布置过密 2.高次谐波电流影响 3.频繁切合电容器,反复受过电压的作用 4.介质老化,$\tan\delta$不断增大	1.改善通风条件,增大电容器间隙 2.加装串联电抗器 3.采取措施,限制操作过电压及涌流 4 停止使用及时更换
爆炸着火	内部发生极间或机壳间击穿而又无适当保护时,与之并联的电容器组对它放电,因能量大爆炸着火	1.立即断开电源 2.用沙子或干式灭火器灭火
单台熔丝熔断	1.过电流 2.电容器内部短路 3.外壳绝缘故障	1.严格控制运行电压 2.测量绝缘,对于双极对地绝缘电阻不合格或交流耐压不合格的应及时更换。投入后继续熔断,则应退出该电容器 3.查清原因,更换保险。若内部短路则应将其退出运行 4.因保险熔断,引起相对电流不平衡接近2.5%时,应更换故障电容器或拆除其他相电容器进行调整

遇有下列情况时，应退出电容器：

①电容器发生爆炸。

②接头严重发热或电容器外壳示温蜡片熔化。

③电容器套管发生破裂并有闪络放电。

④电容器严重喷油或起火。

⑤电容器外壳明显膨胀，有油质流出或三相电流不平衡超过5%以上，以及电容器或电抗器内部有异常声响。

⑥当电容器外壳温度超过55 ℃，或室温超过40 ℃，采取降温措施无效时。

⑦密集型并联电容器压力释放阀动作时。

变电站全站停电或接有电容器的母线失压时，应先拉开该母线上的电容器断路器，再拉开线路断路器；来电后，根据母线电压及系统无功补偿情况最后投入电容器。

5.6.4 仿真练习

学生在仿真系统中对电容器、电抗器按照巡视要点进行巡视。

教师在教员台对电容器、电抗器设置缺陷（见图5.18），学生进行查找处理。

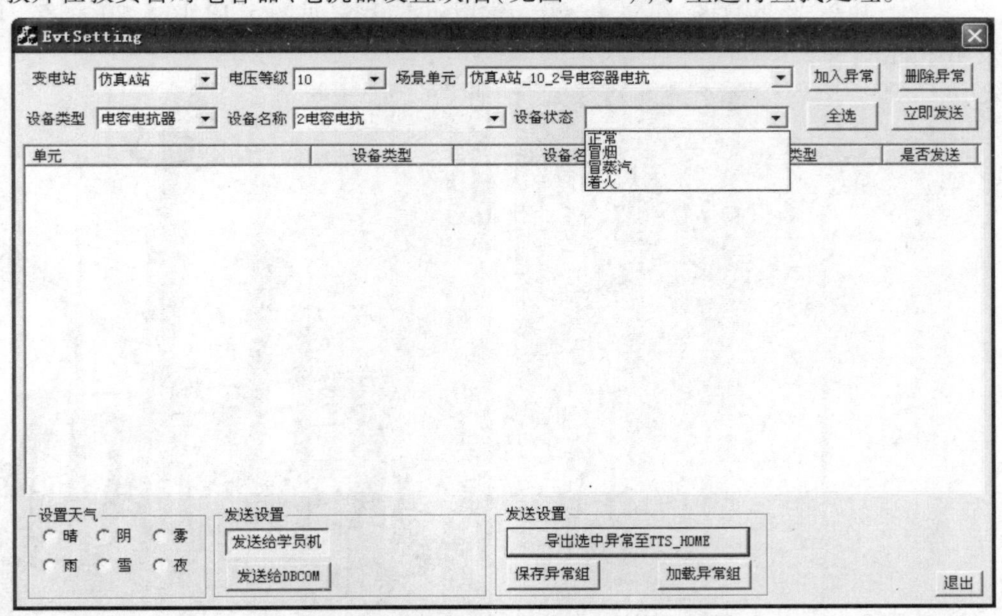

图5.18 教员台设置电容器、电抗器缺陷

项目5.7 防雷装置、母线运行、巡视与缺陷处理

5.7.1 防雷装置的运行

电气设备在日常运行中，除了要承受正常工作电压外，还要遭受各种过电压的侵袭。这些过电压主要包括由于雷电引起的雷电过电压及操作引起的操作过电压。为此，必须采取有效措施来限制过电压。避雷器就是一种用于限制过电压的主要设备之一。它通常接于导线

与大地之间,与被保护设备并联,当雷电过电压值达到避雷器动作电压时,避雷器就会立即动作,从而起到保护设备、保证电网安全运行的目的。

防雷装置是使电气设备免遭雷击和雷电波入侵的装置。在电力系统中,防雷装置是必不可少的安全装置。防雷装置的工作原理:设法将各种类型的雷击引向防雷装置自身,并通过接地装置将高电压、大电流的雷电波引入大地,从而使被保护的电气设备免遭雷击;或者将高电压、大电流的雷电波在入侵电气设备前,通过防雷装置及其附属的接地装置引入大地,使被保护的电气设备免遭雷电波入侵。

图 5.19　避雷线

由上述分析可知,防雷装置必须与接地装置配合使用方能起到防雷的作用。电气设备某部分经导体与大地良好的连接称为接地,它是由接地装置来实现的。

(1)防雷装置的类型

防雷装置尽管形式多样,但其主要结构是由引雷部分、接地引下线和接地体 3 部分组成。常用防雷设备(见图 5.19、图 5.20、图 5.21)的类型及用途如下:

图 5.20　避雷针

图 5.21　避雷器

1)避雷器

它主要用于保护电气设备免遭雷电波的入侵。避雷器主要有阀型避雷器、管型避雷器和金属氧化物避雷器等。

2）避雷针

它主要用于保护建筑物或户外电气设备（如户外安装的变压器、配电装置等）免遭直击雷的雷击。

3）避雷线

它又称为架空地线，主要用于保护输电线路免遭直击雷的雷击。

4）避雷网和避雷带

它主要用于保护建筑物免遭直击雷的雷击。建筑物的屋角、屋檐等凸出部位都应装设避雷带。

5）保护间隙

某些要求不高的情况下可用保护间隙代替避雷器。

此外，感应雷也会严重威胁建筑物的安全和电力系统的正常运行。预防感应雷的主要措施是将建筑物内的金属设备、金属管道及结构钢筋等可靠接地。

(2)防雷装置投运前的检查

为了保证防雷装置投入使用后能安全可靠地工作，防雷装置在投入运行前必须经过仔细、全面的检查。具体要求如下：

①防雷装置的接地电阻应符合规定要求。

②各连接部位连接良好，无松动现象，焊接部位焊接合格。

③避雷器已完成各项试验并符合要求。

④防雷装置各组成部分应无异常。

⑤避雷器本体无裂纹、无脏污及无破损现象。

⑥控制部分动作正常。

⑦检查避雷器与被保护设备之间的电气距离是否符合要求。避雷器应尽量靠近被保护的电气设备。10 kV及以下变压器与阀型避雷器之间的电气距离应符合表5.5所示的要求。

表5.5　避雷器与10 kV及以下变压器的最大电气距离

雷雨季节经常运行的进线同路数	1	2	3	4
允许的最大电气距离/m	15	23	27	30

(3)防雷装置运行中的检查

防雷装置在运行中，要加强巡检，及时发现异常和缺陷并进行处理，严防防雷装置形同虚设或防雷性能下降。具体检查项目如下：

①防雷装置引雷部分、接地引下线和接地体三者之间连接良好。

②运行中应定期测试接地电阻，接地电阻应符合规定要求。

③避雷器应定期做好预防性试验。

④避雷针、避雷线及其接地线应无机械损伤和锈蚀现象。

⑤避雷器绝缘套管应完整，表面应无裂纹、无严重污染和绝缘剥落等现象。

⑥定期抄录放电记录器所指示的避雷器的动作次数。

⑦系统出现过电压或雷雨后,应对避雷器进行检查,检查记录器是否动作,并做好记录。

⑧接地部分接地应良好。

⑨雷雨天气巡视设备,不得靠近避雷针和避雷器。

此外,在每年的雷雨季节来临之前,应进行一次全面的检查、维护,并进行必要的电气预防性试验。具体的试验项目(其中有关避雷器部分是以阀型避雷器为例)如下:

①测量接地部分的接地电阻。

②避雷器标称电流下的残压试验。

③避雷器工频放电电压试验。

④避雷器密封试验等。

(4)避雷器的故障处理

避雷器缺陷的处理办法见表5.6。表5.6中,整体更换是指对避雷器进行更换。需更换的避雷器如存有与之相同型号的经试验合格的备品,可直接进行更换。如所使用的备品不能完全满足长期安全运行的所有条件时,则应尽快根据避雷器的选型、订货要求重新购置。更换后的避雷器应送试验室做进一步分析。

表5.6　避雷器缺陷的处理办法

缺陷部位		缺陷的处理方法		
		一般缺陷	严重缺陷	危急缺陷
放电动作计数器		更换	—	—
绝缘基座	绝缘	检修	—	—
	裂纹	—	特殊巡视、更换	更换
瓷绝缘外套	积污	检修	检修	检修
	裂纹或破损	—	整体更换	—
本体试验、泄漏电流在线监测		—	特殊巡视	整体更换
一般金属件、引流线接地引下线、连接件		检修	检修或更换	检修或更换
均压环		—	检修	检修或更换
端子及密封结构金属件		—	特殊巡视	整体更换
充气压力		检修	检修或整体更换	整体更换

缺陷处理完毕后,无论缺陷是否消除,都应对缺陷的处理方法及缺陷的消除情况在设备的缺陷处理及消缺记录中进行详细记载。

5.7.2　母线的运行

母线(见图5.22)又称为汇流排,它的作用是汇集电能和分配电能。

图5.22　变电站母线

母线分为两大类,即软母线和硬母线。软母线由多股铜绞线或钢芯铝绞线(以钢芯铝绞线居多)组成,主要用于110 kV及以上电压等级的户外配电装置。硬母线由铜排或铝排组成,主要用于35 kV及以下电压等级的户内配电装置。

在三相交流电路中,用不同颜色来区分不同相别的母线;在直流电路中,用不同颜色来区分直流正、负极,见表5.7。

表5.7　母线的色标

母线用途	直流正极	直流负极	A相(L1)	B相(L2)	C相(L3)	中性线(接地)	中性线(不接地)
母线颜色	赭	蓝	黄	绿	红	紫带黑色横条	紫

(1)母线及绝缘子在运行中的检查、维护项目及注意事项

母线都是固定在绝缘子上的,谈到母线时离不开绝缘子。一般情况下,母线故障主要是由于绝缘子故障所引起的。母线本身在运行中常见的异常或故障是母线(尤其是母线与母线、母线与其他设备连接处)因电流过大、接触不良而过热。母线及绝缘子在运行中的检查项目如下:

1)正常巡视检查项目及要求

①绝缘子是否清洁,有无裂纹或破损,有无放电痕迹。

②母线不得有开裂、变形现象。

③线夹槽有无松动。

④母线支持绝缘子及母线固定螺栓是否良好牢靠。

⑤母线相与相之间、相对地之间绝缘良好,不得有放电、闪络现象。

⑥母线有无不正常的声音,导线有无断股及烧伤痕迹。

⑦接触点有无过热发红现象。

⑧天气过热、过冷时,母线有无弛度过大或过紧现象,伸缩器是否良好。

⑨母线温度不得超过允许值。母线在运行中各部位允许的最高温度见表5.8。

表5.8 母线各部位允许的最高温度

母线部位	裸母线及其接头处	接触面有锡覆盖层	接触面有银覆盖层	接触面由闪光焊接
最高允许温度/℃	70	85	95	100

2)特殊巡视项目

①降雪时,母线各接头及导线导电部分有无冰溜及发热现象。

②阴雨、大雾天气,瓷质部位有无严重的电晕和放电现象。

③雷雨后,重点检查绝缘子有无破裂和闪络痕迹。

④大风天气,检查导线摆动情况及有无搭挂杂物。

(2)母线及绝缘子异常及事故处理

1)母线连接处发热

①原因

母线在运行中,不仅有负荷电流流过,而且在接于母线的电气线路或设备发生短路等事故时,会受到短路电流的冲击。当母线连接处接触不良时,则接头处的接触电阻增大,加速接触部位的氧化和腐蚀,使接触电阻进一步加大,形成恶性循环,最终使母线局部过热。母线连接处发热,绝大多数是因为连接不良造成的。

②危害

若母线发生局部过热,会引起恶性循环,导致发热的进一步加剧。母线发热若长期得不到处理,最终会严重到熔断母线,造成停电或电气设备损坏的重大事故。因此,电气运行人员在日常巡视中,应密切观察母线(尤其是各连接处)的发热情况,防止母线过热。

③预防和处理

预防的办法是加强巡视,严格控制流过母线的电流,防止接于母线的电气线路或设备发生事故。处理办法是发现母线发热后,在可能的情况下应设法降低流过发热处的电流;发热严重时,应尽快将负荷转移到备用母线上,将发热母线停电检修。

2)母线对地闪络

①原因

母线在运行中,发生对地闪络的原因主要是由于绝缘子表面脏污使绝缘电阻下降,或者是绝缘子有裂缝等故障造成的。

②危害

若母线对地放电或闪络会引起母线接地,从而导致全厂(全所)停电的重大事故。

③预防和处理

预防的办法是加强日常维护,保证绝缘子表面清洁、干燥、无杂物。另外,加强运行中的巡视,力争在闪络的初期(还没有发生母线与地之间的贯通性闪络)就能得到处理,以防止母线接地事故的发生。处理办法:若闪络是由于绝缘子表面脏污造成的,则停电(某些时候也可以不停电,但要遵守电业安全规程及相关操作规程)后对绝缘子表面进行清理;若闪络是由于绝缘子损坏(如表面开裂等)造成的,则更换绝缘子。在电力系统中,因绝缘子表面脏污使绝缘电阻下降或绝缘子损坏造成的事故比例较高,而且由此产生的事故往往较严重。因此,电气运行人员在巡视配电装置中,应重点加强对绝缘子的检查。

注意:在处理10 kV母线发生单相接地时,室内人员与故障点的距离不得小于4 m,值班人员应迅速查明故障点并立即汇报调度,及时进行处理,防止发展成相间短路。值班人员进行检查时必须穿绝缘靴,接触设备外壳应戴绝缘手套。

5.7.3 仿真练习

学生在仿真系统中对避雷器、母线按照巡视要点进行巡视。

教师在教员台对避雷器设置缺陷(见图5.23),学生进行查找处理。

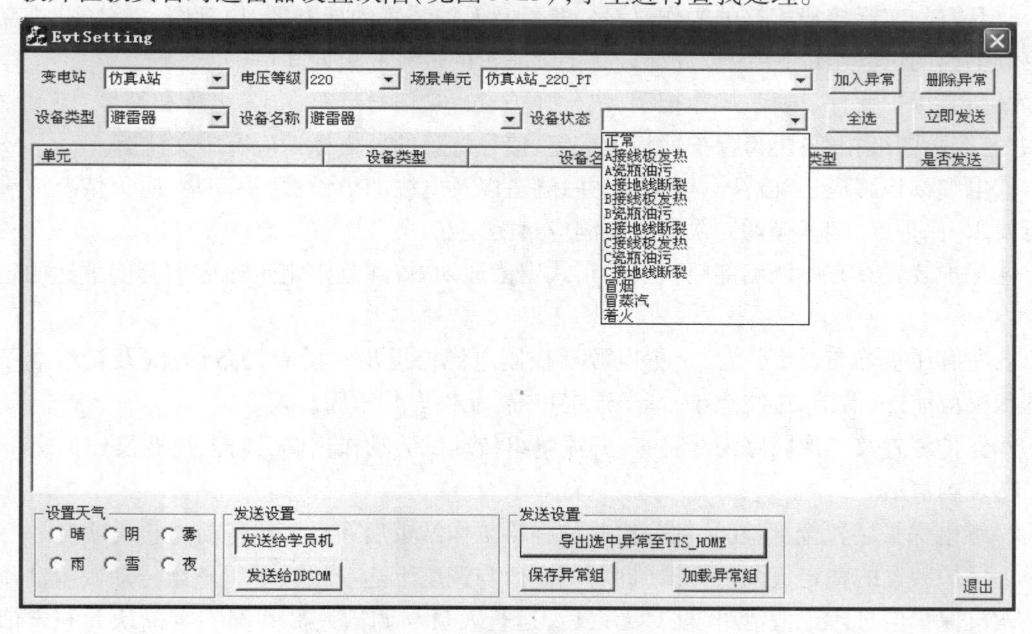

图5.23 教员台设置避雷器缺陷

项目5.8 二次设备运行与维护

二次回路(见图5.24)是指发电厂、变电所的测量仪表、监察装置、信号装置、控制和同期装置、继电保护和自动装置等所组成的电路。二次回路的任务是反映一次系统的工作状态,控制一次系统并在一次系统发生事故时能使事故部分迅速退出工作。二次回路在系统运行中都必须处于完好状态,应能随时对系统中发生的各种故障或异常运行状态作出正确的反应,否则将造成严重的后果。

图 5.24　变电站二次设备

5.8.1　二次回路投入运行前的检查项目及注意事项

继电保护装置投入运行前的检查项目及注意事项：

1)新装置验收投入运行前应具备的条件

①具有与实际接线相符的操作、信号、测量及保护装置的展开图、原理图、安装图、产品说明书和书面的试验结论;更改设计部分有手续完善的设计变更通知单。

②所有保护元件、压板、操作把手、快分开关、按钮、信号灯等标志(名称和编号)应完整清晰,并与实际图纸相符;进口保护面板上按钮、信号灯等的外文标识应有中文注解。

③电缆标识牌应正确清晰,电缆沟、井、隧道以及电缆的敷设、防小动物、防火情况应满足运行要求,保护屏、端子箱的二次电缆孔洞应封闭完好。

④保护装置具有由调度部门下达的正式定值通知单,并且整定定值应与调度下达的定值相符。

⑤所有压板均在退出位置,装置电源及控制电源已退出。所有设备、导线及接线端子的外部状况应完好、清洁,接线完整,端子连接可靠,元件安装牢固。

⑥保护装置及二次回路绝缘检查、升流整组传动试验动作正确,遥控、遥调操作正确。

⑦现场清洁。

2)继电保护装置全部检验、部分检验或临检工作结束后在投入运行前的验收项目

①保护装置的整定值调整无误(即所调定值与调度下达一致),装置整组传动试验动作正确。微机保护应打印定值清单,核对无误后,运行人员与调试人员共同签字确认并与定值通知单一起存档。

②压板投退位置与检验前的位置一致,保护屏内接线全部恢复完毕。

③继电保护工作记录本上填写的内容应正确、完整(包括工作内容、发现的问题及处理情况),并有调试检验人员“可以投入运行”的书面结论记录和工作负责人签名。

3)新安装及检修后的保护装置投入运行前应检查的项目及要求

①保护装置具有调试检验人员“可以投入运行”的书面结论记录。

②保护装置外观检查正常,无异常响声、振动等情况,运行指示灯、电源监视灯应正常点亮,无保护动作及告警信号。

③装置面板上及保护屏上指示的开关位置正确。

④保护屏上所有压板、快分开关、切换把手的位置正确。

⑤所有保护出口压板在合上前应进行测试，判断保护处于不动作状态，合上后应检查压板是否接触良好。

⑥保护屏上的打印机运行正常（电源指示灯点亮、无任何报警信号灯亮），打印纸安装正确、纸量充足。

5.8.2　继电保护和自动装置投停操作的有关规定

正常情况下，继电保护和自动装置投入运行或退出运行的操作，应遵照值班调度员或值长的命令执行。在投入前必须对其回路进行周密检查。检查的内容如下：

①该回路无人工作，工作票已经结束、收回。

②继电器外壳盖好，全部铅封。

③保护定值符合规定数值。

④二次回路拆开的线头已恢复等。

值班人员若需投入继电保护和自动装置时，应先投入交流电源（如电压或电流回路等），后送上直流电源，为防止寄生回路引起保护装置误动，在装直流控制保险或快分开关时，应按先正极、后负极的顺序操作；取控制保险时，顺序相反；此后应检查继电器接触位置是否正常，信号灯表计指示是否正确，然后加入信号连接片（若需将保护投入跳闸位置或将自动装置投入运行位置时，须用高内阻直流电压表或万能表测定连接片两端无电压后，方能投入连接片）。继电保护和自动装置退出时的操作顺序与此相反。

在一次系统操作中，为防止保护误动，需改变其保护运行方式时，应将保护退出运行后，方可操作；操作完毕后，应根据操作后的运行方式投入其保护。

5.8.3　微机保护使用注意事项

①微机保护在打印报告时，如需中途停止应按“Q”键退回上一菜单，而不应按“RST”复位键，只有在不得已时才按“RST”键。在“不对应”或调试状态下，在人机接口板上按“RST”键，容易引起各CPU告警。

②微机保护在调试结束后应封上插件的卡条，严禁带电插拔插件。

③保护投退可通过断开出口硬连接片及通过对相应开关型定值（软开关）整定为OFF两种方法来实现。对有人值班变电所，应尽量使所有保护出口都有硬连接片，保护投退操作必须操作硬连接片。对无人值班变电所，可使用软开关方式在远方投退保护，但在软开关投退保护的前后，都必须远方先查看保护软开关实际状态。无人值班变电所在保护现场检修、整定工作前也应按规程规定退出硬连接片，待工作结束后再投入硬连接片。

5.8.4　二次回路综合检查项目

①检查一、二次设备应无尘土，以保证其绝缘良好。应定期对二次线、端子排、控制仪表和继电器等进行清扫。清扫时要谨慎，严防误触电或引起误动。

②检查表针指示是否正确，有无异常。

③检查监视灯、指示灯是否正确，光字牌是否良好，保护压板是否在要求的投、切位置。

④检查信号继电器是否掉牌。

⑤检查警铃、蜂鸣器是否良好。

⑥检查继电器的触点、线圈外观是否正常,继电器运行是否有异常现象。

⑦检查保护的操作部件,如熔断器、电源小刀闸、保护方式切换开关、连接片、电流和电压回路的试验部件是否处在正确位置并接触良好。

⑧检查各类保护的工作电源是否正常可靠。

5.8.5 二次回路异常及事故处理

(1)继电保护装置异常

1)继电保护拒动

设备发生故障后,由于继电保护的原因使断路器不能动作跳闸,称为继电保护拒动。拒动的可能原因:继电器故障;保护回路不通,如电流回路开路,保护连接片、断路器辅助触点、继电器触点等接触不良及回路断线;电流互感器变比选择不当,故障时电流互感器严重饱和,不能正确反映故障电流的变化;保护整定值计算及调试中发生错误,造成故障时保护不能启动;直流系统多点接地,将出口中间继电器或跳闸线圈短路。

2)继电保护误动

继电保护误动的原因有:直流系统多点接地,使出口中间继电器或跳闸线圈励磁动作;运行中保护定值变化,使保护失去选择;保护接线错误,或极性接反;保护整定值计算或调试不正确,如整定值过小、用户负荷增大过多,双网路供电线路其中一条线路停电另一条线路运行时,保护未按规定改大定值等造成误跳闸;保护回路工作的安全措施不当,如未断开应拆开的接线端子和联跳连接片,误碰、误触及误接线等,使断路器误跳闸;电压互感器二次断线,如电压互感器的熔断器熔断、断线闭锁不可靠时,保护可能误动。此情况下,一般会有“电压回路断线”信号、电压表指示不正确。

3)继电保护回路常见的异常

继电保护回路常见的异常有:继电器故障,线圈冒烟,回路断线;继电器触点粘连分不开或接触不良;保护连接片未投、误投、误切;继电器触点振动较大或位置不正确。

继电保护回路出现上述异常时应立即停用有关保护,并尽快报告调度员及保护专责人员,以便进行处理。

(2)自动装置异常

重合闸拒动的主要原因如下:

①重合闸失去电源。

②断路器合闸回路接触不良。

③重合闸装置内部时间继电器或中间继电器线圈断线或接触不良。

④重合闸装置内部电容器或充电回路故障。

⑤重合闸连接片接触不良。

⑥防跳跃中间继电器的动断触点接触不良。

⑦合闸熔断器熔断或合闸接触器损坏。

(3)中央信号装置异常

中央信号装置是监视变电所电气设备运行中是否发生了事故和异常的自动报警装置。当电气设备或系统发生事故或异常时,相应的信号装置将会发出各种灯光及音响信号,以使运行值班人员能迅速准确地判断处理。

中央信号装置按用途可分为事故信号、预告信号和位置信号3类。事故信号包括音响信号和发光信号,如当断路器跳闸后,蜂鸣器发生音响,通知值班人员有事故发生,同时跳闸的断路器位置指示灯闪光,光字牌亮,显示出故障的范围和性质。预告信号包括警铃和光字牌,当电气设备发生危及安全运行的情况时,警铃发生音响,同时光字牌显示电气设备异常的种类。位置信号用来监视断路器的开合状态及操作把手的位置是否对应。

中央信号装置运行中的异常主要有以下两种:

1)事故音响信号不响

断路器自动跳闸后,蜂鸣器不能发出音响。其原因如下:

①蜂鸣器损坏。

②冲击继电器发生故障。

③跳闸断路器的事故音响回路发生故障,如信号电源的负极熔断器熔断,断路器辅助触点、控制开关触点接触不良。

④直流母线电压太低。

2)预告信号不动作

电气设备发生异常时,相应的预告信号不动作。其原因如下:

①警铃故障。

②冲击继电器故障。

③预告信号回路不通等。

(4)控制、信号回路常见的异常

1)控制、信号回路熔断器熔断

信号回路熔断器熔断后,信号灯熄灭;控制回路熔断器熔断后,有预告信号和光字牌“控制熔断器熔断”出现。此时,值班人员应尽快更换熔断器。更换时,应注意使用同样电流的备用件熔断器。

2)端子排连接松动

二次回路中任何端子排都应安装牢固,接触良好。若发现二次回路端子排连接松动,以及有发热现象时,应立即紧固。紧固时,注意不要误碰其他端子排,更不要造成端子间的短路。

3)小母线引线松脱

小母线引线松脱是巡视检查中不易发现的缺陷。变电所中小母线很多,因此应根据仪表、信号灯、光字牌等出现的现象来分析、判断小母线引线接触不良的情况。

4)指示仪表卡涩、失灵

指示仪表是运行人员的眼睛,如果指示错误,将会造成值班人员的错误判断。仪表无指示的可能原因:回路断线,接头松动;熔断器熔断;表针卡死;表针损坏。

思考题

1. 巡视检查电气设备的基本方法有哪些?
2. 变压器中性点倒换操作的原则是什么?
3. 油浸式变压器正常运行时的上层油温允许值和允许温升分别是多少?
4. 什么情况下应对变压器进行特殊巡视检查?
5. 断路器合闸失灵、分闸失灵的原因和处理方法是什么?
6. 严禁用隔离开关进行什么操作?
7. 隔离开关接头发热该如何处理?
8. 电压互感器的送电操作步骤是什么?
9. 消弧线圈的操作原则及注意事项有哪些?
10. 电容器的巡视检查项目有哪些?
11. 防雷装置运行中的检查项目有哪些?
12. 继电保护和自动装置投停操作的有关规定是什么?

技能题

1. 学生在仿真机上对一、二次设备按照巡视要点进行巡视检查。

2. 教师在教员台对主变、断路器、隔离开关、互感器、避雷器、电容器设置缺陷,学生进行查找处理。

单元6 变电站倒闸操作

知识目标

➢ 能描述倒闸操作的概念及电气设备各种状态的含义。

➢ 熟悉电气设备倒闸操作的规定、原则,熟悉操作票的填写规范、执行流程。

➢ 理解开关停送电、线路停送电、PT停送电、旁路带路、母线停送电、主变停送电的倒闸操作步骤。

技能目标

➢ 在熟悉变电站的一、二次系统的基础上,能根据操作任务填写倒闸操作票。

➢ 能在仿真机上进行开关停送电、线路停送电、PT停送电、旁路带路、母线停送电、主变停送电的倒闸操作。

➢ 能对工作现场进行危险点分析及控制。

项目6.1 倒闸操作概述

6.1.1 倒闸操作的一般规定

(1)倒闸操作的概念

电气设备分为运行、热备用(备用)、冷备用(停用)、检修4种状态,为适应电力系统运行方式改变的需要,将设备由一种状态转变为另一种状态的过程,称为倒闸,所进行的操作称为倒闸操作。这些操作包括拉开或合上某些断路器和隔离开关,断开或投入相应的直流回路;改变继电保护和自动装置的定值或运行状态;拆除或安装临时接地线等。为了保证上述操作正确无误地进行,要求在操作过程中进行必要的检查。

根据值班调度员或值班负责人的命令,在电气设备运行、备用、检修等状态之间转换需要进行多项作业时应使用倒闸操作票。操作票是在电力系统中进行电气操作的书面依据,是防止误操作的主要措施。

(2)电气设备的状态

1)运行状态

电气设备的运行状态是指断路器及隔离开关都在合闸位置,将电源至负载间的电路接通(包括辅助设备如仪表、互感器、避雷器等)。

2)热备用状态

电气设备的热备用状态是指断路器在断开位置,而隔离开关仍在合闸位置,其特点是断路器一经操作即接通电源。

3)冷备用状态

电气设备的冷备用状态是指设备的断路器及隔离开关均在断开位置。其显著特点是该设备(如断路器)与其他带电部分之间有明显的断开点。

4)检修状态

电气设备的检修状态是该设备的断路器和隔离开关均已断开,检修设备(如断路器)两侧装设了保护接地线或合上接地隔离开关,并悬挂了工作标识牌,安装了临时遮栏,该设备即作为处于检修状态。装设临时遮栏的目的是将工作场所与带电设备区域相隔离,限制工作人员的活动范围,以防在工作中因疏忽而误碰高压带电部分。

(3)对倒闸操作的一般规定

①倒闸操作必须根据值班调度员或电气负责人的命令,受令人复诵无误后执行。

②发布命令应准确、清晰,使用正规操作术语和设备双重名称,即设备名称和编号。

③发令人使用电话发布命令前,应先和受令人互报单位和姓名,发布和听取命令的全过程都要录音并做好记录。对指令有疑问时应向发令人询问清楚无误后执行。

④倒闸操作由操作人填写操作票。

⑤单人值班,操作票由发令人用电话向值班员传达,值班员应根据传达填写操作票,复诵无误,并在监护人签名处填入发令人姓名。

⑥每张操作票只能填写一个操作任务。

⑦倒闸操作必须有两人执行,其中一人对设备较为熟悉者作监护,受令人复诵无误后执行;单人值班的变电所倒闸操作可由一人进行。

⑧开始操作前,应根据操作票的顺序先在模拟图(或微机防误装置、微机监控装置)上进行核对性模拟预演,预演无误后,再进行实地操作。

⑨操作前,应先核对设备的名称、编号和位置,并检查断路器、隔离开关、自动开关、刀开关的通断位置与操作票所写的是否相符。

⑩操作中,应认真执行复诵制、监护制,发布操作命令和复诵操作命令都应严肃认真,声音洪亮、清晰,必须按操作票填写的顺序逐项操作,每操作完一项应有监护人检查无误后在操作票项目前打"√";全部操作完毕后再核查一遍。

⑪操作中发生疑问时,应立即停止操作并向值班调度员或电气负责人报告,弄清楚问题后再进行操作,不准擅自更改操作票。

⑫操作人员与带电导体应保持足够的安全距离,同时应穿长袖衣服和长裤。

⑬用绝缘棒拉、合高压隔离开关及跌落式开关或经传动机构拉、合高压断路器及高压隔离开关时,均应戴绝缘手套;操作室外设备时,还应穿绝缘靴。雷电时禁止进行倒闸操作。

⑭装卸高压熔丝管时,必要时使用绝缘夹钳或绝缘杆,应带护目眼镜和绝缘手套,并应站在绝缘垫(台)上。

⑮雨天操作室外高压设备时,绝缘棒应带有防雨罩,还应穿绝缘靴。

⑯变、配电所(室)的值班员,应熟悉电气设备调度范围的划分;凡属供电局调度的设备,均应按调度员的操作命令方可进行操作。

⑰不受供电局调度的双电源(包括自发电)用电单位,严禁并路倒闸(倒闸时应先停常用电源,"检查并确认在开位",后送备用电源)。

⑱在发生人身触电事故时,可以不经许可即行断开有关设备的电源,但事后必须立即报告上级。

(4)倒闸操作基本原则

变电运行人员在进行倒闸操作时,应遵循下列基本原则:

1)停送电操作原则

①拉、合隔离开关及小车断路器停、送电时,必须检查并确认断路器在断开位置(倒母线除外,此时母线联络断路器必须合上)。

②严禁带负荷拉、合隔离开关,所装电气和机械防误闭锁装置不能随意退出。

③停电时,先断开断路器,再拉开负荷侧隔离开关,最后拉开母线侧隔离开关;送电时,先合上电源侧隔离开关,再合上负荷侧隔离开关,最后合上断路器。

④手动操作过程中,若发现误拉隔离开关,不准把已拉开的隔离开关重新合上。只有用手动蜗轮传动的隔离开关,在动触头未离开静触头刀刃之前,允许将误拉的隔离开关重新合上,不再操作。

⑤超高压线路送电时,必须先投入并联电抗器后再合线路断路器。

⑥线路停电前要先停用重合闸装置,送电后要再投入。

2)母线倒闸操作原则

①倒母线必须先合上母线联络断路器,并取下控制熔断器,以保证母线隔离开关在并、解列时满足等电位操作的要求。

②在母线隔离开关的合、拉过程中,如可能产生较大火花时,应依次先合靠母线联络断路器最近的母线隔离开关;拉闸的顺序则与其相反。尽量减小操作母线隔离开关时的电位差。

③拉母线联络断路器前,母线联络断路器的电流表应指示为零;同时,母线隔离开关辅助触点、位置指示器应切换正常。以防"漏"倒设备,或从母线电压互感器二次侧反充电,引起事故。

④倒母线的过程中,母线差动保护的工作原理如不遭到破坏,一般均应投入运行。同时应考虑母线差动保护非选择性开关的拉、合及低电压闭锁母线差动保护压板的切换。

⑤母线联络断路器因故不能使用,必须用母线隔离开关拉、合空载母线时,应先将该母线电压互感器二次侧断开(取下熔断器或低压断路器),防止运行母线的电压互感器熔断器熔断或低压断路器跳闸。

⑥母线停电后需做安全措施的,应验明母线无电压后,方可合上该母线的接地开关或装设接地线。

⑦向检修后或处于备用状态的母线充电,充电断路器有速断保护时,应优先使用;无速断保护时,其主保护必须加用。

⑧母线倒闸操作时,先给备用母线充电,检查两组母线电压相等,确认母线联络断路器已合好后,取下其控制电源熔断器,然后进行母线隔离开关的切换操作。母线联络断路器

断开前,必须确认负荷已全部转移,母线联络断路器电流表指示为零,再断开母线联络断路器。

3)变压器的停、送电操作原则

①双绕组升压变压器停电时,应先拉开高压侧断路器,再拉开低压侧断路器,最后拉开两侧隔离开关。送电时的操作顺序与此相反。

②双绕组降压变压器停电时,应先拉开低压侧断路器,再拉开高压侧断路器,最后拉开两侧隔离开关。送电时的操作顺序与此相反。

③三绕组升压变压器停电时,应依次拉开高、中、低压三侧断路器,再拉开三侧隔离开关。送电时的操作顺序与此相反。

④三绕组降压变压器停、送电的操作顺序与三绕组升压变压器相反。

总的来说,变压器停电时,先拉开负荷侧断路器,后拉开电源侧断路器。送电时的操作顺序与此相反。

4)消弧线圈操作原则

①消弧线圈隔离开关的拉、合均必须在确认该系统中不在接地故障的情况下进行。

②消弧线圈在两台变压器中性点之间切换使用时应先拉后合,即任何时间不得在两台变压器中性点使用消弧线圈。

5)重点防止的误操作

①防止误分、误合断路器。即只有操作指令与操作设备对应才能对被操作设备操作。

②防止带负荷分、合隔离开关。即断路器、负荷开关、接触器合闸状态不能操作隔离开关。

③防止带电挂(合)接地线(接地开关)。即只有在断路器分闸状态,才能挂接地线或合上接地开关。

④防止带地线送电。即防止带接地线(接地开关)合断路器(隔离开关)。

⑤防止误入带电间隔。即只有隔室不带电时,才能开门进入隔室。

6.1.2 操作票的填写

要完成一个倒闸操作任务一般都需要十几项甚至几十项的操作,对这种复杂的操作,仅靠记忆是办不到也是不允许的。血的教训告诉人们:填写操作票是进行倒闸操作必不可少的一个重要环节,是进行具体操作的依据,它把经过深思熟虑制订的操作项目记录下来,从而根据操作票面上填写的内容进行有条不紊的操作。因此,填写操作票、执行操作票制度是防止误操作的主要组织措施之一。

(1)操作票的使用范围

以下情况必须填写和使用倒闸操作票:

①一个操作任务有两项及两项以上的操作(不允许一个任务分成几个单项操作而不填用操作票)。

②装设接地线或推上接地刀闸。

③拆除接地线或拉开接地刀闸。

④重要的低压交直流电源系统的倒闸操作，如站用变及站用母线的倒换、直流母线的倒换等。

在下列情况下，允许不填写操作票进行倒闸操作，但必须明确指定监护人和操作人。

①事故处理时，可以不填写操作票。

说明：所谓事故处理是指为了迅速处理事故，不使事故延伸扩大而进行的紧急处理、切除故障点和将有关设备恢复运行的操作，以及在发生人身触电时紧急断开有关设备电源的操作。紧急处理操作不包括故障设备转入检修或修复后恢复送电所需要的操作。

②拉、合开关的单一操作。

上述操作在完成后应作好记录，事故应急处理应保存原始记录。

(2)倒闸操作票格式

变电站倒闸操作票格式见附录2。

(3)操作票填写原则规定

①手写倒闸操作票应用黑色或蓝色的钢(水)笔或圆珠笔逐项填写，字迹应端正清楚，无误认可能。

②操作顺序应正确，无漏、并项，不得发生因操作票缺陷而导致事故、障碍及不安全情况。

③计算机生成的操作票不得涂改，手写倒闸操作票重要文字不得涂改，重要文字包括以下内容：

a. 调度编号及名称。

b. 操作术语中的关键字：动词(如拉开、合上等)和设备状态(如运行、停用等)。

c. 时间。

d. 签字。

④手写操作票的次要文字涂改每张不得超过3处。涂改方法为在写错的字面上打"×"或"="，然后在后面或上面接连书写，不要涂改。操作票在执行过程中，不得增减步骤、跳步，并不得对操作票进行修改、涂改或改变操作顺序，如需要改变，应重新填写操作票。

⑤操作票的签字应本人手签，计算机生成的操作票也应将操作票打印出后手签。

⑥操作票不得使用如"同上""同左"等省略用句或符号，并不得用添项或勾画方式颠倒操作顺序。

⑦对由于调度或设备原因必须减少的操作步骤，并且减少的操作步骤不影响整个操作票的正确性时，可以在操作前加盖"此项未执行"或"以下未执行"章，经监护人、操作人和值班长重新审查无误后执行，并在操作票备注栏注明原因。

⑧操作中因调度改变命令内容，中途停止操作时，在停止操作的首项"顺序"内加盖"以下未执行"章，并在备注栏内注明原因。

⑨操作步骤操作完，应对已操作部分进行复查，无误后，在最后一项"全面检查"打"√"。

⑩填写操作任务时，必须填写双重编号，填写项目可只填写编号。填写双重编号，调度名称在前，编号在后。填写数字，原则上应采用阿拉伯数字。

⑪一张操作票只能填写一个操作任务。

⑫无人值班变电站操作队填写的操作票，两个站的操作不能写入一个操作任务中。

⑬以下情况应填写电压等级（任务栏和项目）：

a. 母线。

b. 电压互感器。

c. 公用保护。

d. 母线分段开关、旁路开关（仅任务栏）。

e. 其他必须填写电压等级方能区分的情况。

⑭全站同时停（送）电及同一电压等级的几个回路同时停（送）电，可列入一个操作任务中。

⑮同期开关操作只在并列或检同期操作时写入操作票。

⑯当保护或自动装置压板有两个以上投入端时，应写明投入的确切位置。

⑰在回路上进行过二次设备的工作后，在投入回路前须逐一检查（或投入）应投入的保护、自动装置压板、空开、保险、切换开关在投入位置或切换位置正确。

（4）操作票各项的填写说明

1）操作任务

①操作任务的填写要简单明了，做到能从操作任务中看出操作对象、操作范围及操作要求。

②操作任务应填写设备双重名称，即电气设备中文名称和编号（中文名称在前，编号在后）（如 220 kV 濛阳甲线 264 开关）。

③每张操作票只能填写一个操作任务。一个操作任务是指根据同一操作命令为了相同的操作目的而进行的一系列相关联并依次进行的不间断倒闸操作过程。一项连续操作任务不得拆分成若干单项任务而进行单项操作。

④操作任务的一般填写格式为

将 ×××	×××	由 ××	转 ××
（线路〈设备〉名称）	（调度编号）	（操作前状态）	（操作后状态）

例如，将 220 kV 濛阳甲线 264 开关由检修转运行至 220 kV 1 号母线。

2）操作项目

①应填入操作票的操作项目中的栏目

a. 应拉合的开关和刀闸。

b. 检查开关和刀闸的位置。

c. 装拆接地线。

d. 检查接地线是否拆除。

e. 插上或取下（合上或拉开）控制回路或电压互感器回路的保险器（小开关）。

f. 切换保护回路（启用或停用继电保护、自动装置及改变其整定值）。

g. 用验电器检验停电的导电部分是否确无电压。

h. 检查负荷分配(如停送主变、线路并解列、联络线路的停送等)。

②操作项目的操作术语

a. 开关:拉开、合上。

b. 刀闸:拉开、合上。

c. 保险:装上、取下。

d. 接地线、绝缘隔板(罩):装设、拆除。

e. 保护及自动装置压板:投入、退出。

f. 手车开关:推至、拉至。

g. 高压保险:装上、取下。

h. 电缆插头:插入、拔出。

i. 切换开关:将××切换开关由××位置倒至××位置。

j. 二次开关:断开、合上。

③操作票检查项目

a. 在手车开关由备用位置拉出或推入备用位置操作前、在操作回路第一副刀闸前或在操作与该回路开关呈串联回路的其他回路的刀闸前,检查相应开关在“分”位。

b. 在操作中拉(合)开关后检查开关确已断开(合好)。

c. 刀闸、接地刀闸拉(合)操作后,检查确已拉开(合好)。

d. 手车开关拉(推)操作后,检查确已拉(推)到位。

e. 设备由停用转备用或运行前,检查回路无接地短路及杂物(写明设备或间隔编号)(如检查121回路无接地短路及杂物)。

f. 解、并列操作(包括变压器解、并列,旁路开关带路操作时的解、并列等)前后,检查相关设备运行正常,检查负荷分配(检查三相电流平衡)并应记录电流值。

g. 母线PT送电操作后应检查电压情况,并记录电压值。

h. 投入平衡或横差保护压板前,检查该平行线路回路电流基本平衡。

i. 二次回路工作后,该回路转运行或备用前,检查回路保护和自动装置是否已按要求投入。

j. 进行倒母线操作时,在倒换第一个回路前,检查母联开关在合位。

k. 对无须操作但必须检查运行状态的开关或刀闸,检查开关(刀闸)确在合(分)位置。

l. 二次电压并列前,检查一次系统并列。

m. 合上(断开)PT二次联络开关后,检查××× kV电压互感器切换装置变化正常。

n. 分、合PT二次开关后,应检查二次开关位置,操作只涉及拉、合PT一次刀闸(手车),应先检查PT二次在断开位置。

o. 操作票最后一项为“全面检查”。

3)备注栏

当操作中因故未执行某项或中断操作,或全部项目未执行,以及其他原因需要说明时,在备注栏写明原因。如雷雨、雷电闪烁厉害、设备失修拉不开或合不上等。

事故处理后的送电操作应在备注栏注明设备停电的原因，如 10 kV × ×线 × ×开关停电时为事故处理。

4）操作票的编号

同一变电站的操作票应事先连续编号，计算机生成的操作票应在正式出票前连续编号，每一个任务编一个号。

操作票票面右上角为操作任务编号，编号方法为：

× × × ×　—　× ×　—　× ×

（年数）　（月数）（顺序编号）

例如，×班、站 2005 年 6 月份第 2 份操作票，编号应为“2005-06-02”。从每年 1 月 1 日至 12 月 31 日全年连续编号，不得重复。每一操作任务的每一页操作票的右上角均应有相同的操作任务编号。

操作票票面下边中部为该项操作票的页数号。

5）操作票单位

变电站名称的填写：填写变电站名称及所在供电分公司（发电厂）的全称，不能简称或用代号。按照国家电网公司要求应先填写站名，后填写电压等级。

例如，太原供电　分公司（厂）　侯村 500 kV　变电站。

大同供电　分公司（厂）　云冈 110 kV　变电站。

6）操作票发令人、受令人、发令时间

发令人应是正值及以上调度员，受令人应是正值及以上运行值班员。自调设备的发令人，应是当值值班负责人或站长。受令人将发令人的名字填入“发令人”栏，并在“受令人”栏填写自己的名字。

发令时间：接受正式操作命令的时间。

7）操作时间

操作开始时间；图板模拟演习正确后的时间。

操作结束时间：操作完毕汇报值班负责人或汇报调度的时间。

8）倒闸操作的分类

第三栏为（　　）监护下操作　（　　）单人操作　（　　）检修人员操作分类选择项，在该操作类型前打“√”。

变电站倒闸操作原则上必须严格执行监护操作制度，如果确有需要实行单人操作或检修人员操作的单位，设备运行管理单位应正式批准实行单人操作的设备、项目及运行人员（检修人员），同时人员应通过专项考核，并报上级部门和调度机构备案。

9）操作票操作项目打“√”

执行栏：当某项具体操作执行后，在该项的执行栏内打“√ ”。

10）操作时间栏

当操作项目为拉开或合上开关及拉（拆）、合（装设）接地刀闸（接地线）时，应填写操作该项目的时间。当操作中断时间较长时,应记录间断开始时间(即上一项执行完毕时间)和恢复操作时间(下一项开始时间)。各供电局、超高压局可根据需要增加需填写时间的项目。

11)操作票签名

第七栏为签字栏,操作人填写操作票完毕后签名;监护人根据模拟图板,核对所填的操作任务和项目,确认无误后签名;如果监护人是值班负责人,还应在值班负责人处签名,如果监护人不是值班负责人的,最后交值班负责人审核签名。

12)操作票盖章

①"以下空白"章。填写并审核某个操作任务的全部项目后,盖在最末项"全面检查"下一格操作项目栏内。

②"未执行"章。已填好的操作票因某种原因未能执行时,盖在操作任务栏左侧,并在备注栏写明原因。

③"已执行"章。已操作完毕的操作票,盖在操作任务栏的右侧。

④"作废"章。盖在作废的操作票任务栏左侧。

⑤"此项未执行"章。当某项因故不能执行时,盖在该项"执行"栏内,并在备注栏写明原因。

⑥"以下未执行"章。某项操作以及以后的所有操作项目因故不能执行时,盖在该项"顺序"栏内,并在备注栏写明原因。

⑦"此项远方操作"章。某项操作需要远方遥控操作时,盖在该项"顺序"栏内。

13)一个操作任务使用多张操作票的情况

一个操作任务连续使用几张操作票时,应在前一页备注栏内加注"接下页",并在后一页任务栏内注明"续前页"。

6.1.3 操作票的执行

(1)操作前准备

1)人员准备

①作业人员必须熟悉《安规》的有关规定,经考试合格;熟悉现场设备和一次接线,并经岗位培训,考试、考核合格。

②操作前,检查着装是否符合要求;监护人和操作人相互检查、监督精神状态和情绪,发现有不适于操作的情况应立即停止操作,并向值班长及站长汇报。

③必须由两人进行,其中一名副值班员(及以上人员)担任操作人,一名主值班员(及以上人员)担任监护人。

2)工、器具准备和检查(根据实际需要进行)

①操作人应负责准备操作前的有关器具:安全帽、验电器、绝缘手套、绝缘靴、雨衣、携带式照明灯、接地线、保险钳、护目镜、仪表、盒式组合工具等(根据不同的操作任务进行准备)。

②监护人和操作人共同负责准备录音器、对讲机、操作票等相关工具和资料以及检查操作人所准备的工具是否完备、良好。

(2)倒闸操作标准化作业全过程

倒闸操作标准化作业全过程见表6.1。

表6.1 倒闸操作标准化作业全过程

阶段	序号	操作过程	标准
受令阶段	1	电话录音	在确认为调度电话后,必须使用电话录音(若当时不具备条件或未及时使用录音,必须请求调度重新下发调度命令)
	2	报名	接受命令时,必须先报“×××变电站,×××”或“操作队,×××”。
	3	接受命令	应听清楚发令调度的姓名,发令时间、操作内容(设备名称、编号、操作任务、是否立即执行及其他注意事项),并同时做好记录(包括时间、下令人、受令人、操作任务,是否立即执行)
	4	受令复诵	根据记录进行复诵,复诵时必须语言清楚,声音洪亮
			复诵内容(时间、设备名称、编号、操作任务、是否立即执行及其他注意事项)必须清晰
			复诵过程中必须使用调度术语
	5	确认操作任务	有需要时重听电话录音确认操作任务及其他注意事项正确
填写操作票阶段	1	填票前准备	检查模拟图板的运行方式与实际运行相符
			检查电脑钥匙完好,能传输操作票
	2	任务交代	由值班负责人向监护人和操作人交代操作任务、注意事项
			由监护人针对操作任务向操作人交代操作注意事项及危险点。操作人应答复“明确”及加以补充
	3	操作票填写	由操作人填写操作票,同时将操作票填写时间填入
	4	审核操作票	值班负责人、监护人审核操作票,必须做到以下4项: 1. 操作票无漏项 2. 操作任务和内容与实际运行方式符合 3. 操作步骤正确、操作内容正确 4. 操作票填写符合《倒闸操作票填写与管理原则规定》
	5	签字认可	监护人、操作人、值班负责人确认操作票正确后分别签字认可

续表

阶段	序号	操作过程	标 准
模拟预演阶段	1	录音器录音	正确开启录音器，并试录音。唱票录制操作票编号、操作任务、监护人、操作人
	2	模拟预演	1. 监护人大声唱票，如“拉开1213刀闸” 2. 操作人手（或用鼠标）指到模拟屏相应设备处大声复诵，如“拉开1213刀闸” 3. 操作人在模拟屏上预演，预演完毕汇报“已操作” 4. 整个过程中，声音洪亮，指示正确，无多余的与预演操作无关的动作和语言
	3	预演后检查	检查操作后的结果与操作任务相符
现场倒闸操作过程	1	前往操作现场	监护人和操作人必须同时到达操作现场被操作设备点处
	2	设备地点确认	监护人提示“确认操作地点”，操作人汇报“×××开关处”（或刀闸、保护屏），监护人再次确认后回诵“正确”
	3	操作过程	1. 操作人、监护人认真履行倒闸操作复诵制 2. 整个唱诵、复诵过程，声音洪亮，指示正确，无多余的与操作无关的动作和语言
	4	全面检查	在电脑钥匙回传，模拟屏能正确变位动作后，监护人和操作人再次确认实际操作符合操作任务。监护人、操作人应再次对照操作票回顾操作步骤和项目无遗漏（全面检查作为一个操作项应完成唱诵、复诵的过程及录音）
	5	关闭录音器	操作结束后，应在录音笔中录入“‘将××××××由运行转检修’操作完毕”。正确关闭录音器
	6	记录时间	全部操作完毕后记录操作完毕时间
汇报阶段	1	汇报	1. 拨通电话后立即录音 2. 先报“×××变电站，×××” 3. 根据操作任务和注意事项并使用调度术语汇报 4. 在得到调度复诵确认后放下电话关闭录音
	2	记录	由监护人在值班记录上记录（包括时间、汇报人、接受汇报人、汇报内容）

（3）倒闸操作危险点与控制措施

倒闸操作的危险点是指在操作中有可能发生危险的地点、部位、工器具或动作等。变电站倒闸操作常见危险点及控制措施见表6.2。

表 6.2　变电站倒闸操作常见危险点及控制措施

危险点	控制措施
误听调度命令	接受调度命令后应同时做好记录，并根据记录重复命令。有需要时，重听命令录音（重点是调度发布的命令），确认操作任务、操作注意事项及是否立即执行。在正班转发命令时，副班应在旁监听
操作票错误导致误操作	操作前，监护人和值班负责人必须严格进行操作票审查，操作中若发现操作票有错误，应立即停止操作，重新审核并填写正确的操作票后再行操作，禁止凑合使用错票跳步操作或凭经验操作
操作中断导致误操作	由于任何原因导致操作中断，在继续操作时均需将按操作票步骤对操作设备的编号名称、设备位置等进行检查，监护人和操作人均确认无误后，方可继续进行操作
操作中失去监护导致误操作	正班必须履行监护的责任，在任一操作中，均不得有失去监护的操作发生
使用失效的验电器或表计导致判断错误	在使用验电器或表计前，必须在有电的地方进行试验，不得使用有问题的验电器或表计
任意解锁导致误操作	在操作中若遇锁具问题或微机防误程序确实有误时，应在监护人、操作人均确认需要解锁后，向有关领导及专责如实汇报情况，得到解锁许可后，方可进行解锁操作。用万能钥匙只能操作申请解锁的部分操作，并立即封存万能钥匙。不得任意使用万能钥匙进行其余正常操作
误投、退继电保护或自动装置压板	填写操作票时，应查阅现场运行规程和典型操作票，根据操作任务所涉及的继电保护或自动装置情况，按规程要求投、退继电保护或自动装置压板。在投入、退出保护压板时，保护装置应无相应的启动及出口信号
走错间隔导致误操作	操作人、监护人到达设备处后必须进行设备地点确认：监护人提示“确认操作地点”，操作人汇报“×××开关处”（或刀闸、保护屏）

项目 6.2　典型操作的分析与仿真（一）：开关的操作

6.2.1　操作解析

(1)开关状态的理解

①运行状态：开关、前后刀闸均在合闸位置，控制保险（控制小开关）投入。

②热备用状态：开关在分闸位置，前后刀闸在合闸位置，控制保险（控制小开关）投入。

③冷备用状态：开关、前后刀闸均在分闸位置，控制保险（控制小开关）投入。

④检修状态：开关及两侧刀闸均在分闸位置，开关失灵保护停用，开关的二次电源均断开，在开关两侧装设接地线（或合上接地刀闸）。如保护装置有工作，还需停用保护装置。

(2)开关操作的一般规定

①断路器投运前,应检查接地线是否全部拆除,防误闭锁装置是否正常。

②操作前应检查控制回路和辅助回路的电源正常,检查操动机构正常,各种信号正确、表计指示正常,对于油断路器检查其油位、油色正常,对于真空断路器检查其灭弧室无异常,对于SF_6断路器检查其气体压力在规定的范围内。如果发现运行中的油断路器严重缺油、真空断路器灭弧室异常,或者SF_6断路器气体压力低发出闭锁操作信号,禁止操作。

③停运超过6个月的断路器,在正式执行操作前应通过远方控制方式进行试操作2~3次,无异常后方能按操作票拟订的方式操作。

④操作前,检查相应隔离开关和断路器的位置,并确认继电保护已按规定投入。

⑤一般情况下,凡能够电动操作的断路器,不应就地手动操作。

⑥操作控制把手时,不能用力过猛,以防损坏控制开关;不能返回太快,以防时间短断路器来不及合闸。操作中应同时监视有关电压、电流、功率等表计的指示及红绿灯的变化。

⑦操作开关柜时,应严格按照规定的程序进行,防止由于程序错误造成闭锁、二次插头、隔离挡板和接地开关等元件损坏。

⑧断路器(分)合闸后,应到现场确认本体和机构(分)合闸指示器以及拐臂、传动杆位置,保证开关却已正确(分)合闸,并检查与其有关的信号和表计如电流表、电压表、功率表等的指示是否正确,以及开关本体有无异常。

⑨液压(气压)操动机构,如因压力异常断路器分、合闸闭锁时,不准擅自解除闭锁进行操作;电磁机构严禁用手动杠杆或千斤顶带电进行合闸操作;无自由脱扣的机构严禁就地操作。

⑩油断路器由于系统容量增大,运行地点的短路电流达到其额定开断电流的80%时,应停用自动重合闸,在短路故障开断后禁止强送。

⑪断路器实际故障开断次数仅比允许故障开断次数少一次时,应停用该断路器的自动重合闸。

⑫手车式断路器允许停留在运行、试验、检修位置,不得停留在其他位置。检修后,应推至试验位置,进行传动试验,试验良好后方可投入运行。

⑬手车式断路器无论在工作位置还是在试验位置,均应用机械联锁把手车锁定。

⑭当手车式断路器推入柜内时,应保持垂直缓缓推进。处于试验位置时,必须将二次插头插入二次插座,断开合闸电源,释放弹簧储能。

⑮三相操作断路器与分相操作断路器。断路器按照操作方式可分为三相操作断路器和分相操作断路器。分相操作断路器的各相主触头分别由各自的跳合闸线圈控制,可分别进行跳闸和合闸操作。线路断路器需要单相重合闸时,多选用分相操作断路器。三相操作断路器的三相只有一个合闸线圈和一个或两个跳闸线圈,断路器通过连杆或液体压力导管传动操作动力,将三相主触头合闸或分闸,电力系统中发电机、变压器和电容器等设备不允许各相分别运行,因此该类设备所用断路器通常采用三相操作断路器。

⑯断路器控制箱内"远方/就地"控制把手与断路器测控屏上"远方/就地"控制把手。在断路器控制箱内和主控室断路器测控屏上均设置有"远方/就地"控制把手,但二者有区别。断路器电气控制箱内"远方/就地"控制把手的作用是当把手选在"远方"位置时,将接通远方合闸(重合闸)和远方跳闸回路,断开就地合闸和分闸回路,此时可由远方(主控室监控机或

监控中心)进行手动电气合闸(重合闸)和手动电气分闸;当把手选在“就地”位置时,将断开远方合闸(重合闸)和远方跳闸回路,接通就地合闸跳闸回路,此时可在就地进行手动电气合闸和手动电气分闸。需要说明的是,保护跳闸回路未经过“远方/就地”控制把手控制,因此无论把手在任何状态,均不影响保护的跳闸。断路器测控屏上“远方/就地”控制把手当选在“就地”位置,只能用于检修人员检修断路器时就地进行操作,正常运行时,此把手必须放在“远方”位置,否则在远方(主控室监控机或监控中心)无法对断路器进行分、合操作。

6.2.2 仿真实例分析

(1)典型操作任务操作票及分析

操作任务一　将 220 kV 两阳线 261 开关由运行转检修

将 220 kV 两阳线 261 开关由运行转检修操作顺序、操作项目及目的见表 6.3。

表 6.3　将 220 kV 两阳线 261 开关由运行转检修操作顺序、操作项目及目的

顺序	操作项目	操作目的
1	拉开 220 kV 两阳线 261 开关	拉开 261 开关,将 261 开关由运行转热备用
2	检查 220 kV 两阳线 261 开关电流表、位置指示灯指示正常	
3	检查 220 kV 两阳线 261 开关确在分闸位置	
4	投入 220 kV 两阳线 261 开关端子箱刀闸操作电源	拉开 261 开关两侧刀闸,先拉线路侧,再拉母线侧。261 开关由热备用转冷备用
5	拉开 220 kV 两阳线线路 2614 刀闸	
6	检查 220 kV 两阳线线路 2614 刀闸在分开位置	
7	拉开 220 kV 两阳线线路 2612 刀闸	
8	检查 220 kV 两阳线线路 2612 刀闸在分开位置	
9	检查 220 kV 两阳线Ⅰ母 2611 刀闸在分开位置	
10	退出 220 kV 两阳线 261 开关端子箱刀闸操作电源	
11	退出 220 kV 两阳线 261 开关信号电源及操作电源	断开 261 开关信号电源、操作电源及保护电源
12	断开 220 kV 两阳线 261 开关保护屏的保护电源开关 1K	
13	退出 220 kV 两阳线 261 保护Ⅰ屏 A 相失灵启动连接片 1LP9	停用 261 开关失灵保护压板
14	退出 220 kV 两阳线 261 保护Ⅰ屏 B 相失灵启动连接片 1LP10	
15	退出 220 kV 两阳线 261 保护Ⅰ屏 C 相失灵启动连接片 1LP11	
16	退出 220 kV 两阳线 261 保护Ⅱ屏 A 相失灵启动连接片 1LP9	
17	退出 220 kV 两阳线 261 保护Ⅱ屏 B 相失灵启动连接片 1LP10	
18	退出 220 kV 两阳线 261 保护Ⅱ屏 C 相失灵启动连接片 1LP11	
19	退出 220 kV 两阳线 261 保护Ⅱ屏失灵启动总出口连接片 8LP9	
20	退出 220 kV 两阳线 261 保护Ⅱ屏三跳启动失灵连接片 8LP3	

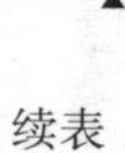

续表

顺序	操作项目	操作目的
21	在220 kV两阳线线路2614刀闸靠开关侧验明三相无电压	合上261开关两侧接地刀闸,布置安全措施,即从冷备用转为检修状态
22	合上220 kV两阳线26140开关地刀	
23	检查220 kV两阳线26140开关地刀确在合上位置	
24	在220 kV两阳线Ⅱ母线2612刀闸靠开关侧验明三相无电压	
25	合上220 kV两阳线26130开关地刀	
26	检查220 kV两阳线26130开关地刀确在合上位置	
27	在220 kV两阳线261开关端子箱悬挂"禁止合闸,有人工作"标识牌	
28	在220 kV两阳线261开关控制把手上挂"禁止合闸,有人工作"标识牌	

操作任务二　将220 kV两阳线261开关由检修转运行

将220 kV两阳线261开关由检修转运行操作顺序、操作项目及目的见表6.4。

表6.4　将220 kV两阳线261开关由检修转运行操作顺序、操作项目及目的

顺序	操作项目	操作目的
1	投入220 kV两阳线261开关信号电源及控制电源	投入261开关信号电源、操作电源及保护电源
2	合上220 kV两阳线261开关保护屏的保护电源开关1K	
3	拉开220 kV两阳线26130开关地刀	拉开261开关两侧接地刀闸
4	检查220 kV两阳线26130开关地刀确在分开位置	
5	拉开220 kV两阳线26140开关地刀	
6	检查220 kV两阳线26140开关地刀确在分开位置	
7	投入220 kV两阳线261保护Ⅰ屏A相失灵启动连接片1LP9	投入261开关失灵保护压板
8	投入220 kV两阳线261保护Ⅰ屏B相失灵启动连接片1LP10	
9	投入220 kV两阳线261保护Ⅰ屏C相失灵启动连接片1LP11	
10	投入220 kV两阳线261保护Ⅱ屏A相失灵启动连接片1LP9	
11	投入220 kV两阳线261保护Ⅱ屏B相失灵启动连接片1LP10	
12	投入220 kV两阳线261保护Ⅱ屏C相失灵启动连接片1LP11	
13	投入220 kV两阳线261保护Ⅱ屏失灵启动总出口连接片8LP9	
14	投入220 kV两阳线261保护Ⅱ屏三跳启动失灵连接片8LP3	

续表

顺序	操作项目	操作目的
15	解除220 kV两阳线261开关控制把手“禁止合闸，有人工作”标识牌	解除安全标识牌
16	解除220 kV两阳线261开关端子箱上“禁止合闸，有人工作”标识牌	
17	检查220 kV两阳线261开关在分闸位置	操作回路第一副刀闸前检查该回路开关在分闸位置
18	投入220 kV两阳线261开关端子箱刀闸操作电源	合上261开关两侧的刀闸，先合母线侧，再合线路侧。261开关由冷备用转为热备用
19	合上220 kV两阳线Ⅱ母2612刀闸	
20	检查220 kV两阳线Ⅱ母2612刀闸在合上位置	
21	合上220 kV两阳线线路2614刀闸	
22	检查220 kV两阳线线路2614刀闸在合上位置	
23	退出220 kV两阳线261开关端子箱刀闸操作电源	
24	经同期合上220 kV两阳线261开关	合上261开关，261开关由热备用转为运行
25	检查220 kV两阳线261开关电流表、位置指示灯指示正常	
26	检查220 kV两阳线261开关确在合闸位置	

(2)危险点分析及预控措施

将220 kV两阳线261开关由运行转检修危险点分析及预控措施见表6.5。

表6.5 将220 kV两阳线261开关由运行转检修危险点分析及预控措施

序号	操作目的	危险点	预控措施
1	将220 kV两阳线261开关由运行转热备用	(1)误拉开关	认真核对设备编号，严格执行监护唱票复诵制度
		(2)开关未拉开	检查开关时不能只看表计，应现场检查开关的机械位置指示器和拐臂位置，来确认开关已拉开，以防止带负荷拉刀闸
		(3)开关机构销子脱落	应现场检查开关的机械位置指示器和拐臂位置，来确认开关已拉开，防止断路器实际位置与机械位置指示器不符，造成断路器触头没有断开，而使下一步操作带负荷拉刀闸

续表

序号	操作目的	危险点	预控措施
2	将 220 kV 两阳线 261 开关由热备用转冷备用	(1)带负荷拉刀闸	在操作刀闸前,首先应检查开关三相确已拉开,其次应判断拉开该刀闸时是否会产生弧光,在确保不发生差错的前提下,对于会产生弧光的操作,则操作时应迅速而果断,尽快使电弧熄灭,以免触头烧坏
		(2)错拉刀闸	手动拉刀闸时,应先慢而谨慎,如触头刚分离时发生弧光,则应迅速合上,这时应立即检查,是否由于误操作而引起弧光;若刀闸已拉开严禁再次合上
		(3)电动刀闸分闸失灵	应查明原因,检查是否由于机构异常引起失灵,只有在确保操作正确(即该刀闸相关联的设备状态正确)的前提下,才能手动操作分闸,操作前应断开电动刀闸控制电源
		(4)电动刀闸操作后未断开控制电源	若刀闸电动机等回路异常或人为误碰,可能造成刀闸自合闸而导致事故,因此电动刀闸操作后,应及时断开刀闸控制电源
		(5)手动分闸操作方法不正确	无论用手动或绝缘拉杆操作隔离开关分闸时,都应果断而迅速。先拔出连锁销子再进行分闸,当刀片刚离开固定触头时应迅速,以便迅速消弧;但在分闸终了时要缓慢些,防止操动机构和支持绝缘子损坏,最后应检查连锁销子是否销好
		(6)解锁操作刀闸	刀闸闭锁打不开时,应严格履行解锁申请和批准手续,解锁操作前,应认真核对设备编号和闭锁钥匙以及设备的实际状态,方可进行实际操作
		(7)刀闸分闸不到位	刀闸拉开后要注意认真检查,确认刀闸端口张开角或刀闸断开的距离应符合要求
3	将 220 kV 两阳线 261 开关由冷备用转检修	(1)不试验验电器,使用不合格的验电器	验电器应进行检查试验合格,验电时必须戴绝缘手套
		(2)验电时站位不合适	验电时应根据现场情况站在便于操作和安全的地方,不能使验电器或绝缘杆的绝缘部分过分靠近设备构架,以免造成绝缘部分被短接

续表

序号	操作目的	危险点	预控措施
3	将 220 kV 两阳线 261 开关由冷备用转检修	(3)验电方法错误	验电时要使验电器的触头接触导体,三相逐相进行验电;在验电前应在带电的设备上进行试验,在带电设备上进行试验时应在线路侧进行,不能在靠近母线侧进行试验
		(4)误合线路接地刀闸	认真核对设备编号,严格执行监护唱票复诵制度
		(5)误停或漏停压板	操作前认清保护屏及压板名称,防止将不该停用的压板停用,对经母差保护跳本开关的压板停用,将经本开关失灵保护启动母差保护的压板停用,并停用本开关“遥控”压板
		(6)误停或漏停开关的控制电源和合闸电源开关	认清设备位置,防止与就近的电源开关混淆;若为熔断器一般应先取下正极,然后再取负极

项目 6.3　典型操作的分析与仿真(二):线路的操作

6.3.1　操作解析

(1)线路状态的理解

1)运行状态

线路的开关及其两侧刀闸都在合闸位置,将电源至受电端的电路接通(包括辅助设备如PT、避雷器等)。

2)热备用状态

线路开关在分闸位置,而刀闸仍在合闸位置。设备保护均应在运行状态。

3)冷备用状态

线路两侧刀闸均在分闸位置,接在线路上的 PT 或 CVT 低压侧(或高压侧)应断开。

4)检修状态

线路刀闸均在分闸位置,线路 PT 或 CVT 低压侧(或高压侧)断开,并在线路出线端合上接地刀闸(或装设接地线)。

(2)线路操作的一般知识

1)相序

三相交流系统的电压、电流等参数的瞬间值都是按正弦规律随时间变化的。3 个相的交流量的瞬间值达到某一数值的先后次序,即它们的相量由超前相位置到滞后相位置的轮换次序,称为相序。相序相同是并列操作和合环操作的必要条件之一。

2)定相

在变电站的相别中,首先是由主变压器来确定的。即面对主变压器的高压侧套管,从左至右,其引线依次被确定为A相(黄色)、B相(绿色)和C相(红色)。再以此为基准,根据主变压器的接线组别,对应确定全站各级电压等级配电装置的相别,着以相应的相色标记。

变电站间的输电线路应保证与之相连接的各个变电站间的相别完全对应一致,并按这一原则来核对其相别的正确性。对接入变电站的首条输电线路,要通过定相来直接确认它的相别。

3)核相

对已定过相的变电站,其后接入的输电线路,一般可利用核相来间接确认其相别的准确性。核相通常用变电站两条母线上的电压互感器来完成。它有两个主要的步骤:首先两组用来核相的电压互感器先在同一电源下自核一次;然后它们再分别由变电站原电源和新投输电线路送来的电源供电的情况下互核一次。通过对自核和互核得到的数据进行分析,判断该线路的相别是否正确。

4)环形网络的解、合环操作

环形网络的并列、解列也称合环、解环操作,是电力系统由一种方式转换为另一种方式的常见操作。解、合环操作应考虑同期性、相序正确性、相位差、电压差、潮流的变化以及继电保护及安全自动装置的调整配合等问题。合环操作必须相序、相位均相同,在初次合环或进行可能引起相位变化的检修作业后,必须先进行相位的测定。操作前应考虑并调整并列点或合环点两侧的频率和电压,以及相关线路的潮流,使相位差、电压差尽量少,以确保操作时不致发生因环路电流或穿越功率过大而引起潮流变化超过继电保护装置、系统稳定极限和设备允许容量等诸方面的允许限额。解环操作应事先检查解列点、解环点的潮流,并调整到尽量小,对解列后的小系统应调整其维持较小的功率送出,确保不因操作引起潮流重新分布而超过继电保护装置、系统稳定极限和设备允许容量等诸方面的允许限额,同时要确保系统各部分的频率、电压以及备用容量均保持在规定范围之内。

(3)线路倒闸操作

1)线路倒闸操作的一般规定

①线路停电操作。线路停电时应先拉开断路器,再拉开线路侧隔离开关和母线侧隔离开关,最后在线路上可能来电的各端合接地开关或挂接地线。如果断路器有合闸保险,在拉开断路器后,应先取下断路器合闸保险,再拉开断路器两侧隔离开关。拉开各侧隔离开关后,接有线路电压互感器的线路,应取下电压互感器二次熔丝或断开二次空气开关,防止电压二次回路向线路反送电。

②线路送电操作。线路送电时,其操作顺序与停电时相反,应先拉开线路各端接地开关或拆除接地线,然后合上母线侧隔离开关和线路侧隔离开关,最后合上断路器。断路器合闸前应装上二次熔丝或合上二次空气开关。如果断路器有合闸保险,送电时在合上断路器两侧隔离开关后再装上合闸保险。

③值班调度下令合上线路接地开关或挂接地线即包括悬挂“禁止合闸,线路有人工作”的

标识牌;值班调度下令拉开线路接地开关或拆除接地线即包括摘除“禁止合闸,线路有人工作”的标识牌。

④双回线或环形网络解环时,应考虑有关设备的送电能力及继电保护允许运行电流、电流互感器变比、稳定极限等问题,以免引起过负荷跳闸或其他事故。

⑤500 kV,220 kV 双回线或环网中的一回线路停电时,应先停送电端,后停受电端,以减少断路器两侧电压差。送电时,反之。

⑥联络线停送电操作,如果一侧为发电厂,一侧为变电站,一般在变电站侧停送电,发电厂侧解合环;如果两侧均为变电站或发电厂,一般在短路容量大的一侧停送电,在短路容量小的一侧解合环。有特殊规定的除外。

⑦500 kV 线路的高压电抗器(无专用断路器时)投停操作必须在线路冷备用或检修状态下进行。

2)线路倒闸操作的注意事项

①停电时隔离开关的操作

线路停电时拉开断路器后,应先拉负荷侧隔离开关,后拉电源侧隔离开关。这是因为在停电时,可能出现的误操作情况有两种:一种是断路器尚未断开电源而先拉隔离开关,另一种是断路器虽然已拉开,但当操作隔离开关时,因走错间隔而错拉不应停电的设备。不论是上述哪种情况,都将会造成带负荷拉隔离开关,其后果是可能造成弧光短路事故。如果先拉电源侧隔离开关,则弧光短路点在断路器上侧,将造成电源侧短路,使上级断路器掉闸,扩大了事故停电范围。如果先拉负荷侧隔离开关,则弧光短路点在断路器下侧,保护装置动作断路器跳闸,其他设备可照常供电,缩小了事故范围,所以停电时应先拉负荷侧隔离开关,后拉电源侧隔离开关。

②送电时隔离开关的操作

送电时,应先合电源侧隔离开关,后合负荷侧隔离开关,最后合上断路器。这是因为在送电时,如果断路器误在合闸位置,便去合隔离开关,会造成带负荷合隔离开关。如果先合负荷隔离开关,后合电源侧隔离开关,一旦发生弧光短路,将造成断路器电源侧短路,同样影响系统的正常供电。假如先合电源侧隔离开关,后合负荷侧隔离开关,即便是带负荷合上,或将隔离开关合于短路故障点,可由此断路器动作将故障点切除(因为故障点处于断路器下侧),这样就缩小了事故范围。

③断路器合闸熔断器的操作

断路器合闸熔断器是指电磁操动机构的合闸熔断器,停电操作时,应在断路器断开之后取下,目的是防止在停电操作中,由于某种意外原因,造成误动作而合闸。如果合闸熔断器不是在断路器断开之后取下,而是在拉开隔离开关之后再取,那么万一在拉开隔离开关时断路器误合闸,就可能造成带负荷拉隔离开关的事故。同理,送电操作时,合闸熔断器应该在推上隔离开关之后,合上断路器之前装上。

④双回线中任意一回线停送电操作

双回线中任一回线路停电时,先断开送端断路器,然后再断开受端断路器。送电时,先合受端断路器,后合送端断路器,这样可以减少双回线解列和并列时断路器两侧的电压差。送端如果连接有发电机,这样操作还可以避免发电机突然带上一条空载线路的电容负荷所产生的电压过分升高。对于稳定储备较低的双回线路,在线路停电之前,必须将双回线送电功率降低至一回线按稳定条件所允许的数值,然后再进行操作。在断开或合上受端断路器时,应注意调整电压,防止操作时受端电压由于无功功率的变化产生过大的波动。通常是先将受端电压调整至上限值再断开受端断路器,调整至下限值再合上受端断路器。

6.3.2　*仿真实例分析*

(1)典型操作任务操作票及分析

操作任务一　将 220 kV 两阳线 261 线路由运行转检修

将 220 kV 两阳线 261 线路由运行转检修操作顺序、操作项目及目的见表 6.6。

表 6.6　将 220 kV 两阳线 261 线路由运行转检修操作程序、操作项目及目的

顺序	操作项目	操作目的
1	拉开 220 kV 两阳线 261 开关	拉开 261 开关,将 261 线路由运行转热备用
2	检查 220 kV 两阳线 261 开关电流表、位置指示灯指示正常	
3	检查 220 kV 两阳线 261 开关确在分闸位置	
4	在 220 kV 两阳线 261 开关控制把手悬挂“禁止合闸,线路有人工作”标识牌	防止误合开关
5	汇报调度员	
6	再经调度员命令	
7	投入 220 kV 两阳线 261 开关端子箱刀闸操作电源(电源已合)	拉开 261 开关两侧刀闸,先拉线路侧,再拉母线侧,并检查该线路连接Ⅰ母刀闸及旁母刀闸确在分位
8	拉开 220 kV 两阳线线路 2614 刀闸	
9	检查 220 kV 两阳线线路 2614 刀闸在分开位置	
10	拉开 220 kV 两阳线线路 2612 刀闸	
11	检查 220 kV 两阳线线路 2612 刀闸在分开位置	
12	检查 220 kV 两阳线Ⅰ母 2611 刀闸在分开位置	
13	检查 220 kV 两阳线旁母 2615 刀闸确在分开位置	
14	退出 220 kV 两阳线 261 开关端子箱刀闸操作电源	
15	在 220 kV 两阳线 261 开关端子箱悬挂“禁止合闸,线路有人工作”标识牌	防止误合闸
16	退出 220 kV 两阳线 261 开关控制电源	断开 261 开关控制电源和信号电源
17	退出 220 kV 两阳线 261 开关信号电源	

续表

顺序	操作项目	操作目的
18	退出 220 kV 两阳线 261 保护Ⅰ屏 A 相失灵启动连接片 1LP9	停用 261 开关失灵保护压板
19	退出 220 kV 两阳线 261 保护Ⅰ屏 B 相失灵启动连接片 1LP10	
20	退出 220 kV 两阳线 261 保护Ⅰ屏 C 相失灵启动连接片 1LP11	
21	退出 220 kV 两阳线 261 保护Ⅱ屏 A 相失灵启动连接片 1LP9	
22	退出 220 kV 两阳线 261 保护Ⅱ屏 B 相失灵启动连接片 1LP10	
23	退出 220 kV 两阳线 261 保护Ⅱ屏 C 相失灵启动连接片 1LP11	
24	退出 220 kV 两阳线 261 保护Ⅱ屏失灵启动总出口连接片 8LP9	
25	退出 220 kV 两阳线 261 保护Ⅱ屏三跳启动失灵连接片 8LP3	
26	汇报调度员	
27	再经调度员命令	
28	退出 220 kV 两阳线线路 A 相 TYD 二次低压保险	退出线路上电压互感器，线路转为冷备用状态
29	在 220 kV 两阳线线路 2614 刀闸靠线路侧验明三相无电压	线路侧接地，并悬挂标识牌，线路转为检修状态
30	合上 220 kV 两阳线线路 26160 地刀	
31	检查 220 kV 两阳线线路 26160 地刀确在合上位置	
32	在 220 kV 两阳线线路 26160 地刀操作把手上悬挂"已接地"标识牌	

操作任务二　将 220 kV 两阳线 261 线路由检修转运行

将 220 kV 两阳线 261 线路由检修转运行操作顺序、操作项目及目的见表 6.7。

表 6.7　将 220 kV 两阳线 261 线路由检修转运行操作顺序、操作项目及目的

顺序	操作项目	操作目的
1	解除 220 kV 两阳线线路 26160 地刀操作把手上"已接地"标识牌	将 261 线路由检修转冷备用，并检查该线路上所有地刀均在分位
2	拉开 220 kV 两阳线线路 26160 地刀	
3	检查 220 kV 两阳线线路 26160 地刀确在分开位置	
4	检查 220 kV 两阳线开关 26130 地刀在分闸位置	
5	检查 220 kV 两阳线开关 26140 地刀在分闸位置	
6	投入 220 kV 两阳线线路 A 相 TYD 二次低压保险	投入线路电压互感器

续表

顺序	操作项目	操作目的
7	汇报调度员	
8	再经调度员命令	
9	投入 220 kV 两阳线 261 开关控制电源	投入 261 开关控制电源和信号电源,并检查微机保护正常
10	投入 220 kV 两阳线 261 开关信号电源	
11	检查 220 kV 两阳线 261 开关微机保护装置正常	
12	投入 220 kV 两阳线 261 保护Ⅰ屏 A 相失灵启动连接片 1LP9	投入 261 开关失灵保护压板
13	投入 220 kV 两阳线 261 保护Ⅰ屏 B 相失灵启动连接片 1LP10	
14	投入 220 kV 两阳线 261 保护Ⅰ屏 C 相失灵启动连接片 1LP11	
15	投入 220 kV 两阳线 261 保护Ⅱ屏 A 相失灵启动连接片 1LP9	
16	投入 220 kV 两阳线 261 保护Ⅱ屏 B 相失灵启动连接片 1LP10	
17	投入 220 kV 两阳线 261 保护Ⅱ屏 C 相失灵启动连接片 1LP11	
18	投入 220 kV 两阳线 261 保护Ⅱ屏失灵启动总出口连接片 8LP9	
19	投入 220 kV 两阳线 261 保护Ⅱ屏三跳启动失灵连接片 8LP3	
20	检查 220 kV 两阳线 261 开关在分闸位置	操作回路第一副刀闸前检查该回路开关在分闸位置
21	解除 220 kV 两阳线 261 开关端子箱上“禁止合闸,线路有人工作”标识牌	解除安全标识牌
22	投入 220 kV 两阳线 261 开关端子箱刀闸操作电源	合上 261 开关两侧的刀闸,先合母线侧,再合线路侧。261 线路由冷备用转为热备用
23	合上 220 kV 两阳线Ⅱ母 2612 刀闸	
24	检查 220 kV 两阳线Ⅱ母 2612 刀闸在合上位置	
25	合上 220 kV 两阳线线路 2614 刀闸	
26	检查 220 kV 两阳线线路 2614 刀闸在合上位置	
27	退出 220 kV 两阳线 261 开关端子箱刀闸操作电源	
28	汇报调度员	
29	再经调度员命令	
30	解除 220 kV 两阳线 261 开关把手上“禁止合闸,线路有人工作”标识牌	解除安全标识牌

续表

顺序	操作项目	操作目的
31	经同期合上 220 kV 两阳线 261 开关	合上 261 开关,261 线路由热备用转为运行状态
32	检查 220 kV 两阳线 261 开关电流表、位置指示灯指示正常	
33	检查 220 kV 两阳线 261 开关确在合闸位置	
34	检查 220 kV 两阳线 261 开关微机保护装置运行正常	

(2)危险点分析及预控措施

将 220 kV 两阳线 261 线路由检修转运行危险点分析及预控措施见表 6.8。

表 6.8　将 220 kV 两阳线 261 线路由检修转运行危险点分析及预控措施

序号	操作目的	危险点	预控措施
1	将 220 kV 两阳线 261 线路由检修转冷备用	(1)漏投压板	线路停电检修,保护有可能工作,因此操作前要认清保护屏及压板名称,根据运行方式、继电保护及自动装置定值通知单,核对本开关有关保护投入正确,装置运行正常
		(2)漏拉接地刀闸	容易造成带接地刀闸合刀闸而损坏设备,恢复备用前,应详细检查送电回路接地刀闸已全部拉开
		(3)漏投电压互感器二次熔丝(或漏合开关)	严格按照操作票逐步操作,以防装置失去电压而使装置误动或拒动
2	将 220 kV 两阳线 261 线路由冷备用转热备用	(1)电动刀闸合闸失灵	应查明原因,检查是否由于机构异常引起失灵,只有在确保操作正确(即该刀闸相关联的设备状态正确)的前提下,才能手动操作合闸,操作前应断开电动刀闸控制电源
		(2)电动刀闸操作后未断开控制电源	若刀闸电动机等回路异常或人为误碰,可能造成刀闸自分闸而导致事故,因此电动刀闸操作后,应及时断开刀闸控制电源
		(3)手动合闸操作方法不正确	无论用手动或绝缘拉杆操作隔离开关合闸时,都应迅速而果断。先拔出连锁销子再进行合闸,开始可缓慢一些,当刀片接近刀嘴时要迅速合上,以防止发生弧光。但在合闸终了时要注意用力不可过猛,以免发生冲击而损坏瓷件,最后应检查连锁销子是否销好

续表

序号	操作目的	危险点	预控措施
2	将220 kV两阳线261线路由冷备用转热备用	(4)刀闸合闸不到位	刀闸合上后要注意认真检查,确认刀闸三相确已全部合好;对于母线侧刀闸合好后,应检查本保护二次电压切换正常,微机型母差保护刀闸位置正确、切换正常
		(5)解锁操作刀闸	刀闸闭锁打不开时,应严格履行解锁申请和批准手续,解锁操作前,应认真核对设备编号和闭锁钥匙以及设备的实际状态,方可进行实际操作
		(6)带负荷合刀闸	在操作刀闸前,首先应检查开关三相确已拉开,其次应判断合上该刀闸时是否会产生弧光,在确保不发生差错的前提下,对于会产生弧光的操作,则操作时应迅速而果断,尽快使电弧熄灭,以免触头烧坏
3	将220 kV两阳线261线路由热备用转运行	(1)误合开关	认真核对设备编号,严格执行监护唱票复诵制度
		(2)开关非同期合闸	合开关前应询问调度,充电时用非同期方式,合环时用同期方式

项目6.4　典型操作的分析与仿真(三):电压互感器的操作

6.4.1　操作解析

(1)调度综合操作令解释

1)将××kV×母线PT由运行转检修

切换PT负荷,取下PT二次保险或拉开二次小开关;拉开该PT刀闸,在一次保险(PT刀闸)PT侧和PT二次空开PT侧各装设接地线一组(或合上接地刀闸)。

2)将××kV×母线PT由检修转运行

拆除该PT一次保险(PT刀闸)PT侧和PT二次空开PT侧所装设的接地线各一组(或拉开接地刀闸);合上该PT刀闸;插上二次保险或合上二次小开关;切换PT负荷。

(2)电压互感器操作原则及注意事项

1)电压互感器操作一般原则

①对于双母线或单母线分段接线,两组电压互感器各接在相应的母线上运行,正常情况下二次不并列。当任一组母线电压互感器停电时,因其线路保护的交流电压取自线路所接的母线电压互感器,所以一般二次作相应切换后,再将双母线改简易单母线即可(即母联或分段断路器改非自动)。但二次不能切换的,任一组母线电压互感器停电时,其所在母线要陪停。

②对于母线为3/2接线的任一组母线电压互感器停电时,因其线路保护的交流电压取自线路电压互感器,所以一般不影响线路保护运行。若线路电压互感器停电,其所在线路必须陪停。

③两组电压互感器二次并列时,必须先并一次,后并二次,以防止电压互感器二次对一次进行反充电,造成二次熔丝熔断或空气开关跳闸。

④只有一组电压互感器的母线,一般情况下电压互感器和母线同时进行停、送电;若单独停用电压互感器时,应考虑继电保护及自动装置的变动(如距离、方向、解列、低压闭锁保护等)。

2)电压互感器操作注意事项

①在双母线或单母线分段接线的母线电压互感器操作中,母线差动保护选择性、非选择性、单母线方式和互联方式之间的切换或投退,保护电压回路的切换以及二次回路并解、列等均由现场自行按运行规程要求进行。若调度有其他要求时,应在操作指令中明确。

②两组电压互感器二次电压回路并列时,对电压并列回路是经母联或分段断路器回路运行启动的,母联或分段断路器应改为非自动,并且微机型母线差动保护应改为互联或单母线运行方式。

③若两组电压互感器二次电压回路不能并列时,对于将失去电压闭锁的微机型母线差动保护,仍可继续运行,但此时不得在母线差动保护二次回路上工作。

④为防止反充电,母线电压互感器由运行转冷备用时,必须先断开该电压互感器的所有二次电压空气开关(或取下熔断器),然后才能拉开高压隔离开关(或取下熔断器);反之,电压互感器由冷备用转运行时,必须先合上高压隔离开关(或放上熔断器),再合上该电压互感器的所有二次电压空气开关(或放上熔断器)。

(3)电压互感器操作要求

①允许利用隔离开关拉、合无接地指示的电压互感器。

②大修或新更换的电压互感器(含二次回路变动)在投入运行前应核相。

③对于双母线接线或单母线分段接线,如一台电压互感器须停用。其操作顺序如下:

A. 二次能并列时

a. 先并列两组电压互感器一次侧或确认一次侧已并列。

b. 将母线差动保护改为"单母方式"或"互联方式"。

c. 将母联或分段断路器改为非自动。

d. 检查电压并列装置正常后,将其切换至"PT并列"位置,此时相应的指示灯和光字信号发出。

e. 断开需停用电压互感器的所有二次电压空气开关(或取下熔断器)。

f. 拉开高压隔离开关(或取下熔断器)。

B. 二次不能并列时

a. 先停用电压互感器所带的保护及自动装置。

b. 断开该电压互感器的所有二次电压空气开关(或取下熔断器)。

c. 拉开高压隔离开关(或取下熔断器)。

电压互感器恢复送电操作顺序反之。

(4)电压互感器操作中异常情况的处理原则

①在合上电压互感器二次电压空气开关或放上熔断器后,若发现二次无电压,应停止操作,查明原因。

②在电压互感器二次并列,并且断开需停用电压互感器的所有二次电压空气开关(或取下熔断器)时,若发现二次电压异常或失去,应立即合上停用电压互感器的所有二次电压空气开关(或取下熔丝),将电压并列装置由"电压互感器并列"切至"电压互感器解列"后,再查明原因。

③当电压互感器高压侧隔离开关拉不开时,对于双母线接线的采用倒母线后,再用母联断路器隔离处理;对于单母线接线的采用转移或倒负荷后,再用电源开关隔离处理。

6.4.2　仿真实例分析

(1)典型操作任务操作票及分析

操作任务一　将 220 kV Ⅰ,Ⅱ母并列运行,Ⅰ母 PT 由运行转检修

将 220 kV Ⅰ,Ⅱ母并列运行,Ⅰ母 PT 由运行转检修操作顺序、操作项目及目的见表 6.9。

表 6.9　将 220 kV Ⅰ,Ⅱ母并列运行,Ⅰ母 PT 由运行转检修操作顺序、操作项目及目的

顺序	操作项目	操作目的
1	检查 220 kV 母联 260 开关确在合闸位置	确认母联 260 在合闸位置
2	投入 220 kV 母差保护屏强制互联连接片 LP77	母线差动保护改单母方式
3	退出 220 kV 母联 260 开关控制电源	260 开关改非自动
4	在后台机遥控 220 kV Ⅰ,Ⅱ母 PT"并列"	Ⅰ,Ⅱ母 PT 二次负荷并列
5	检查母线电压并列柜 220 kV Ⅰ,Ⅱ母 PT 并列灯亮	
6	将 220 kV 母联保护屏电压切换开关切至"ⅠTV 退、ⅡTV 投"位置	母线差动保护电压切换
7	断开 220 kV Ⅰ母 PT 端子箱空气开关 ZKK	断开Ⅰ母 PT 所有二次电压
8	退出 220 kV Ⅰ母 PT 端子箱低压保险	
9	投入 220 kV Ⅰ母 PT 端子箱刀闸操作电源	拉开Ⅰ母 PT 一次侧刀闸,将Ⅰ母 PT 由运行(空载)转冷备用
10	拉开 220 kV Ⅰ母 PT 刀闸 2018	
11	检查 220 kV Ⅰ母 PT 刀闸 2018 在分闸位置	
12	退出 220 kV Ⅰ母 PT 端子箱刀闸操作电源	
13	在 220 kV Ⅰ母 PT 刀闸 2018 靠 PT 侧验明三相无电压	合上Ⅰ母 PT 接地刀闸,并悬挂标识牌,Ⅰ母 PT 由冷备用转为检修状态
14	合上 220 kV Ⅰ母 PT 地刀 20180	
15	检查 220 kV Ⅰ母 PT 地刀 20180 在合闸位置	
16	在 220 kV Ⅰ母 PT 地刀 20180 操作把手挂"已接地"标识牌	
17	在 220 kV Ⅰ母 PT 端子箱悬挂"禁止合闸,有人工作"标识牌	

操作任务二　将 220 kV Ⅰ母 PT 由检修转运行

将 220 kV Ⅰ母 PT 由检修转运行操作顺序、操作项目及目的见表 6.10。

表 6.10　将 220 kV Ⅰ母 PT 由检修转运行操作顺序、操作项目及目的

顺序	操作项目	操作目的
1	解除 220 kV Ⅰ母 PT 地刀 20180 操作把手“已接地”标识牌	解除标识牌，拉开Ⅰ母 PT 地刀，Ⅰ母 PT 地刀由检修转冷备用
2	拉开 220 kV Ⅰ母 PT 地刀 20180	
3	检查 220 kV Ⅰ母 PT 地刀 20180 在分开位置	
4	解除 220 kV Ⅰ母 PT 端子箱“禁止合闸，有人工作”标识牌	
5	投入 220 kV Ⅰ母 PT 端子箱刀闸操作电源	合上Ⅰ母 PT 一次侧刀闸、二次开关，Ⅰ母 PT 由冷备用转运行
6	合上 220 kV Ⅰ母 PT 刀闸 2018	
7	检查 220 kV Ⅰ母 PT 刀闸 2018 在合闸位置	
8	退出 220 kV Ⅰ母 PT 端子箱刀闸操作电源	
9	投入 220 kV Ⅰ母 PT 端子箱低压保险	
10	合上 220 kV Ⅰ母 PT 端子箱空气开关 ZKK	
11	将 220 kV 母联保护屏电压切换开关切至“ⅠTV 投、ⅡTV 投”位置	母线差动保护电压切换
12	在后台机遥控 220 kV Ⅰ，Ⅱ母 PT“解除并列”	Ⅰ，Ⅱ母 PT 解除并列，检查相关信号
13	检查母线电压并列柜 220 kV Ⅰ，Ⅱ母 PT 并列灯灭	
14	投入 220 kV 母联 260 开关控制电源	260 开关改自动
15	退出 220 kV 母联保护屏强制互联连接片 LP77	母线差动保护改正常方式

(2)危险点分析及预控措施

将 220 kV Ⅰ母 PT 由检修转运行危险点分析及预控措施见表 6.11。

表 6.11　将 220 kV Ⅰ母 PT 由检修转运行危险点分析及预控措施

序号	操作目的	危险点	预控措施
1	检查 220 kV 母联 260 开关，确认开关在合闸位置	开关状态与方式不符	认真核对设备编号，严格执行监护唱票复诵制度。检查开关不能只看表计，应现场检查开关位置指示器及拐臂位置，确认开关确在合闸位置，并且其两侧母线侧刀闸确在合闸位置，以防止电压互感器二次并列时环流增大，造成其二次开关跳闸，致使保护失压

续表

序号	操作目的	危险点	预控措施
2	220 kV 母线差动保护方式切换以及母联 260 开关改非自动	(1)误投或漏投压板	操作前认清保护屏及压板名称,防止将不该投入的压板投入;现场经确认后,投入母线差动保护"投单母方式"压板强制互联,以防止带有母线电压互感器的母线故障跳闸后,使非故障母线回路保护失压而误动
		(2)母联开关未改为非自动	母联开关偷跳,或母线差动保护未强制互联,当一条母线故障跳闸,可能造成无电压互感器母线的线路保护失去电压而误动
		(3)母线差动保护失去电压闭锁	在电压互感器停运前,应及时将母线差动保护电压切换开关切至"Ⅱ母线"运行,以防电压互感器停运后一条母线差动保护失去电压闭锁
3	220 kV 电压并列装置切换	切换错误使保护失去电压	切换二次电压时,应先检查切换装置运行正常,再将切换开关切至"PT 并列"位置,并且检查装置"PT 并列"灯和信号屏"220 kV PT 并列"光字信号亮后,再断开待停母线电压互感器所有二次电源开关或熔断器,此时两条母线电压应均显示正常,反之将造成保护失压
4	将 220 kV Ⅰ母 PT(空载)由运行转冷备用	(1)电压互感器反送电	为防止反充电,母线电压互感器由运行转冷备用时,必须先断开该电压互感器的所有二次电压空气开关或熔断器,然后才能拉开高压侧刀闸
		(2)电动刀闸操作后未断开控制电源	若刀闸电动机等回路异常或人为误碰,可能造成刀闸自合闸而损坏设备,因此电动刀闸操作后,应及时断开刀闸控制电源
		(3)电动刀闸分闸失灵	应查明原因,检查是否由于机构异常引起失灵,只有在确保操作正确(即该刀闸相关联的设备状态正确)的前提下,才能手动操作分闸,操作前应断开电动刀闸控制电源
		(4)解锁操作刀闸	刀闸闭锁打不开时,应严格履行解锁申请和批准手续,解锁操作前,应认真核对设备编号和闭锁钥匙以及设备的实际状态,方可进行实际操作
		(5)手动分闸操作方法不正确	无论用手动或绝缘拉杆操作隔离开关分闸时,都应果断而迅速。先拔出连锁销子再进行分闸,当刀片刚离开固定触头时应迅速,以便迅速消弧;但在分闸终了时要缓慢些,防止操动机构和支持绝缘子损坏,最后应检查连锁销子是否销好
		(6)刀闸分闸不到位	刀闸拉开后要注意认真检查,确认刀闸端口张开角或刀闸断开的距离应符合要求

续表

序号	操作目的	危险点	预控措施
5	将 220 kV Ⅰ母 PT 由冷备用转检修	(1)不试验验电器,使用不合格的验电器	验电器应进行检查试验合格,验电时必须戴绝缘手套
		(2)验电时站位不合适	验电时应根据现场情况站在便于操作和安全的地方,不能使验电器或绝缘杆的绝缘部分过分靠近设备构架,以免造成绝缘部分被短接
		(3)误合母线接地刀闸	认真核对设备编号,严格执行监护唱票复诵制度

项目6.5　典型操作的分析与仿真(四):旁路带路的操作

6.5.1　操作解析

(1)专用旁路断路器带线路的倒闸操作

旁路带线路倒闸操作是指当断路器遇有检修、预试、保护校验等工作,但又不能使线路停运时,由旁路断路器代替线路断路器运行的一系列操作。

1)旁路带路的操作方法

通常旁路带路时采用两种操作方法,以仿真变电站 220 kV 旁路 290 断路器带 220 kV 汕阳线 262 断路器为例。参见附件4:仿真变电站主接线图。

①推荐的旁路带路方法。检查旁路断路器在热备用,隔离开关 2905 和 2901 均已合上;调整旁路断路器 290 保护定值与被带断路器 262 定值一致,并投入旁路保护;合上旁路断路器 290 对旁母充电;充电良好,确认旁母无问题,拉开旁路断路器 290,并合上被带路线路的旁路隔离开关 2625,然后合上旁路断路器 290;检查两条线路负荷分配良好后,拉开被带路断路器 262,最后检查两条线路负荷转移良好,将被带路断路器 262 由热备用转为冷备用。

②等电位法。检查旁路断路器在热备用,隔离开关 2905 和 2901 均已合上;调整旁路断路器 290 保护定值与被带断路器 262 定值一致,并投入旁路保护;合上旁路断路器 290 对旁母充电;依次取下旁路断路器 290 的操作直流保险和被带路断路器 262 的操作直流保险;合上被带路线路的旁路隔离开关 2625;检查两条线路负荷分配良好后,装上旁路断路器 290 的操作直流保险和被带路断路器 262 的操作直流保险,然后拉开被带路断路器 262;最后检查两条线路负荷转移良好,将被带路断路器 262 由热备用转为冷备用。

等电位法的依据是电网调度规程中“与断路器并联的旁路隔离开关,当断路器合好时,可以拉合断路器的旁路电流”的规定。其在实际操作中应注意必须取下断路器的操作直流保险才能进行断路器的带路操作,而且必须将旁路断路器和被带路断路器的操作直流保险均取下。因为如果不取下断路器的操作直流保险就合上被带路线路的旁路隔离开关,一旦在合上被带路线路的旁路隔离开关的瞬间,线路故障保护动作跳闸或任何一台断路器误跳闸,都将发生直接用隔离开关合到故障线上或发生带负荷隔离开关的事故,从而造成对人身、设备的直接危害。

若旁路断路器与被带路断路器在不同电源的母线上运行,此时旁路带路操作时必须注意以下两点:

①带路操作前必须将母联断路器合上。由于旁路断路器与被带路断路器分别在两个电源母线上运行,因此必须在带路操作前用母联断路器先将两条母线并列运行(即合上母联断路器)。合上母联断路器的目的是为了避免被带路断路器合上旁路隔离开关时,通过旁路母线将两条电源母线直接并列,由于隔离开关不具备灭弧功能,势必造成人身及设备的伤害。

②除了将旁路断路器和被带路断路器的操作直流保险取下外,还要将母联断路器的操作直流保险取下。

2)220 kV 线路旁路带路操作

220 kV 线路的旁路带路操作是较复杂的一种倒闸操作,操作人员除了要对一次设备正确操作外,还要对继电保护二次回路等方面的改变(高频保护的投退、零序保护的投退、重合闸的投停等)有清楚的认识,否则可能导致误操作。

下面以 220 kV 双母带旁路接线为例(正常运行时母联在合闸位置),介绍其专用旁路断路器由热备用转带路运行的操作,其操作步骤如下:按调度要求停用被带线路的高频保护,修改旁路断路器保护定值为被带线路保护定值,并投入旁路断路器保护;将旁路断路器改至与所带线路相同母线热备用;合上旁路断路器对旁母充电;充电良好,确认旁母无问题,拉开旁路断路器;停用旁路断路器及被带线路的相应零序保护(一般为零序电流Ⅲ,Ⅳ段),若该段无独立压板,可一起解除经同一压板出口跳闸的保护;合上所带线路旁母隔离开关(空载充电旁路母线);将旁路电压切换开关切至旁路断路器所在母线(若电压切换是自动切换,可省略);合上旁路断路器,并检查旁路负荷分配转移良好;投入旁路相应零序保护压板;试验高频通道;按调度要求投入旁路高频保护压板;被带路断路器由热备用转为冷备用。

此时,专用旁路断路器带线路操作要注意以下 5 点:

①带路操作前应将旁路保护定值改为被带线路保护定值。

②配有纵联保护(如高频保护等)的线路旁路带路前,应根据调度命令将线路各侧纵联保护停用,防止造成保护误动。旁路带路后,根据调度命令将旁路断路器的纵联保护投入。线路恢复本身断路器运行后,再根据调度命令将纵联保护按照正常方式投入。

③旁路母线所带线路原来在哪条母线运行,旁路断路器一般也应在该条母线运行。如果不对应,一般应先将旁路断路器冷倒向对应母线。例如,在仿真变电站主接线图中,如果线路断路器 261 运行在Ⅱ母线上,旁路断路器 290 接在Ⅰ母线上,则旁路断路器 290 带线路断路器 261 运行时,需先将旁路断路器 290 倒至Ⅱ母线上运行。

④旁路断路器带路前如果旁路母线在充电状态,则应将旁路重合闸停用,拉开旁路断路

器后即可进行带路操作。如果之前旁路母线不带电,则应先将旁路保护投入(重合闸停用),对旁路母线进行充电,检验母线的完好性。

⑤为了防止旁路断路器和所带断路器并列时非全相而引起零序电流整定值较小的保护误动,由旁路断路器带出线断路器或旁路断路器恢复备用时,在断路器并列前,应考虑解除该侧零序电流保护最末两段(一般为零序电流Ⅲ,Ⅳ段)的出口压板。若该段无独立压板,可一起解除经同一压板出口跳闸保护,操作结束后立即投入。特别对于断路器为分相操作机构的,应注意这一问题,变电站应根据各自的接线及负荷情况确定停用的段数。

(2)母联兼旁路断路器带线路的倒闸操作

母联兼旁路断路器的接线方式,它既保留了双母线带旁路接线的优点,同时又节省了一台断路器。母联兼旁路断路器正常运行中作母联运行,需要旁路带路时,退出母联运行,转作旁路断路器,由于其接线复杂,又有倒母线操作,因此易发生误操作。而且这种接线方式只能由一条母线带配,此时如果工作母线故障,会造成该母线设备全停,降低了供电的可靠性。

此种接线在安排运行方式时,母联兼旁路断路器的功能应是单一的,要么作母联用,要么作旁路用。正常情况下母联兼旁路断路器一般作母联运行,因此带线路时先要倒母线,把全部负荷倒至可带旁路运行的一组母线上,使其变为单母线带旁路运行,退出母联保护,解除其他保护跳母联的压板,投入旁路保护,倒完母线后再进行旁路带路操作。母联兼旁路断路器旁带结束,转回母联运行时,再投入其他保护跳母联的压板,停用带路运行的保护。

母联兼旁路断路器带路操作的步骤如下:将不能带旁路的母线上的所有出线倒至可带旁路的母线;不能带旁路的母线由运行转为热备用;母联兼旁路断路器由母联热备用转为旁路热备用,断路器保护定值为被带线路保护定值;合上母联兼旁路断路器(旁母充电);拉开母联兼旁路断路器;停用母联兼旁路断路器及被带线路的相应零序保护(一般为零序电流Ⅲ,Ⅳ段),若该段无独立压板可一起解除经同一压板出口跳闸的保护;合上所带线路旁母隔离开关;投入母差保护屏投母联带路压板;将旁路电压切换开关切至母联兼旁路断路器所在母线(若电压切换是自动切换,可省略);停用被带线路的重合闸;合上母联兼旁路断路器;检查旁路负荷分配良好;拉开被带线路断路器;检查负荷转移良好;投入旁路相应零序保护压板;试验高频通道;按调度要求投入旁路高频保护压板;被带路断路器由热备用转为冷备用。

6.5.2 仿真实例分析

(1)典型操作任务操作票及分析

操作任务一　将220 kV两阳线261开关由运行转检修,220 kV旁路290开关由热备用转运行

将220 kV两阳线261开关由运行转检修,220 kV旁路290开关由热备用转运行操作顺序、操作项目及目的见表6.12。

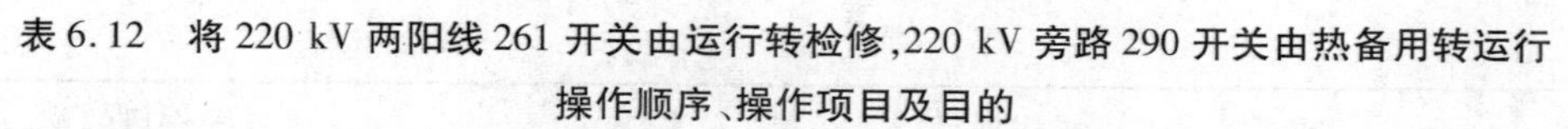

表6.12 将220 kV两阳线261开关由运行转检修,220 kV旁路290开关由热备用转运行操作顺序、操作项目及目的

顺序	操作项目	操作目的
1	记录220 kV旁路290电能表行码	记录290回路初始电度值
2	检查220 kV旁路290开关微机保护装置正常	校对旁路290保护定值与被带路261保护定值以及保护的投退状态一致
3	校对220 kV旁路290开关保护定值与220 kV两阳线261开关保护定值相适应	
4	校对220 kV旁路290开关保护连接片与220 kV两阳线261开关保护连接片相一致	
5	检查220 kV母差保护屏跳旁路连接片LP17在投入位置	母差保护动作时,能跳开290开关
6	检查220 kV母差保护屏旁路失灵启动连接片LP47在投入位置	断路器失灵保护动作时,能跳开290开关
7	检查220 kV旁路290开关确在分闸位置	确认290开关在分闸位置
8	投入220 kV旁路开关290端子箱刀闸操作电源	把290回路倒换到Ⅱ母,即与261在同一母线上
9	拉开220 kV旁路旁母2905刀闸	
10	检查220 kV旁路旁母2905刀闸在分开位置	
11	拉开220 kV旁路Ⅰ母2901刀闸	
12	检查220 kV旁路Ⅰ母2901刀闸在分开位置	
13	合上220 kV旁路Ⅱ母2902刀闸	
14	检查220 kV旁路Ⅱ母2902刀闸在合上位置	
15	合上220 kV旁路旁母2905刀闸	
16	检查220 kV旁路旁母2905刀闸在合上位置	
17	将220 kV旁路290开关保护屏重合闸切换开关1QK切至“停用”	退出290重合闸
18	投入220 kV旁路290开关保护屏1LP21“沟通三跳”	如果充电出现故障时,290开关三相全跳
19	解除同期合上220 kV旁路290开关	合290开关向旁母充电,若290未跳闸,则确认旁母无问题
20	检查220 kV旁路290开关在合闸位置	
21	检查220 kV旁母充电正常	

续表

顺序	操作项目	操作目的
22	拉开 220 kV 旁路 290 开关	断开 290 开关,采用推荐的旁路带路方法
23	检查 220 kV 旁路 290 开关在分闸位置	
24	投入 220 kV 两阳线开关 261 端子箱刀闸操作电源	合上 261 线路的旁路刀闸 2615
25	合上 220 kV 两阳线旁路 2615 刀闸	
26	检查 220 kV 两阳线旁路 2615 刀闸在合上位置	
27	投入稳定控制屏旁路带 220 kV 两阳线连接片 4FLP	4FLP 为稳措装置跳 290 压板
28	经同期合上 220 kV 旁路 290 开关	合上 290 开关,则旁路带上负荷
29	检查 220 kV 旁路 290 开关在合闸位置	
30	检查 220 kV 旁路 290 开关表计指示正常	
31	将 220 kV 两阳线保护Ⅱ屏的高频切换开关 24QK1,24QK2 切于“旁路”位置	将 261 高频保护由本线改为旁路方式
32	拉开 220 kV 两阳线 261 开关	拉开 261 开关及其两侧刀闸,则 261 线路负荷完全由 290 旁路带上
33	检查 220 kV 两阳线 261 开关在分闸位置	
34	核对稳定控制屏 220 kV 两阳线电流已消失,旁路 290 开关电压、电流显示正确	
35	拉开 220 kV 两阳线线路 2614 刀闸	
36	检查 220 kV 两阳线线路 2614 刀闸在分开位置	
37	拉开 220 kV 两阳线Ⅱ母 2612 刀闸	
38	检查 220 kV 两阳线Ⅱ母 2612 刀闸在分开位置	
39	检查 220 kV 两阳线Ⅰ母 2611 刀闸在分开位置	
40	退出 220 kV 两阳线开关 261 端子箱刀闸操作电源	
41	退出 220 kV 旁路开关 290 端子箱刀闸操作电源	
42	在 220 kV 两阳线母线 2611 刀闸靠开关侧验明三相无电压	在 261 开关两侧接地
43	合上 220 kV 两阳线开关地刀 26130	
44	查 220 kV 两阳线开关地刀 26130 在合上位置	
45	在 220 kV 两阳线线路 2614 刀闸靠开关侧验明三相无电压	
46	合上 220 kV 两阳线开关地刀 26140	
47	检查 220 kV 两阳线开关地刀 26140 在合上位置	

续表

顺序	操作项目	操作目的
48	退出220 kV两阳线261保护Ⅰ屏A相失灵启动连接片1LP9	退出261开关的失灵保护
49	退出220 kV两阳线261保护Ⅰ屏B相失灵启动连接片1LP10	
50	退出220 kV两阳线261保护Ⅰ屏C相失灵启动连接片1LP11	
51	退出220 kV两阳线261保护Ⅱ屏A相失灵启动连接片1LP9	
52	退出220 kV两阳线261保护Ⅱ屏B相失灵启动连接片1LP10	
53	退出220 kV两阳线261保护Ⅱ屏C相失灵启动连接片1LP11	
54	退出220 kV两阳线261保护Ⅱ屏失灵启动总出口连接片8LP9	
55	退出220 kV两阳线261保护Ⅱ屏三跳启动失灵连接片8LP3	
56	断开220 kV两阳线261开关保护屏的保护电源开关1K	退出261开关操作电源、信号电源及保护电源
57	退出220 kV两阳线261开关信号电源及控制电源	
58	在220 kV两阳线261开关控制把手挂"禁止合闸,有人工作"标识牌	悬挂标识牌,防止误合闸
59	在220 kV两阳线261开关端子箱上挂"禁止合闸,有人工作"标识牌	

操作任务二 将220 kV两阳线261开关由检修转运行,220 kV旁路290开关由运行转热备用

将220 kV两阳线261开关由检修转运行,220 kV旁路290开关由运行转热备用操作顺序、操作项目及目的见表6.13。

表6.13 将220 kV两阳线261开关由检修转运行,220 kV旁路290开关由运行转热备用操作顺序、操作项目及目的

顺序	操作项目	操作目的
1	解除220 kV两阳线261开关控制把手"禁止合闸,有人工作"标识牌	解除标识牌
2	解除220 kV两阳线261端子箱上"禁止合闸,有人工作"标识牌	
3	投入220 kV两阳线261开关保护屏的保护电源开关1K	投入261开关操作电源、信号电源及保护电源
4	投入220 kV两阳线261信号电源及控制电源	

续表

顺序	操作项目	操作目的
5	投入 220 kV 两阳线 261 保护Ⅰ屏 A 相失灵启动连接片 1LP9	投入 261 开关的失灵保护
6	投入 220 kV 两阳线 261 保护Ⅰ屏 B 相失灵启动连接片 1LP10	
7	投入 220 kV 两阳线 261 保护Ⅰ屏 C 相失灵启动连接片 1LP11	
8	投入 220 kV 两阳线 261 保护Ⅱ屏 A 相失灵启动连接片 1LP9	
9	投入 220 kV 两阳线 261 保护Ⅱ屏 B 相失灵启动连接片 1LP10	
10	投入 220 kV 两阳线 261 保护Ⅱ屏 C 相失灵启动连接片 1LP11	
11	投入 220 kV 两阳线 261 保护Ⅱ屏失灵启动总出口连接片 8LP9	
12	投入 220 kV 两阳线 261 保护Ⅱ屏三跳启动失灵连接片 8LP3	
13	拉开 220 kV 两阳线开关地刀 26140	拉开 261 开关两侧地刀
14	检查 220 kV 两阳线开关地刀 26140 在拉开位置	
15	拉开 220 kV 两阳线开关地刀 26130	
16	检查 220 kV 两阳线开关地刀 26130 在拉开位置	
17	检查 220 kV 两阳线 261 开关在分闸位置	操作该回路第一把刀闸前检查开关在分闸位置
18	投入 220 kV 两阳线 261 开关端子箱刀闸操作电源	合上 261 回路刀闸、开关，该回路带上负荷
19	合上 220 kV 两阳线开关Ⅱ母 2612 刀闸	
20	检查 220 kV 两阳线开关Ⅱ母 2612 刀闸在合上位置	
21	合上 220 kV 两阳线开关线路 2614 刀闸	
22	检查 220 kV 两阳线开关线路 2614 刀闸在合上位置	
23	退出稳定控制屏旁路带 220 kV 两阳线连接片 4FLP	
24	检查 220 kV 两阳线开关 261 微机保护装置正常	
25	经同期合上 220 kV 两阳线 261 开关	
26	检查 220 kV 两阳线 261 开关在合闸位置	
27	检查 220 kV 两阳线 261 开关表计指示正常	

续表

顺序	操作项目	操作目的
28	将220 kV两阳线保护屏高频闭锁切换开关24QK1,24QK2切于“线路”位置	将261高频保护由旁路改为本线方式
29	拉开220 kV旁路290开关	拉开290开关,290由运行转热备用
30	检查220 kV旁路290开关在分闸位置	
31	核对稳定控制屏220 kV两阳线电流、电压正确,旁路290开关电压、电流显示正确	
32	拉开220 kV两阳线旁路2615刀闸	拉开2615刀闸,恢复到正常运行方式
33	检查220 kV两阳线旁路2615刀闸在分开位置	
34	退出220 kV两阳线261开关端子箱刀闸操作电源	
35	记录220 kV旁路电能表行码	记录操作结束后290旁路电能表电度值,用于计算带路期间290旁路输出的电量

项目6.6　典型操作的分析与仿真(五):母线的操作

6.6.1　操作解析

(1)母线状态的理解

①母线热备用(只针对母线电压互感器为电容式电压互感器的变电站):是指母线侧所有刀闸及母联(母分)开关在分闸位置,母联(母分)刀闸、电压互感器(CVT)刀闸在合闸位置。母线电压互感器为电磁式电压互感器的变电站无此状态(电磁式PT在合空母线的时候有谐振)。

②母线冷备用:是指母线侧所有开关及其两侧的刀闸均在分闸位置。

③母线检修:母线侧所有开关及其两侧的刀闸均在分闸位置,母线PT或CVT高、低压侧断开,合上母线接地刀闸(或装设接地线)。

(2)倒母线操作

倒母线操作是指线路、主变压器等设备从在某一条母线运行改为在另一条母线上运行的操作。

1)倒母线的形式

倒母线分为冷倒母线和热倒母线两种形式。冷倒母线操作是指各要操作出线断路器在热备用情况下,先拉一组母线侧隔离开关,再合另一组母线侧隔离开关,一般用于事故处理中。热倒母线操作是指母联断路器在运行状态下,采用等电位操作原则,先合一组母线侧隔离开关,再拉另一组母线侧隔离开关,保证在不停电的情况下实现倒母线。正常倒闸操作均采用热倒母线方法。下述若无特别说明,倒母线均指热倒母线方法。

2)倒母线的步骤

倒母线前必须检查两条母线处在并列运行状态,这是实现等电位操作倒母线必备的重要安全技术措施。另外,母差保护应投入手动互联压板和单母线压板(若母线配两套母差 保护则两套母差的互联压板均应投入),拉开母联断路器的操作电源,这两步操作的目的是为了保证倒母线操作过程中母线隔离开关等电位和防止母联断路器在倒母线过程中自动跳闸而引起带负荷拉、合隔离开关。倒闸操作结束后,再合上母联断路器的操作电源,退出母差保护屏上的手动互联压板和单母线压板。

3)母线侧隔离开关的操作方式

倒母线操作时,母线侧隔离开关的操作可采用两种倒换方式。第一种方式为逐一单元倒换方式,即将某一倒出线的运行母线侧隔离开关合于运行母线之后,随即拉开该线路停电母线侧母线隔离开关。第二种方式为全部单元倒换方式,即把全部倒出线的运行母线侧隔离开关都合于运行母线之后,再将停电母线侧的所有母线隔离开关拉开。在现场两种方法均有使用。具体采用哪种倒换方式,这要根据操动机构位置(两母线隔离开关在一个走廊上或两个走廊上)和现场习惯等决定。

4)倒母线操作过程中,应注意二次回路的切换

倒母线操作过程中,应进行切换电压回路及相应的保护回路的操作。如电能表的电压切换、保护电压的切换等。双母线各有一组电压互感器,为了保证其一次系统和二次系统在电压上保持对应,以免发生保护或自动装置误动、拒动,要求保护及自动装置的二次电压回路随主接线一起进行切换。利用隔离开关辅助触点并联后去启动电压切换中间继电器,实现电压回路的自动切换。因此,倒母线操作后必须检查各线路保护屏继电器操作箱上的电压切换指示和母差保护盘相应隔离开关切换指示正确,防止因二次切换不良引起线路保护和母差保护不正确动作。倒母线后还应检查电能表电压切换正确。

(3)双母线接线中母线的停送电操作

1)母线停电操作步骤及注意事项

①将线路、主变压器等设备倒换到另一工作母线上供电。

②拉开母联断路器前的操作及注意事项:

a. 应停用可能误动的保护和自动装置,如停用母差保护的低电压保护,停用故障录波器相应母线的电压启动回路等。母线恢复正常方式后将保护及自动装置按照正常方式投入。

b. 应检查两段母线电压互感器二次并列开关确在断开位置,防止运行母线电压二次回路向停电母线反送电。

c. 对要停电的母线再检查一次,确认设备已全部倒至运行母线上,防止因漏倒引起停电事故。

d. 拉母联断路器前,检查母联断路器电流表应指示为零,防止误切负荷。

③拉开母联断路器及其两侧隔离开关。注意母联隔离开关操作顺序,应先拉开待检修母线侧隔离开关,再拉开运行母线侧隔离开关。这是因为运行母线侧可看作电源侧,待检修母线侧因为将停电,所以看作负荷侧。待母线检修工作结束,母线恢复固定连接方式,需合上母联断路器两侧隔离开关时,也应注意操作顺序。拉开母联断路器后,应检查停电母线的电压表指示应为零。

④取下母联电压互感器二次熔丝 或拉开二次开关,拉开其高压侧隔离开关。

⑤母线停电后,根据检修任务在母线上装设接地线或合上接地开关。若电压互感器本身有工作或其二次回路上有工作,还应将其二次接地。

2)母线送电操作注意事项

①母线检修后,送电前应检查母线上所有检修过的母线隔离开关确在断开位置,防止向其他设备误充电。

②待母线检修工作结束,双母线接线恢复固定连接方式时,经母联开关向一条母线充电,应使用母线充电保护。充电良好后,应解除充电保护压板,然后进行倒母线操作,恢复固定连接方式。

(4)母线操作中异常情况的处理原则

①在合、拉隔离开关时,若发现微机线路保护或微机母差保护屏上隔离开关位置指示不正确时,应停止操作,查明原因(若为RCS-915AB型微机母线保护,应先将屏上强制开关切至强制接通或强制断开)。

②当拉开某一工作母线隔离开关后,若发现合上的备用母线隔离开关接触不好、拉弧,应立即将拉开的隔离开关再合上,再拉开备用母线隔离开关查明原因。

③当某一备用母线隔离开关合上后,若发现工作母线隔离开关拉不开时,应待其他回路倒母线结束后,用旁路断路器带该断路器运行,再拉开备用母线隔离开关,然后用母联断路器隔离工作母线隔离开关查明原因。

6.6.2　仿真实例分析

(1)典型操作任务操作票及分析

操作任务一　将220 kV两阳线261开关从Ⅱ母倒至Ⅰ母运行

将220 kV两阳线261开关从Ⅱ母倒至Ⅰ母运行操作顺序、操作项目及目的见表6.14。

表6.14　将220 kV两阳线261开关从Ⅱ母倒至Ⅰ母运行操作顺序、操作项目及目的

顺序	操作项目	操作目的
1	检查220 kV母联260开关在合闸位置	确认母联260开关在合闸位置
2	退出220 kV母联260开关控制电源	母联260开关改非自动
3	投入220 kV母联保护屏强制互联连接片LP77	母线差动保护改单母方式

续表

顺序	操作项目	操作目的
4	投入220 kV两阳线261开关端子箱刀闸操作电源	将261回路从Ⅱ母倒换到Ⅰ母,检查电压信号
5	合上220 kV两阳线Ⅰ母2611刀闸	
6	检查220 kV两阳线Ⅰ母2611刀闸在合上位置	
7	检查220 kV两阳线保护屏电压切换箱Ⅰ母运行指示灯亮	
8	拉开220 kV两阳线Ⅱ母2612刀闸	
9	检查220 kV两阳线Ⅱ母2612刀闸在分开位置	
10	检查220 kV两阳线保护屏电压切换箱Ⅱ母运行指示灯灭	
11	退出220 kV两阳线261开关端子箱刀闸操作电源	
12	投入220 kV母联260开关的控制电源	母联260开关改自动
13	退出220 kV母联保护屏强制互联连接片LP77	母线差动保护改正常方式

操作任务二　将220 kV由双母并列运行转单母运行,220 kV Ⅱ母由运行转检修

将220 kV由双母并列运行转单母运行,220 kV Ⅱ母由运行转检修操作顺序、操作项目及目的见表6.15。

表6.15　将220 kV由双母并列运行转单母运行,220 kV Ⅱ母由运行转检修操作顺序、操作项目及目的

顺序	操作项目	操作目的
1	检查220 kV母联260开关确在合闸位置	确认母联260开关在合闸位置
2	投入220 kV母联保护屏强制互联连接片LP77	母线差动保护改单母方式
3	退出220 kV母联260开关控制电源	母联260开关改非自动
4	投入220 kV濠阳乙线263开关端子箱刀闸操作电源	把263回路从Ⅱ母倒换到Ⅰ母,检查电压信号
5	合上220 kV濠阳乙线Ⅰ母2631刀闸	
6	检查220 kV濠阳乙线Ⅰ母2631刀闸在合上位置	
7	检查220 kV濠阳乙线保护1屏电压切换箱Ⅰ母运行指示灯动作	
8	拉开220 kV濠阳乙线Ⅱ母2632刀闸	
9	检查220 kV濠阳乙线Ⅱ母2632刀闸在分开位置	
10	检查220 kV濠阳乙线保护屏电压切换箱Ⅱ母运行指示灯返回	
11	退出220 kV濠阳乙线263开关端子箱刀闸操作电源	

续表

<table>
<tr><th>顺序</th><th>操作项目</th><th>操作目的</th></tr>
<tr><td>12</td><td>投入#2 主变变高 202 开关端子箱刀闸操作电源</td><td rowspan="8">把#2 主变 220 kV 总路从Ⅱ母倒换到Ⅰ母,检查电压信号</td></tr>
<tr><td>13</td><td>合上#2 主变变高Ⅰ母 2021 刀闸</td></tr>
<tr><td>14</td><td>检查#2 主变变高Ⅰ母 2021 刀闸在合上位置</td></tr>
<tr><td>15</td><td>检查#2 主变保护屏(Ⅱ)高压侧操作箱Ⅰ母运行指示灯动作</td></tr>
<tr><td>16</td><td>拉开#2 主变变高Ⅱ母 2022 刀闸</td></tr>
<tr><td>17</td><td>检查#2 主变变高Ⅱ母 2022 刀闸在分开位置</td></tr>
<tr><td>18</td><td>检查#2 主变保护屏(Ⅱ)高压侧操作箱Ⅱ母运行指示灯返回</td></tr>
<tr><td>19</td><td>退出#2 主变变高 202 开关端子箱刀闸操作电源</td></tr>
<tr><td>20</td><td>投入 220 kV 两阳线 261 开关端子箱刀闸操作电源</td><td rowspan="8">把 261 回路从Ⅱ母倒换到Ⅰ母,检查电压信号</td></tr>
<tr><td>21</td><td>合上 220 kV 两阳线Ⅰ母 2611 刀闸</td></tr>
<tr><td>22</td><td>检查 220 kV 两阳线Ⅰ母 2611 刀闸在合上位置</td></tr>
<tr><td>23</td><td>检查 220 kV 两阳线保护屏电压切换箱Ⅰ母运行指示灯动作</td></tr>
<tr><td>24</td><td>拉开 220 kV 两阳线Ⅱ母 2612 刀闸</td></tr>
<tr><td>25</td><td>检查 220 kV 两阳线Ⅱ母 2612 刀闸在分开位置</td></tr>
<tr><td>26</td><td>检查 220 kV 两阳线保护屏电压切换箱Ⅱ母运行指示灯返回</td></tr>
<tr><td>27</td><td>退出 220 kV 两阳线 261 开关端子箱刀闸操作电源</td></tr>
<tr><td>28</td><td>投入 220 kV 母联 260 开关控制电源</td><td>母联 260 开关改自动</td></tr>
<tr><td>29</td><td>将 220 kV 母联保护屏电压切换开关切至“ⅠTV 投、ⅡTV 退”位置</td><td>母线差动保护电压切换</td></tr>
<tr><td>30</td><td>断开 220 kVⅡ母 PT 端子箱空气开关 ZKK</td><td rowspan="6">将Ⅱ母 PT 由运行转冷备用</td></tr>
<tr><td>31</td><td>退出 220 kVⅡ母 PT 端子箱低压保险</td></tr>
<tr><td>32</td><td>投入 220 kV Ⅱ母 PT 端子箱刀闸操作电源</td></tr>
<tr><td>33</td><td>拉开 220 kV Ⅱ母 PT 刀闸 2028</td></tr>
<tr><td>34</td><td>检查 220 kV Ⅱ母 PT 刀闸 2028 在分开位置</td></tr>
<tr><td>35</td><td>退出 220 kV Ⅱ母 PT 端子箱刀闸操作电源</td></tr>
</table>

续表

顺序	操作项目	操作目的
36	拉开 220 kV 母联 260 开关	拉开母联 260 开关及两侧刀闸,220 kV Ⅱ母由运行转冷备用
37	检查 220 kV 母联 260 开关在分闸位置	
38	投入 220 kV 母联 260 开关端子箱刀闸操作电源	
39	拉开 220 kV 母联Ⅱ母 2602 刀闸	
40	检查 220 kV 母联Ⅱ母 2602 刀闸在分开位置	
41	拉开 220 kV 母联Ⅰ母 2601 刀闸	
42	检查 220 kV 母联Ⅰ母 2601 刀闸在分开位置	
43	退出 220 kV 母联 260 开关的端子箱刀闸操作电源	
44	拉开 220 kV 濠阳甲线 2642 刀闸的操作电源	退出Ⅱ母上其他刀闸的操作电源
45	拉开 220 kV 汕阳线 2622 刀闸的操作电源	
46	拉开#1 主变变高 2012 刀闸的操作电源	
47	拉开#3 主变变高 2032 刀闸的操作电源	
48	在 220 kV 旁路Ⅱ母 2902 刀闸靠母线侧验明三相无电压	将已停电的 220 kV Ⅱ段母线接地
49	合上 220 kV Ⅱ段母线 20270 地刀	
50	检查 220 kV Ⅱ段母线 20270 地刀在合上位置	
51	在 220 kV 母联 260 开关控制把手上悬挂“禁止合闸,有人工作”标识牌	悬挂标识牌
52	在 220 kV 母联 260 开关端子箱上悬挂“禁止合闸,有人工作”标识牌	

操作任务三　将 220 kV Ⅱ母由检修转运行,220 kV 恢复双母并列运行

将 220 kV Ⅱ母由检修转运行,220 kV 恢复双母并列运行操作顺序、操作项目及目的见表 6.16。

表 6.16　将 220 kV Ⅱ母由检修转运行,220 kV 恢复双母并列运行操作顺序、操作项目及目的

顺序	操作项目	操作目的
1	解除 220 kV 母联 260 开关控制把手“禁止合闸,有人工作”标识牌	解除标识牌
2	解除 220 kV 母联 260 开关端子箱上“禁止合闸,有人工作”标识牌	

续表

顺序	操作项目	操作目的
3	拉开 220 kV Ⅱ段母线 20270 地刀	拉开 220 kV Ⅱ段母线接地刀闸
4	检查 220 kV Ⅱ段母线 20270 地刀在分开位置	
5	检查 220 kV 母联 260 开关在分闸位置	将 260 开关由冷备用转热备用
6	投入 220 kV 母联 260 开关的端子箱刀闸操作电源	
7	合上 220 kV 母联Ⅰ母 2601 刀闸	
8	检查 220 kV 母联Ⅰ母 2601 刀闸在合上位置	
9	合上 220 kV 母联Ⅱ母 2602 刀闸	
10	检查 220 kV 母联Ⅱ母 2602 刀闸在合上位置	
11	投入 220 kV 母联保护屏的充电保护连接片 LP78	投入母差保护中的充电保护
12	合上 220 kV 母联 260 开关	合上 260 开关，对Ⅱ母线充电
13	检查 220 kV 母联 260 开关在合闸位置	
14	检查 220 kVⅡ母线充电正常	
15	退出 220 kV 母联保护屏的充电保护连接片 LP78	退出充电保护
16	投入 220 kVⅡ母 PT 端子箱刀闸操作电源	将 220 kV Ⅱ母 PT 由冷备用转运行
17	合上 220 kVⅡ母 PT 刀闸 2028	
18	检查 220 kVⅡ母 PT 刀闸 2028 在合上位置	
19	退出 220 kVⅡ母 PT 端子箱刀闸操作电源	
20	投入 220 kVⅡ母 PT 端子箱低压保险	
21	合上 220 kVⅡ母 PT 端子箱空气开关 ZKK	
22	将 220 kV 母联保护屏电压切换开关切至“ⅠTV 投、ⅡTV 投”位置	母线差动保护电压切换
23	退出 220 kV 母联 260 开关控制电源	母联 260 开关改非自动

续表

顺序	操作项目	操作目的
24	投入 220 kV 濠阳乙线 263 开关端子箱刀闸操作电源	把 263 回路从Ⅰ母倒换到Ⅱ母,检查电压信号
25	合上 220 kV 濠阳乙线Ⅱ母 2632 刀闸	
26	检查 220 kV 濠阳乙线Ⅱ母 2632 刀闸在合上位置	
27	检查 220 kV 濠阳乙线保护屏电压切换箱Ⅱ母运行指示灯动作	
28	拉开 220 kV 濠阳乙线Ⅰ母 2631 刀闸	
29	检查 220 kV 濠阳乙线Ⅰ母 2631 刀闸在分开位置	
30	检查 220 kV 濠阳乙线保护屏电压切换箱Ⅰ母运行指示灯返回	
31	退出 220 kV 濠阳乙线 263 开关端子箱刀闸操作电源	
32	投入#2 主变变高 202 开关端子箱刀闸操作电源	把#2 主变 220 kV 总路从Ⅰ母倒换到Ⅱ母,检查电压信号
33	合上#2 主变变高Ⅱ母 2022 刀闸	
34	检查#2 主变变高Ⅱ母 2022 刀闸在合上位置	
35	检查#2 主变保护屏(Ⅱ)高压侧操作箱Ⅱ母运行指示灯动作	
36	拉开#2 主变变高Ⅰ母 2021 刀闸	
37	检查#2 主变变高Ⅰ母 2021 刀闸在分开位置	
38	检查#2 主变保护屏(Ⅱ)高压侧操作箱Ⅰ母运行指示灯返回	
39	退出#2 主变变高 202 开关端子箱刀闸操作电源	
40	投入 220 kV 两阳线 261 开关端子箱刀闸操作电源	把 261 回路从Ⅰ母倒换到Ⅱ母,检查电压信号
41	合上 220 kV 两阳线Ⅱ母 2612 刀闸	
42	检查 220 kV 两阳线Ⅱ母 2612 刀闸在合上位置	
43	检查 220 kV 两阳线保护屏电压切换箱Ⅱ母运行指示灯动作	
44	拉开 220 kV 两阳线Ⅰ母 2611 刀闸	
45	检查 220 kV 两阳线Ⅰ母 2611 刀闸在分开位置	
46	检查 220 kV 两阳线保护屏电压切换箱Ⅰ母运行指示灯返回	
47	退出 220 kV 两阳线 261 开关端子箱刀闸操作电源	
48	投入 220 kV 母联 260 开关控制电源	260 开关改自动
49	退出 220 kV 母联保护屏强制互联连接片 LP77	母线差动保护改正常方式

(2)危险点分析及预控措施

将 220 kVⅡ母由运行转检修危险点分析及预控措施见表 6.17。

表6.17　将220 kVⅡ母由运行转检修危险点分析及预控措施

序号	操作目的	危险点	预控措施
1	检查220 kV母联260开关，确认开关在合闸位置	断路器状态与方式不符	认真核对设备编号，严格执行监护唱票复诵制度。检查开关不能只看表计，应现场检查开关位置指示器及拐臂位置，确认开关确在合闸位置，并且其两侧母线侧刀闸确在合闸位置，以防止倒母线时用隔离开关合、解环，从而造成事故
2	220 kV母差保护方式切换	误投或漏投压板	操作前认清保护屏及压板名称，防止将不该投入的压板投入；现场经确认后，投入母线差动保护“投单母方式”压板强制互联，以防止倒母线过程中隔离开关辅助触点接触不良或未接触，并且母差保护识别错误的情况下而使母差保护误动作
3	将220 kVⅡ母上所有开关倒至Ⅰ母运行	(1)母联断路器未改为非自动	倒母线过程中，若母联断路器偷跳，可能造成用隔离开关解、合环操作而导致事故：另外若母差保护未强制互联，一条母线故障跳闸，可能造成用隔离开关合故障母线，因此倒母线前应先断开母联断路器控制电源或取下熔断器。取熔断器时，应先取下正极，后取下负极
		(2)带负荷拉隔离开关	操作方法错误，倒母线隔离开关操作应采用先全合(或合一)、再全拉(或拉一)的操作方法
		(3)电动刀闸操作后未断开控制电源	若刀闸电动机等回路异常或人为误碰，可能造成隔离开关带负荷分、合闸或解、合环而造成事故，因此电动刀闸操作后，应及时断开刀闸控制电源
		(4)电动刀闸合、分闸失灵	应查明原因，检查是否由于机构异常引起失灵，只有在确保操作正确(即该刀闸相关联的设备状态正确)的前提下，才能手动操作合、分闸，操作前应断开电动刀闸控制电源
		(5)解锁操作刀闸	刀闸闭锁打不开时，应严格履行解锁申请和批准手续，解锁操作前，应认真核对设备编号和闭锁钥匙以及设备的实际状态，方可进行实际操作
		(6)手动合闸操作方法不正确	无论用手动还是绝缘拉杆操作隔离开关合闸时，都应迅速而果断。先拔出连锁销子再进行合闸，开始可缓慢一些，当刀片接近刀嘴时要迅速合上，以防止发生弧光。但在合闸终了时要注意用力不可过猛，以免发生冲击而损坏瓷件，最后应检查连锁销子是否销好

续表

序号	操作目的	危险点	预控措施
3	将 220 kV Ⅱ 母上所有开关倒至Ⅰ母运行	(7)刀闸合闸不到位	刀闸合上后要注意认真检查,确认刀闸三相确已全部合好;对于母线侧刀闸合好后,应检查本保护二次电压切换正常,微机型母差保护刀闸位置正确、切换正常
		(8)手动分闸操作方法不正确	无论用手动还是绝缘拉杆操作隔离开关分闸时,都应果断而迅速。先拔出连锁销子再进行分闸,当刀片刚离开固定触头时应迅速,以便迅速消弧;但在分闸终了时要缓慢些,防止操动机构和支持绝缘子损坏,最后应检查连锁销子是否销好
		(9)刀闸分闸不到位	刀闸拉开后要注意认真检查,确认刀闸端口张开角或刀闸断开的距离应符合要求
4	将 220 kV Ⅱ 母线由运行转冷备用	(1)甩负荷	回路漏倒,造成线路(或变压器)失压,对外停电。拉母联开关之前,应仔细检查母线上所有出线刀闸三相确已全部拉开,并且检查母联开关"负荷电流"显示为零,方可将母联开关拉开
		(2)母差保护失去电压闭锁	母联开关断开前,应及时将母差保护电压切换开关切至"Ⅰ母"运行,以防母联开关拉开后一条母线差动保护失去电压闭锁(部分单位无此要求)
		(3)误分开关	认真核对设备编号,严格执行监护唱票复诵制度
		(4)开关未拉开	仔细检查Ⅱ母线 L 上电压已显示为零,同时到现场检查开关的机械位置指示器和拐臂位置,来确认开关已拉开,尽量避免用刀闸拉电压互感器或空母线
		(5)谐振过电压	对于电磁式母线电压互感器,为防止谐振过电压,待停母线转为空母线后,应先拉电压互感器刀闸,后拉母联开关
		(6)漏断母线电压互感器二次小开关(或漏取熔断器)	应将电压互感器端子箱内二次小开关全部断开、熔断器全部取下,以防止反充电,危及人身安全
		(7)母联刀闸操作顺序错误	母联开关停电时,为防止母联开关未拉开而扩大事故范围,操作时应先拉无电母线侧刀闸,后拉有电母线侧刀闸

续表

序号	操作目的	危险点	预控措施
5	将 220 kVⅡ母线由冷备用转检修	(1)不试验验电器，使用不合格的验电器	验电器应进行检查试验合格，验电时必须戴绝缘手套
		(2)验电时站位不合适	验电时应根据现场情况站在便于操作和安全的地方，不能使验电器或绝缘杆的绝缘部分过分靠近设备构架，以免造成绝缘部分被短接
		(3)误合电压互感器接地刀闸	认真核对设备编号，严格执行监护唱票复诵制度

项目6.7　典型操作的分析与仿真(六):主变压器的操作

6.7.1　操作解析

变压器的操作是指变压器各则断路器及隔离开关(包括中性点)等的操作，包括向变压器充电、带负荷、并解列、切断空载变压器以及相应的保护切换等内容。

(1)主变压器状态的理解

①主变热备用:变压器各侧的开关均在分闸位置，高压侧开关(或各侧开关)处于热备用状态。

②主变冷备用:是指变压器各侧刀闸均在分闸位置。

③主变检修: 变压器各侧刀闸均在分闸位置，在其靠变压器侧合上接地刀闸(或装设接地线)，并拉开变压器冷却器电源和有载调压电源，退出非电量保护。

(2)变压器的充电

1)变压器的初充电

变压器一般要进行初充电，初充电主要有以下作用:

①因为空载投、切变压器可能产生很高的过电压，最高可达 2.5 ~ 3 倍额定电压，初充电就是利用这个电压来检查变压器的绝缘强度。

②变压器在空载合闸时会产生很大的励磁涌流，该涌流将在变压器的绕组上产生很大的电动力，利用这个电动力可检验变压器的内部构件的机械强度，可发现安装质量上的问题，如支承不牢等。

③利用变压器空载合闸时的励磁涌流来检验变压器差动保护是否会误动，检查继电器的选型、整定、接线等是否符合要求。

2)变压器的充电操作

变压器在进行检修工作后，恢复送电前，运行人员应进行详细的检查，从母线开始检查到变压器的出线为止,检查项目包括各级电压一次回路中的设备、变压器分接头位置等。此外,还应检查临时接地线、遮栏和标识牌等是否均已撤除,全部工作票是否都已交回。然后测定变压器的绕组的绝缘电阻合格后,方可启用变压器。在合上变压器的隔离开关前,应先检查变压器的断路器确在断开位置,并投入变压器保护,然后合上隔离开关,最后再合上断路器,对变压器进行充电。充电时究竟从变压器高压侧进行,还是从低压侧进行,应根据以下情况决定:

①从高压侧充电时,低压侧开路,对地电容电流很小,由于高压侧线路电容电流的关系,使低压侧因静电感应而产生过电压,易击穿低压绕组,但因励磁涌流所产生的电动力小,所以对系统的冲击也小(因系统容量大)。

②从低压侧充电时,高压侧开路,不会产生过电压,但励磁涌流较大,可以达到额定电流的6~8倍。励磁涌流开始衰减较快,一般经0.5~1 s后即衰减到0.25~0.5倍的额定电流,但全部衰减时间较长,大容量的变压器可达几十秒。由于励磁涌流产生很大的电动力,易使变压器的机械强度降低及对系统产生很大冲击,以及继电保护可能躲不过励磁涌流而误动作。

根据上述分析,如果变压器绝缘水平较高,则可从高压侧充电;若变压器绝缘水平较低,则可从低压侧充电。此外,还应考虑保护状态,如果只有一侧有保护装置,则应从装有保护装置侧充电,以便在变压器内部出现故障时,可由保护切断故障。若两侧均有保护装置,则可按接线和负荷情况,选择在哪一侧充电。

3)变压器充电的注意事项

①切合空载变压器,应先将变压器110 kV及以上系统的中性点接地开关合上,以防止出现操作过电压而危及变压器的绝缘。变压器的中性点保护则要根据其接地方式做相应的切换操作。

②变压器应进行5次空载全电压冲击合闸,应无异常情况;第一次受电后持续时间不应少于10 min;励磁电流不应引起保护装置的误动。

③变压器停电预试,母差保护用的电流互感器,其二次连接应退出并短接,如变压器出口保护有跳分段断路器或相邻元件断路器,其出口压板应停用,以防止变压器停电预试而引起断路器误跳。

④若变压器差动及母差电流互感器回路工作,则一般在变压器带负荷前停用相应保护,等带负荷后进行差流、差压测量,确认保护接线正确后再投入相应保护。

(3)变压器的停送电

1)变压器停送电操作的要求

①送电前应将(或检查)变压器中性点接地,检查三相分接头位置应保持一致。

停电后应将变压器的重瓦斯保护由“跳闸”改为“信号”。

②对强油循环冷却的变压器,不开潜油泵不准投入运行;变压器送电后,即使是处在空载状态也应按厂家规定启动一定数量的潜油泵,保持油路循环,使变压器得到冷却。

2)变压器的停送电操作

①变压器装有断路器时,分合闸必须使用断路器。

②变压器用断路器停电时应先停负荷侧,后停电源侧。送电时与上述过程相反。多电源的电路,按此顺序停电,可以防止变压器反充电。若停电时先停电源侧,如果变压器内部故障,可能会造成保护误动作或拒绝动作,延长故障切除时间,也可能扩大停电范围,而且从电源侧逐级送电,如遇故障,也便于按送电范围检查,判断及处理。

③变压器如果未装设断路器时,可用隔离开关投切110 kV及以下且电流不超过2A的空载变压器;用于切断20 kV及以上变压器的隔离开关,必须三相联动且装有消弧角;装在室内的隔离开关必须在各相之间安装耐弧的绝缘隔板。若不能满足上述规定,又必须用隔离开关操作时,须经本单位总工程师批准。

④在电源侧装隔离开关、负荷侧装断路器的电路中,送电时应先合电源侧的隔离开关,后合负荷侧的断路器;停电时应先拉负荷侧断路器,后断电源侧的隔离开关。因为隔离开关只允许断合变压器的空载电流,而负荷电流则应用断路器来断合。

3)变压器停送电操作时的注意事项

①变压器在空载合闸时的励磁涌流问题。变压器铁芯中的磁通变化落后于电压90°相位角,交流电的电压不断在变,相应的铁芯中的磁通也在变,因而铁芯中磁通的过渡过程与合闸瞬间电压的相角有关。当变压器铁芯中无剩磁时,进行空载合闸,电压正好达最大值时,磁通的瞬时值正好为零,保持与合闸前相同的数值;电压瞬时值为零时,则过渡过程剧烈,两个磁通相加达最大值,可达周期分量的2倍。当铁芯中有剩磁时,若合闸瞬间剩磁的方向又与周期分量磁通的方向相反,那么由于铁芯严重饱和,变压器铁芯磁导率减少,励磁电抗大大减少,励磁电流会大大增加,可达稳态励磁电流值的80~100倍,或额定电流值的6~8倍,同时含有大量的非周期分量和高次谐波分量。对大型变压器来说,励磁电流中的直流分量衰减得比较慢,有时长达20 s,尽管此涌流对变压器本身不会造成危害,但在某些情况下可能造成电压波动,如不采取措施,可能使过流、差动保护误动作。为避免空载变压器合闸时,由于励磁涌流产生较大的电压波动,在其两端都有电压的情况下,一般采用离负荷较远的高压侧充电,然后在低压侧并列的操作方法。

②变压器停送电操作时中性点一定要接地。这主要是为防止过电压损坏被投退变压器而采取的一种措施。对于一侧有电源的受电变压器,当其断路器非全相断、合时,其中性点不接地有以下危险:

a.变压器电源侧中性点对地电压最大可达相电压,这可能损坏变压器的绝缘。

b.变压器的高、低压绕组之间有电容,这种电容会造成高压对低压的“传递过电压”。

c.当变压器高低压绕组之间电容耦合,低压侧会有电压,达到谐振条件时,可能会出现谐振过电压,损坏绝缘。

对于低压侧有电源的送电变压器,当非全相并入系统时,在一相与系统相连时,由于发电机和系统的频率不同,变压器中性点又未接地,该变压器中性点对地电压最高将是2倍相电压,未合相的电压最高可达2.73倍相电压,将造成绝缘损坏事故。

③超高压长线路末端空载变压器的操作。由于电容效应,超高压长距离线路的末端电压会升高,空载变压器投入时,由于铁芯的严重饱和,将感应出高幅值的高次谐波电压,严重威胁变压器的绝缘。操作前要降低线路首端电压和将末端变电站内的电抗器投入,使得操作时

电压在允许范围内。

(4)变压器中性点接地开关的操作

1)变压器中性点接地开关的操作原则

①若数台变压器并列于不同的母线上运行时,则每一条母线至少需有一台变压器中性点直接接地,以防止母联断路器跳开后使某一母线成为不接地系统。

②若变压器低压侧有电源,则变压器中性点必须直接接地,以防止高压侧断路器跳闸,变压器成为中性点绝缘系统。

③若数台变压器并列运行,正常时只允许一台变压器中性点直接接地。在变压器操作时,应始终至少保持原有的中性点直接接地个数。例如,两台变压器并列运行,#1 变压器中性点直接接地,#2 变压器中性点间隙接地。#1 变压器停运之前,必须首先合上#2 变压器的中性点接地开关,同样地必须在#1 变压器(中性点直接接地)充电以后,才允许拉开#2 变压器中性点接地开关。

④变压器停电或充电前,为防止断路器三相不同期或非全相投入而产生过电压影响变压器绝缘,必须在停电或充电前将变压器中性点直接接地。

2)变压器中性点接地开关的操作

两台变压器并联运行,在倒换中性点接地开关时,应先将原未接地的中性点接地开关合上,再拉开另一台变压器中性点接地开关,并应考虑零序电流保护的切换。

(5)变压器操作中异常情况的处理原则

①强迫油循环风冷变压器在充电过程中,应检查冷却系统运行正常;若异常应查明原因,处理正常后方可带负荷运行。

②变压器电源侧断路器合上后,若发现下列情况之一者,应立即拉开变压器电源侧断路器,将其停运。

a. 声响明显增大,很不正常,内部有爆裂声。

b. 严重漏油或喷油,使油面下降到低于油位计的指示限度。

c. 套管有严重的破损和放电现象。

d. 变压器冒烟着火等。

6.7.2 仿真实例分析

(1)典型操作任务操作票及分析

操作任务一　将#1 主变由运行转检修(10 kV IA 母线转由#2 主变供电)

将#1 主变由运行转检修操作顺序、操作项目及目的见表 6.18。

表 6.18　将#1 主变由运行转检修操作顺序、操作项目及目的

顺序	操作项目	操作目的
1	检查#1 主变变中中性点地刀 1019 在合上位置	确认#1 主变 220 kV,110 kV 中性点都在合上位置
2	检查#1 主变变高中性点地刀 2019 在合上位置	

续表

顺序	操作项目	操作目的
3	经调度令合上#2 主变变高中性点 2029 地刀	合上#2 主变 220 kV,110 kV 中性点,保证在#1 主变退出运行后本站 220 kV,110 kV 系统仍为中性点直接接地系统
4	检查#2 主变变高中性点 2029 地刀在合上位置	
5	经调度令合上#2 主变变中中性点 1029 地刀	
6	检查#2 主变变中中性点 1029 地刀在合上位置	
7	检查 10 kV 分段 IA 母侧 9001 刀闸确在合闸位置	检查 900 开关在热备用
8	检查 10 kV 分段 900 小车开关在“工作”位置	
9	拉开#2 电容 932 开关	退出 10 kV Ⅰ B 母线段上的电容器
10	检查#2 电容 932 开关确在分闸位置	
11	拉开#3 电容 933 开关	
12	检查#3 电容 933 开关确在分闸位置	
13	拉开#4 电容 934 开关	
14	检查#4 电容 934 开关确在分闸位置	
15	合上 10 kV 分段 900 开关	合上 900 开关,使 10 kV IA 段和 10 kV Ⅱ 段并联
16	检查 10 kV 分段 900 开关确在合闸位置	
17	拉开#1 主变 10 kV 侧 IB 母分支 904 开关	#1 主变 10 kV 侧停电
18	检查#1 主变 10 kV 侧 IB 母分支 904 开关在分闸位置	
19	检查#2 主变负荷分配情况	
20	检查#3 主变负荷分配情况	
21	拉开#1 主变 10 kV 侧 IA 母分支 901 开关	
22	检查#1 主变 10 kV 侧 IA 母分支 901 开关在分闸位置	
23	拉开#1 主变 110 kV 侧 101 开关	拉开#1 主变中压、高压侧开关,#1 主变由运行转热备用
24	检查#1 主变 110 kV 侧 101 开关在分闸位置	
25	拉开#1 主变 220 kV 侧 201 开关	
26	检查#1 主变 220 kV 侧 201 开关在分闸位置	

续表

顺序	操作项目	操作目的
27	拉开#1 主变 10 kV 侧 IB 母分支 904 开关主变侧 9046 刀闸	拉开#1 主变 10 kV 侧所有刀闸
28	检查#1 主变 10 kV 侧 IB 母分支 904 开关主变侧 9046 刀闸在拉开位置	
29	拉开#1 主变 10 kV 侧 IA 母分支 901 开关主变侧 9016 刀闸	
30	检查#1 主变 10 kV 侧 IA 母分支 901 开关主变侧 90116 刀闸在拉开位置	
31	拉开#1 主变 10 kV 侧主变 9011 刀闸	
32	检查#1 主变 10 kV 侧主变 9011 刀闸在拉开位置	
33	投入#1 主变 110 kV 侧 101 开关端子箱刀闸操作电源	拉开#1 主变 110 kV 侧 101 开关两侧刀闸,101 开关由热备用转冷备用
34	拉开#1 主变 110 kV 侧主变 1014 刀闸	
35	检查#1 主变 110 kV 侧主变 1014 刀闸在拉开位置	
36	拉开#1 主变 110 kV 侧Ⅰ母 1011 刀闸	
37	检查#1 主变 110 kV 侧Ⅰ母 1011 刀闸在拉开位置	
38	检查#1 主变 110 kV 侧Ⅱ母 1012 刀闸在拉开位置	
39	退出#1 主变 110 kV 侧 101 开关端子箱刀闸操作电源	
40	投入#1 主变 220 kV 侧 201 开关端子箱刀闸操作电源	拉开#1 主变 220 kV 侧 201 开关两侧刀闸,201 开关由热备用转冷备用
41	拉开#1 主变 220 kV 侧主变 2014 刀闸	
42	检查#1 主变 220 kV 侧主变 2014 刀闸在拉开位置	
43	拉开#1 主变 220 kV 侧Ⅰ母 2011 刀闸	
44	检查#1 主变 220 kV 侧Ⅰ母 2011 刀闸在拉开位置	
45	检查#1 主变 220 kV 侧Ⅱ母 2012 刀闸在拉开位置	
46	退出#1 主变 220 kV 侧 201 开关端子箱刀闸操作电源	
47	拉开#1 主变 110 kV 侧中性点 1019 地刀	拉开#1 主变中性点接地刀闸
48	检查#1 主变 110 kV 侧中性点 1019 地刀在拉开位置	
49	拉开#1 主变 220 kV 侧中性点 2019 地刀	
50	检查#1 主变 220 kV 侧中性点 2019 地刀在拉开位置	
51	取下#1 主变控制电源、保护总保险 01RD,02RD	取下#1 主变控制、保护、信号电源保险
52	取下#1 主变信号电源保险	

续表

顺序	操作项目	操作目的
53	取下#1 主变测温装置保险	取下#1 主变冷控控制电源、有载调压控制电源保险
54	取下#1 主变抽头指示保险	
55	在#1 主变 220 kV 侧主变 2014 刀闸靠主变侧验明三相无电压	在#1 主变三侧接地
56	合上#1 主变 220 kV 侧主变 20160 地刀	
57	检查#1 主变 220 kV 侧主变 20160 地刀在合上位置	
58	在#1 主变 110 kV 侧主变 1014 刀闸靠主变侧验明三相无电压	
59	合上#1 主变 110 kV 侧主变 10160 地刀	
60	检查#1 主变 110 kV 侧主变 10160 地刀在合上位置	
61	在#1 主变 10 kV 侧主变 9011 刀闸靠主变侧验明三相无电压	
62	在#1 主变 10 kV 侧主变 9011 刀闸靠主变侧安装 10 kV 临时地线一组#1	
63	退出#1 主变保护Ⅰ屏 1LP17“高压侧启动失灵”压板	防止检修调试#1 主变时引起保护误动作,使得运行开关误跳闸
64	退出#1 主变保护Ⅰ屏 1LP18“跳高母联 260”压板	
65	退出#1 主变保护Ⅰ屏 1LP21“跳中压侧母联 110”压板	
66	退出#1 主变保护Ⅰ屏 1LP26“跳低压侧分段 900”压板	
67	退出#1 主变保护Ⅱ屏 2LP17“高压侧启动失灵”压板	
68	退出#1 主变保护Ⅱ屏 2LP18“跳高母联 260”压板	
69	退出#1 主变保护Ⅱ屏 2LP21“跳中压侧母联 110”压板	
70	退出#1 主变保护Ⅱ屏 2LP26“跳低压侧分段 900”压板	
71	检查#1 主变保护Ⅱ屏 2LP16“跳高压侧旁路 290”压板在退出位置	
72	检查#1 主变保护Ⅱ屏 2LP20“跳中压侧旁路 100”压板在退出位置	

续表

顺序	操作项目	操作目的
73	在#1 主变变高 201 开关控制把手悬挂“禁止合闸，有人工作”标识牌	悬挂标识牌
74	在#1 主变变中 101 开关控制把手悬挂“禁止合闸，有人工作”标识牌	
75	在#1 主变变低 IA 母分支 901 开关控制把手悬挂“禁止合闸，有人工作”标识牌	
76	在#1 主变变低 IB 母分支 904 开关控制把手悬挂“禁止合闸，有人工作”标识牌	
77	在#1 主变变高 201 开关端子箱悬挂“禁止合闸，有人工作”标识牌	
78	在#1 主变变中 101 开关端子箱悬挂“禁止合闸，有人工作”标识牌	
79	在#1 主变 10 kV 侧 9011 刀闸操作把手上悬挂“禁止合闸，有人工作”标识牌	

操作任务二　将#1 主变由检修转运行

将#1主变由检修转运行操作顺序、操作项目及目的见表 6.19。

表 6.19　将#1 主变由检修转运行操作顺序、操作项目及目的

顺序	操作项目	操作目的
1	取下#1 主变三侧各开关、端子箱、刀闸操作把手上的标识牌	解除标识牌
2	拆除#1 主变 10 kV 侧刀闸 9011 主变侧 10 kV 临时接地线一组#1	拉开#1 主变各侧接地刀闸或拆除接地线
3	拉开#1 主变 110 kV 侧主变 10160 地刀	
4	检查#1 主变 110 kV 侧主变 10160 地刀在分开位置	
5	拉开#1 主变 220 kV 侧主变 20160 地刀	
6	检查#1 主变 220 kV 侧主变 2060 地刀在分开位置	
7	投入#1 主变抽头指示保险	投入#1 主变有载调压控制电源、冷控控制电源保险
8	投入#1 主变测温装置保险	
9	投入#1 主变信号电源保险	投入#1 主变控制、保护、信号电源保险
10	投入#1 主变控制保护电源、保险 01RD,02RD	

续表

顺序	操作项目	操作目的
11	投入#1 主变保护Ⅰ屏 1LP17“高压侧启动失灵”压板	投入压板
12	投入#1 主变保护Ⅰ屏 1LP18“跳高母联 260”压板	
13	投入#1 主变保护Ⅰ屏 1LP21“跳中压侧母联 110”压板	
14	投入#1 主变保护Ⅰ屏 1LP26“跳低压侧分段 900”压板	
15	投入#1 主变保护Ⅱ屏 2LP17“高压侧启动失灵”压板	
16	投入#1 主变保护Ⅱ屏 2LP18“跳高母联 260”压板	
17	投入#1 主变保护Ⅱ屏 2LP21“跳中压侧母联 110”压板	
18	投入#1 主变保护Ⅱ屏 2LP26“跳低压侧分段 900”压板	
19	合上#1 主变 220 kV 侧中性点 2019 地刀	合上#1 主变中性点接地刀闸
20	检查#1 主变 220 kV 侧中性点 2019 地刀确在合上位置	
21	合上#1 主变 110 kV 侧中性点 1019 地刀	
22	检查#1 主变 110 kV 侧中性点 1019 地刀确在合上位置	
23	投入#1 主变 220 kV 侧 201 开关端子箱刀闸操作电源	依次合上#1 主变高、中、低三侧刀闸，#1 主变转为热备用
24	合上#1 主变 220 kV 侧Ⅰ母 2011 刀闸	
25	检查#1 主变 220 kV 侧Ⅰ母 2011 刀闸确在合上位置	
26	合上#1 主变 220 kV 侧主变 2014 刀闸	
27	检查#1 主变 220 kV 侧主变 2014 刀闸确在合上位置	
28	退出#1 主变 220 kV 侧 201 开关端子箱刀闸操作电源	
29	投入#1 主变 110 kV 侧 101 开关端子箱刀闸操作电源	
30	合上#1 主变 110 kV 侧Ⅰ母 1011 刀闸	
31	检查#1 主变 110 kV 侧Ⅰ母 1011 刀闸确在合上位置	
32	合上#1 主变 110 kV 侧主变 1014 刀闸	
33	检查#1 主变 110 kV 侧主变 1014 刀闸确在合上位置	
34	退出#1 主变 110 kV 侧 101 开关端子箱刀闸操作电源	
35	合上#1 主变 10 kV 侧主变 9011 刀闸	
36	检查#1 主变 10 kV 侧主变 9011 刀闸确在合上位置	
37	合上#1 主变 10 kV 侧 IA 母分支 901 开关主变侧 9016 刀闸	
38	检查#1 主变 10 kV 侧 IA 母分支 901 开关主变侧 9016 刀闸在合上位置	
39	合上#1 主变 10 kV 侧 IB 母分支 904 开关主变侧 9046 刀闸	
40	检查#1 主变 10 kV 侧 IB 母分支 904 开关主变侧 9046 刀闸在合上位置	

续表

顺序	操作项目	操作目的
41	解除同期合上#1 主变 220 kV 侧 201 开关	依次合上#1 主变高、中、低三侧开关,#1 主变由热备用转运行
42	检查#1 主变 220 kV 侧 201 开关确在合闸位置	
43	经同期合上#1 主变 110 kV 侧 101 开关	
44	检查#1 主变 110 kV 侧 101 开关确在合闸位置	
45	合上#1 主变 10 kV 侧 IA 母分支 901 开关	
46	检查#1 主变 10 kV 侧 IA 母分支 901 开关确在合闸位置	
47	合上#1 主变 10 kV 侧 IB 母分支 904 开关	
48	检查#1 主变 10 kV 侧 IB 母分支 904 开关确在合闸位置	
49	拉开 10 kV 分段 900 开关	拉开 900 开关,检查负荷分配
50	检查 10 kV 分段 900 开关在分闸位置	
51	检查主变负荷分配情况正常	
52	拉开#2 主变 220 kV 侧中性点 2029 地刀	拉开#2 主变中性点接地刀闸
53	检查#2 主变 220 kV 侧中性点 2029 地刀在分开位置	
54	拉开#2 主变 110 kV 侧中性点 1029 地刀	
55	检查#2 主变 110 kV 侧中性点 1029 地刀在分开位置	

(2)危险点分析及预控措施

将#1 主变由运行转检修危险点分析及预控措施见表 6.20。

表 6.20　将#1 主变由运行转检修危险点分析及预控措施

序号	操作目的	危险点	预控措施
1	将#1 主变由运行转热备用	操作过电压	为防止开关非同期分闸而产生过电压,在拉空载变压器前,必须合上其中性点直接接地系统的中性点接地刀闸
2	将#1 主变由热备用转冷备用	(1)带负荷拉刀闸	在操作刀闸前,首先应检查开关三相确已拉开,其次应判断拉开该刀闸时是否会产生弧光,在确保不发生差错的前提下,对于会产生弧光的操作,则操作时应迅速而果断,尽快使电弧熄灭,以免触头烧坏
		(2)错拉刀闸	手动拉刀闸时,应先慢而谨慎,如触头刚分离时发生弧光,则应迅速合上,这时应立即检查,是否由于误操作而引起弧光;若刀闸已拉开严禁再次合上

续表

序号	操作目的	危险点	预控措施
2	将#1 主变由热备用转冷备用	(3)电动刀闸分闸失灵	应查明原因,检查是否由于机构异常引起失灵,只有在确保操作正确(即该刀闸相关联的设备状态正确)的前提下,才能手动操作分闸,操作前应断开电动刀闸控制电源
		(4)电动刀闸操作后未断开控制电源	若刀闸电动机等回路异常或人为误碰,可能造成刀闸自合闸而导致事故,因此电动刀闸操作后,应及时断开刀闸控制电源
		(5)手动分闸操作方法不正确	无论用手动或绝缘拉杆操作隔离开关分闸时,都应果断而迅速。先拔出连锁销子再进行分闸,当刀片刚离开固定触头时应迅速,以便迅速消弧;但在分闸终了时要缓慢些,防止操动机构和支持绝缘子损坏,最后应检查连锁销子是否销好
		(6)解锁操作刀闸	刀闸闭锁打不开时,应严格履行解锁申请和批准手续,解锁操作前,应认真核对设备编号和闭锁钥匙以及设备的实际状态,方可进行实际操作
		(7)刀闸分闸不到位	刀闸拉开后要注意认真检查,确认刀闸端口张开角或刀闸断开的距离应符合要求
3	将#1 主变由冷备用转检修	(1)不试验验电器,使用不合格的验电器	验电器应进行检查试验合格,验电时必须戴绝缘手套
		(2)验电时站位不合适	验电时应根据现场情况站在便于操作和安全的地方,不能使验电器或绝缘杆的绝缘部分过分靠近设备构架,以免造成绝缘部分被短接
		(3)验电方法错误	验电时要使验电器的触头接触导体,三相逐相进行验电;在验电前应在带电的设备上进行试验,在带电设备上进行试验时应在线路侧进行,不能在靠近母线侧进行试验
		(4)误合开关侧接地刀闸	认真核对设备编号,严格执行监护唱票复诵制度
		(5)漏断变压器有载调压和冷控电源开关	变压器检修时,应断开有载调压控制电源和冷控控制电源开关,以防危及人身安全

思考题

1. 什么叫倒闸操作?

2. 解释电气设备的热备用和冷备用状态。

3. 请描述线路的停送电操作原则和变压器的停送电操作原则。

4. 手写倒闸操作票哪些文字不得涂改?

5. 什么叫电气设备双重名称?

6. 哪些操作项目应填入操作票?

7. 请描述倒闸操作标准化作业流程。

技能题

用变电站倒闸操作票标准格式填写下列操作任务,并在仿真机上操作。

操作任务一　将 220 kV 汕阳线 262 开关由运行转检修

操作任务二　将 220 kV 汕阳线 262 开关由检修转运行

操作任务三　将 220 kV 汕阳线 262 线路由运行转检修

操作任务四　将 220 kV 汕阳线 262 线路由检修转运行

操作任务五　将 220 kV Ⅰ,Ⅱ母并列运行,Ⅱ母 PT 由运行转检修

操作任务六　将 220 kV Ⅱ母 PT 由检修转运行

操作任务七　将 220 kV 汕阳线 262 开关由运行转检修,220 kV 旁路 290 开关由热备用转运行

操作任务八　将 220 kV 汕阳线 262 开关由检修转运行,220 kV 旁路 290 开关由运行转热备用

操作任务九　将 220 kV 汕阳线 262 开关从Ⅰ母倒至Ⅱ母运行

操作任务十　将 220 kV 由双母并列运行转单母运行,220 kV Ⅰ母由运行转检修

操作任务十一　将 220 kV Ⅰ母由检修转运行,220 kV 恢复双母并列运行

操作任务十二　将#2 主变由运行转检修

操作任务十三　将#2 主变由检修转运行

单元 7　变电站事故处理

知识目标

➢ 能描述变电站事故处理的原则和一般程序。
➢ 能描述变电站典型事故类型。

技能目标

➢ 能根据变电站事故发生后的各种信号和现象,正确判断事故类型。
➢ 能正确处理变电站典型事故。

项目 7.1　事故处理概述

电力系统中的事故,可分为电气设备事故和电力系统事故两大类。如电气设备发生事故,将使所在系统和客户受到影响,这属于局部性事故;而电力系统发生事故,将使系统解列成几个部分,破坏了整个系统的稳定性,是使大量客户受影响的系统性事故。电气设备事故,可能会发展成为系统性事故,影响整个系统的稳定性。而系统性事故,又可能使某些电气设备损坏。因此,在处理事故和异常运行时,必须立足于电网,在调度的统一指挥下进行正确的检查、分析和判断。

7.1.1　事故处理原则

事故处理的重要原则,要坚持"保人身、保电网、保对客户供电、保设备"的原则。在事故处理中只有符合上述"四保"原则,才能保证事故处理的正确性。

"保人身",是说保证人身安全是第一位的。如果发生的事故对于人身安全存在威胁,就要首先解除对人身的威胁;发生了对人身有伤害的事故,首先要进行解救。

"保电网",是要求变电运行人员要有电网的观念,保电网比保设备和其他更重要,不能把思路禁锢在变电站的圈子内。如果不能保电网,就谈不上保对客户供电和保设备。

"保对客户的供电",就是要正确处理好排除设备的故障与恢复供电之间的关系,这需要用正确的分析、判断来保证。一般情况下,应当对具备送电条件的客户先恢复供电,先恢复无故障设备的运行,再检查处理故障设备,以减小损失。否则,将扩大事故和延误恢复送电,造成不应有的损失。

"保设备",就是保证电力设备正常可靠运行。

事故处理的一般原则如下:

①根据当时的运行方式、天气、工作情况、继电保护及自动装置的动作情况、报出的信号、表计指示和设备情况,判明事故的性质和范围,迅速限制事故的发展,消除事故的根源,解除

对人身、电网和设备安全的威胁。

要想正确、迅速地处理事故,首先必须准确判断出事故的性质和范围,包括因事故影响的停电范围和故障可能发生的范围。明确了这些范围,处理时才不会扩大事故,才能及时恢复供电和系统的正常运行。否则,向故障点合闸送电,会加重设备损坏,甚至扩大事故范围和影响。

变电站微机综合自动化监控系统后台机显示和打印出来的事件顺序信息,记录了各种信号、断路器分合闸动作、保护装置动作和异常信息以及操作、通信等发生的时刻和次序,是分析事故的重要依据。保护屏上的故障信息、测距报告以及保护动作信号,则是分析和判断故障的重要依据。

②迅速消除系统振荡,阻止频率、电压的继续恶化,防止频率和电压崩溃,恢复系统稳定。

③采取一切可能的措施保持设备继续运行,保持对客户的供电。事故处理中,对于那些如果停止运行,可能会影响系统安全和对客户供电的设备,即使存在过负荷等问题,也应当设法保持继续运行。经过调整、倒换运行方式使系统和设备恢复正常,做到不对客户停电,保持系统之间的联系。

④尽快恢复对已停电客户的供电,要优先恢复站用电,优先恢复对重要客户的供电。恢复电网稳定运行,恢复对客户的供电,是事故处理的根本目的。

⑤设备发生损坏且无法自行处理时,应立即汇报上级。在检修人员到达现场之前,应先做好安全措施。

⑥调整系统运行方式,恢复正常运行。

7.1.2 事故处理的一般程序

①及时检查记录保护及自动装置的动作信号和事故象征。

②迅速对故障范围内的设备进行外部检查,并将事故象征和检查情况向调度汇报。

③根据事故象征,分析判断故障范围和事故停电范围。

④采取措施,限制事故的发展,解除对人身和设备安全的威胁。

⑤对无故障部分恢复供电。

⑥迅速隔离或排除故障,恢复供电。

⑦对损坏的设备做好安全措施,向有关上级汇报,由专业人员检修故障设备。

事故处理的一般程序可以概括为及时记录,迅速检查,简明汇报,认真分析,准确判断,限制发展,排除故障,恢复供电。当然。也不是在任何情况下都生搬硬套。例如,设备发生故障时,如果现场实际条件许可,应首先经倒运行方式恢复供电,然后再检查处理设备的故障。

7.1.3 事故处理的注意事项

①事故处理时,应设法保证站用电不能失压。如果在发生事故时已经失去了站用电,应当首先设法恢复站用电。在夜间,应考虑事故照明。站用电的地位很重要,失去站用电就可能失去操作能源,失去调度、通信电源,将给事故处理带来很大的困难。对于强油风冷变压器,失去站用电意味着将失去冷却电源,如果在规定时间内站用电不能恢复,会使事故停电范围扩大。

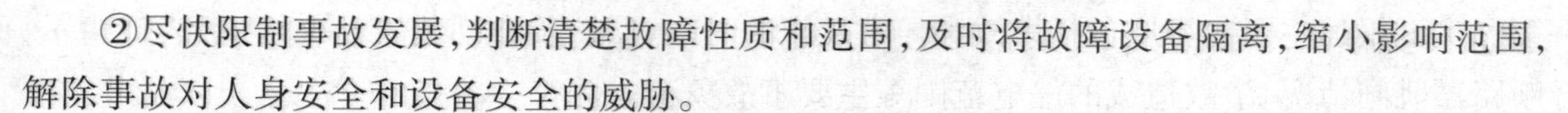

②尽快限制事故发展，判断清楚故障性质和范围，及时将故障设备隔离，缩小影响范围，解除事故对人身安全和设备安全的威胁。

③将故障现象、表计指示变化、所报信号、保护及自动装置动作情况、处理过程中与调度的联系、调度命令、操作、时间等做详细记录。

全面掌握事故时的保护及自动装置动作情况，对正确分析判断事故至关重要。为了全面掌握这些重要的依据，检查、记录和恢复保护信号应同时进行，并且应当一直到信号全部复归为止，做到全面地检查保护及自动装置的动作情况，不要遗漏，防止造成误判断。

全面掌握事故时的保护及自动装置动作情况，要以保护屏上的信号为主要依据。既要检查记录后台机上信号、测量信息、设备位置显示变化，还要检查保护屏上的保护信号，因为综合自动化监控装置不能全面地反映保护装置的每一种异常情况。另外，连续报出的信号比较多时，后面的信号可能会覆盖前面的信号，造成比较重要的事故信号可能不在屏幕当前的画面上。因此，运行人员很有必要在后台机上，调出当前所报全部信号，从保护屏上、后台机上打印出保护动作及故障测距信息，打印事件顺序信息报告和故障录波报告。

上述信息、报告有助于判断事故性质、范围和事件发生的顺序，有利于正确处理事故。

全面掌握事故时的保护及自动装置动作情况，并不是检查保护动作信号时，对每一个信号都要查看。报出事故信号时，要首先看各级母线电压指示情况，接着检查断路器跳闸情况。搞清楚事故停电范围，依据上述情况，有目标、有针对性地全面检查保护动作信号。

发生事故跳闸后，绝大多数信号能够复归。但是，对于变压器瓦斯保护和压力释放保护则不一样；瓦斯保护的信号可能会不能立即复归；而压力释放保护的信号，需要人为手动使压力释放器复位，才能复归信号。

④要注意记录保护装置的异常情况。在事故处理中，发现某线路或设备保护装置有异常，通常可能是越级跳闸、保护不正确动作、保护拒动、误动等造成的。例如，断路器位置指示灯不亮、有“控制回路断线”信号、微机保护装置液晶显示器无显示或显示异常、微机保护装置各电源指示灯和位置指示灯不亮、有保护自检出错报告信息，保护就可能拒动。微机保护装置的CPU，如果检测到有装置本身硬件发生故障，如RAM异常、程序存储器出错、EPROM出错、定值无效、光电隔离失电报警、DSP出错、跳闸出口异常、直流电源异常、采样数据异常等，将报出装量闭锁信号，同时闭锁整套保护，保护装置“运行”灯熄灭。

⑤发生事故时，对于装有自动装置的，如果自动装置应该动作而没有动作时，可手动执行。例如，系统中发生了事故，电力系统频率已经降低到“低频减载装置”的动作值，如果该装置应该动作而没有动作，值班人员应立即手动操作，将应跳闸而没有跳闸的断路器断开，降低负荷，使频率回升到正常值，促使系统尽快恢复正常。但是，对于备用电源自投装置，如果应动作而没有动作，应当按现场规程规定执行。后备保护动作跳闸时，自投装置如果没有动作，手动执行是不合适的，可能会重新向故障点送电。由于电源失压，自投装置应该动作而没有动作，可手动执行，但必须先断开失压的电源，后投入备用电源。

⑥事故处理过程中，应及时将出现的情况、保护及自动装置动作信号、处理和操作情况汇报调度，听从调度的指挥。发生事故时，应当汇报调度。事故处理中的每一阶段也要汇报。

第一次汇报的主要内容应包括事故和异常发生的时间、保护及自动装置动作情况、表计指示、断路器跳闸情况、事故造成的停电范围等主要事故象征。

⑦为了能够准确地分析事故，准确地分析设备的故障原因，在不影响事故处理且不影响停送电的情况下，应尽可能地保留事故现场和故障设备的原状。例如，线路故障越级跳闸以后，为了查明断路器不跳闸的原因，短时间不能恢复供电时，在停电情况下，可以将拒跳断路器两侧隔离开关拉开；先将无故障部分恢复送电正常以后，再分析检查故障原因。如果先人为地使不跳闸的断路器动作，则某些故障可能会暂时性地自行消失，这将会导致找不到故障原因。

⑧事故处理中的操作，应该注意防止误使系统解列或非同期并列。对于联络线，应尽量经并列装置检同期合闸。确认线路上无电时，方可将并列装置投于“手动”位置。无并列装置的，应确知线路上无电或无非同期并列的可能时方能合闸。合联络线断路器之前，应该明确当前操作的性质，搞清楚当前操作的目的，是对线路充电、合环操作，还是系统之间的并列操作，这是防止非同期并列的有效措施。

⑨恢复送电和调整运行方式的操作程序，应当考虑方便不同电源的系统之间的并列操作。

⑩注意备用电源的负荷能力。事故处理时，某些设备（如变压器）在一定条件下，允许过负荷运行，但要注意设备的允许运行条件。特别是对于利用变压器中压侧的备用电源恢复送电时，能不能带全部负荷；要注意防止因负荷增大使保护误动作，同时加强监视并及时消除过负荷。

⑪因事故处理的需要改变运行方式时，应注意保护和自动装置的投退方式，应按现场规程的规定作相应的改动，以适应新运行方式的要求（如母线保护、断路器保护、失灵保护、变压器后备保护的联跳回路、变压器中性点零序保护等）。

⑫做保护及断路器传动试验时，注意退出联跳其他运行断路器的压板，并退出其启动失灵保护的压板，防止传动时误跳其他运行断路器。

⑬处理好排除设备故障与恢复供电之间的关系。除了灭火、解除对人身和设备安全的威胁以外，应首先对无故障部分恢复供电，恢复系统之间的联系，再检查故障设备的问题。一般来说，发生事故时，故障点应该在已经停电的范围之内。但是，在已经停电的范围内，不一定每一方面都有故障。因此，处理事故应该按照一般原则，对于经过判定无故障的部分，应先恢复供电。对于故障点所在的范围，应先隔离故障，然后恢复供电，再检查处理故障设备的问题。故障设备的故障排除之后，如果具备送电的条件，就恢复供电。

⑭在某些紧急情况下，为了防止事故扩大，解除事故对人身安全和设备安全所必须进行的操作，可以先执行，事后再向调度汇报。这些情况如下：

a. 危及人身和设备安全的事故。

b. 将已损坏的设备隔离。

c. 母线失压时，按现场规程的规定，将失压母线上所连接的断路器断开。

d. 站用电全停或部分停止时，恢复站用电的操作。

e. 事故处理规程中有明文规定可以先执行然后汇报的操作。例如,与调度失去通信联系时,或者调度授权自行处理时,可以按现场规程的规定执行。同时,要设法与调度取得联系。

⑮在事故处理中,有关上级领导到现场,可对事故处理给予指导。但是,对于所有事故处理中的操作命令,必须由调度员发布。

项目7.2　事故处理分析与仿真(一):线路事故

输电线路因其面广量大,以及受环境、气候等外部影响大等因素的存在,因而具有很高的故障概率,线路跳闸事故是变电所发生率最高的输变电事故。线路故障一般有单相接地、相间短路、两相接地短路等多种形态,其中以单相接地最为频繁,有统计表明,该类故障占全部线路故障的95%以上。

线路事故处理对于变电站处理来说没有什么难度,主要掌握线路操作、设备检查,掌握有关规定,难点在如何配合调度根据各种信息初步判别故障性质,故障位置,正确处理故障。要学会根据各种信息初步判断,必须掌握如何调用报告和阅读报告。

7.2.1　线路事故原因

(1)雷害

线路遭受雷击引起绝缘子串闪络故障,有时会引起绝缘子断串,可能在线夹到防振锤之间的导线上留下痕迹,造成闪络面积大或断线等事故。

(2)大风

风速超过或接近设计风速,加之线路本身的局部缺陷,如超过杆塔机械强度,使杆塔倾倒或损坏等,使导线产生振动、跳跃和碰线,从而引起故障;同塔双回线路若不同步风摆可能造成混线短路故障。

(3)洪水暴雨

雷雨季节、季节洪水冲刷杆塔基础,从而引起基础边坡塌方、塔基裂缝、沉降或是更严重的倒杆倒塔故障。

(4)外力破坏

线路遭到人为的破坏而引起故障。例如,线路附近开挖土石方引起的杆塔倾斜或倾倒;线路附近操作起吊施工机械(或来往车辆)碰撞导线或杆塔、拉线等,造成的断线、倒杆故障;又如在线路附近放风筝、超高树林、漂浮物、火烧山、盗窃等,这些都会造成线路故障影响线路的正常运行,也可能造成严重的事故。

(5)覆冰

当线路导线、避雷线上出现严重覆冰时,首先是加重导线和杆塔的机械负荷,使导线弧垂过分增大,从而造成混线、断线或倒杆倒塔、横担变形;当导线、避雷线上的覆冰脱落时,又会引起导线舞动造成导线之间或导线与避雷线之间短路故障。

(6)污闪

在工业区,特别是化工区或其他污染源的地区,所产生的尘污或有害气体,会使绝缘子的绝缘能力显著降低,以致在潮湿多雾或下毛毛雨的天气,绝缘子串往往发生大面积的污秽闪络,造成停电事故,有此氧化作用很强的气体,则会腐蚀金属塔、导线、避雷线和金具等。

(7)鸟害

鸟在杆塔上筑巢或线路的杆塔上停落,芦苇、稻草、鸟大便,有时大鸟穿过导线飞翔,均可能造成线路接地或短路。

(8)本体缺陷

由于线路如工艺问题、电气距离问题、材料质量等本体缺陷原因,在长时间受微风振动、气温变化的影响下也会造成线路故障。

7.2.2 输电线路故障类型

(1)从故障性质上分类

①单相接地。

②两相相间短路。

③两相接地短路。

④三相相间短路。

⑤三相接地短路。

⑥线路断线故障。

(2)从故障持续时间分类

①瞬时性故障。

②永久性故障。

7.2.3 线路故障的主要现象

①事故音响、预告警铃响,线路断路器变位,故障线路的电流、功率等遥测值发生变化。

②监控系统显示线路保护动作、重合闸动作等光字牌。

③监控系统告警窗显示打压电源启动、故障录波器启动等信号。

④故障线路保护屏显示保护动作情况、故障相别、跳闸相别、重合闸动作情况。

7.2.4 处理线路保护跳闸的一般要求

①线路保护动作跳闸时,运行值班人员应认真检查、记录保护及自动装置的动作情况,检查故障录波器动作情况。对于微机保护装置,应当查看或打印出事件顺序信息报告、故障录波及测距报告(或保护装置采样信息)。根据上述信息,可了解到线路的故障性质(如相间或单相接地故障、永久性或瞬间故障),也可了解到线路的故障情况(如故障相别、故障时的电气量数据、故障点的远近),还可察看保护装置动作和断路器动作情况。通过上述信息,分析保护及自动装置的动作行为,提供输电线路事故巡线、抢修的帮助信息。对于不同类型的线路保护动作跳闸,应加以分析和判断。全线速动的保护装置(如光纤差动保护等)和保护装置第Ⅰ段动作跳闸,属于本线路故障;保护装置的Ⅱ,Ⅲ段动作跳闸,则可能属于下一级线路故障越级跳闸。如果故障测距很近,则故障点可能在站内;如果故障测距显示接近或大于线路长度,则有可能属于下一级线路故障越级跳闸。

②及时向调度汇报,便于调度及时、全面地掌握情况,同时结合系统情况,进行分析判断。

③线路保护动作跳闸,无论重合闸装置是否动作或重合成功与否,均应对断路器及有关设备(包括断路器、隔离开关、电流互感器、耦合电容器、电压互感器、高压电抗器、继电保护装

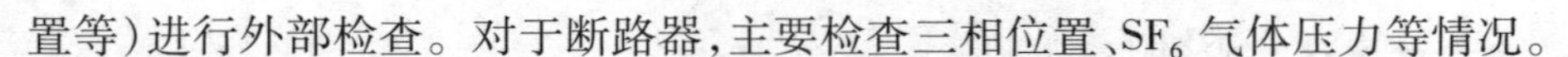

置等)进行外部检查。对于断路器,主要检查三相位置、SF_6 气体压力等情况。

④充电运行的输电线路,跳闸后一律不能试送电。

⑤全电缆线路(或电缆较长的线路)保护动作跳闸以后,没有查明原因,不能试送电。

⑥断路器遮断容量不够、事故跳闸次数累计超过规定时,重合闸装置应退出运行;保护动作跳闸后,一般不能试送电。

⑦低频减载装置、事故联切装置和远切装置,是保证电力系统安全、稳定的重要保护装置。线路断路器由上述装置动作跳闸,说明系统中发生了事故,必须向上级调度汇报。虽然被这些自动装置切除的线路上没有发生接地或短路故障,但是如果系统还没有恢复正常,没有得到上级调度的命令,不准合闸送电。

⑧有带电作业工作的线路,保护动作跳闸,调度员没有得到现场工作负责人的情况汇报,不得发令试送。

⑨联络线跳闸以后,在强送时应确保无非同期合闸的可能。

⑩电缆线路原则上不允许过负荷运行。当双回路、多回路并列运行的电缆其中之一跳闸,造成其他电缆线路过负荷时,应迅速处理,消除过负荷。因事故处理需要,电缆线路一般允许过负荷10%,时间不超过20 min。

⑪220 kV及以上线路不得缺相运行。发现线路两相运行时,运行值班人员应迅速恢复全相运行。如无法恢复,则可以立即断开该线路的断路器,迅速汇报调度。禁止使用经旁母带非全相运行的断路器,不得将两相系统与正常系统并列。线路断路器两相跳闸,应立即断开运行的一相断路器,迅速汇报调度。

7.2.5　瞬时性和永久性故障的区别

为更好掌握瞬时性故障和永久性故障的区别,可从保护动作情况、断路器动作情况以及故障跳闸时间进行分析说明,具体见表7.1。

表7.1　瞬时性故障和永久性故障的区别

故障性质 / 区别项目	瞬时性故障	永久性故障
保护动作情况	线路保护动作一次	线路保护动作两次
重合闸动作情况	重合闸动作、重合成功	重合闸动作、重合不成功
故障录波情况	故障录波一次	故障录波一次
断路器动作情况	断路器跳闸一次,合闸一次	断路器跳闸两次,合闸一次
故障时间	保护动作时间+断路器跳闸时间+重合闸整定时间+断路器合闸时间	保护动作时间+断路器跳闸时间+重合闸整定时间+断路器合闸时间+保护动作时间+断路器三相跳闸时间

7.2.6 线路典型故障仿真实例

(1)线路单相瞬时接地故障

1)事故经过

时间:2012 年 5 月 16 日。

运行方式:仿真 A 站 220 kV 两段母线并列运行,汕阳线、濠阳甲线、#1 主变、#3 主变运行在 220 kV Ⅰ母,两阳线、濠阳乙线、#2 主变运行在 220 kV Ⅱ母,旁路母线热备用在 220 kV Ⅰ母。

现象如下:

①事故音响、预告警铃响。

②监控画面上 220 kV 两阳线 261 开关变位闪烁,位置为合位.

③“两阳线第一组出口跳闸”“两阳线主一保护跳闸”“两阳线主一保护重合闸”“两阳线主二保护跳闸”“两阳线主二保护重合闸”“220 kV 两阳线收发信机动作”“220 kV 两阳线断路器远方操作”等光字牌亮。

④告警信息窗显示信息见表 7.2。

表 7.2 告警信息窗显示信息

动作时间	描 述	动作情况
2012-05-16 13:07:56:953	预告信号	动作
2012-05-16 13:07:56:953	110 kV 录波器 1 装置启动	动作
2012-05-16 13:07:56:953	110 kV 录波器 2 装置启动	动作
2012-05-16 13:07:56:953	220 kV 录波器 1 装置启动	动作
2012-05-16 13:07:56:953	220 kV 录波器 2 装置启动	动作
2012-05-16 13:07:56:953	10 kV 录波器 1 装置启动	动作
2012-05-16 13:07:56:953	10 kV 录波器 2 装置启动	动作
2012-05-16 13:07:56:023	220 kV 两阳线 RCS-931A 装置 RCS931A 保护动作	动作
2012-05-16 13:07:56:023	220 kV 两阳线 RCS-931A 装置 RCS931A 纵联分相差动保护动作	动作
2012-05-16 13:07:56:023	220 kV 两阳线 RCS-931A 装置 RCS931A 纵联零序差动保护动作	动作
2012-05-16 13:07:56:023	220 kV 两阳线 RCS-931A 装置 RCS931A 接地距离Ⅰ段保护动作	动作

续表

动作时间	描　述	动作情况
2012-05-16 13:07:56:023	220 kV 两阳线 RCS-931A 装置 RCS931A 零序过流Ⅰ段保护动作	动作
2012-05-16 13:07:56:023	220 kV 两阳线 FOX-41 装置 FOX41 装置动作	动作
2012-05-16 13:07:56:023	220 kV 两阳线 RCS-902A 装置 RCS902A 保护动作	动作
2012-05-16 13:07:56:023	220 kV 两阳线 RCS-902A 装置 RCS902A 纵联距离动作	动作
2012-05-16 13:07:56:023	220 kV 两阳线 RCS-902A 装置 RCS902A 纵联零序动作	动作
2012-05-16 13:07:56:023	220 kV 两阳线 RCS-902A 装置 RCS902A 接地距离Ⅰ段保护动作	动作
2012-05-16 13:07:56:023	220 kV 两阳线 RCS-902A 装置 RCS902A 零序过流Ⅰ段保护动作	动作
2012-05-16 13:07:56:023	220 kV 两阳线 261 开关 A 相	分闸
2012-05-16 13:07:56:853	220 kV 两阳线 RCS-931A 装置 RCS931A 重合闸动作	动作
2012-05-16 13:07:56:853	220 kV 两阳线 RCS-902A 装置 RCS902A 重合闸动作	动作
2012-05-16 13:07:56:883	220 kV 两阳线 261 开关 A 相	合闸
2012-05-16 13:07:57:883	220 kV 两阳线 261 开关油泵电机启动	动作
2012-05-16 13:08:01:883	220 kV 两阳线 261 开关油泵电机启动	复归

⑤变电站保护装置显示如下：

a. 两阳线 261 操作箱“TA”“CH”灯亮。

b. 两阳线保护 1 装置“跳 A”“重合闸”灯亮。

c. 两阳线保护 1 装置液晶屏显示“电流差动出口 A　00070 ms；电流差动 A　00070 ms；重合闸出口 A　00900 ms；故障测距结果 23.36 km；故障电流 2.4 A”。

d. 两阳线断路器失灵及辅助保护装置液晶屏显示“重合闸出口 A　00900 ms；故障电流 2.4 A”。

e. 两阳线保护 2 装置液晶屏显示“距离启动 A　00000 ms；零序启动 A　00000 ms；纵联距离出口 A　00070 ms；纵联零序出口 A　00070 ms；接地距离Ⅰ段出口 A　00070 ms；零序过流Ⅰ段出口 A　00070 ms；重合闸出口 A　00900 ms；故障测距结果 23.36 km；故障电流 2.4 A”。

f. 光纤通信接口装置“收令 1”“收令 2”“收令 3”“发令 1”“发令 2”“发令 3”灯亮。

⑥故障录波图如图 7.1—图 7.5 所示。

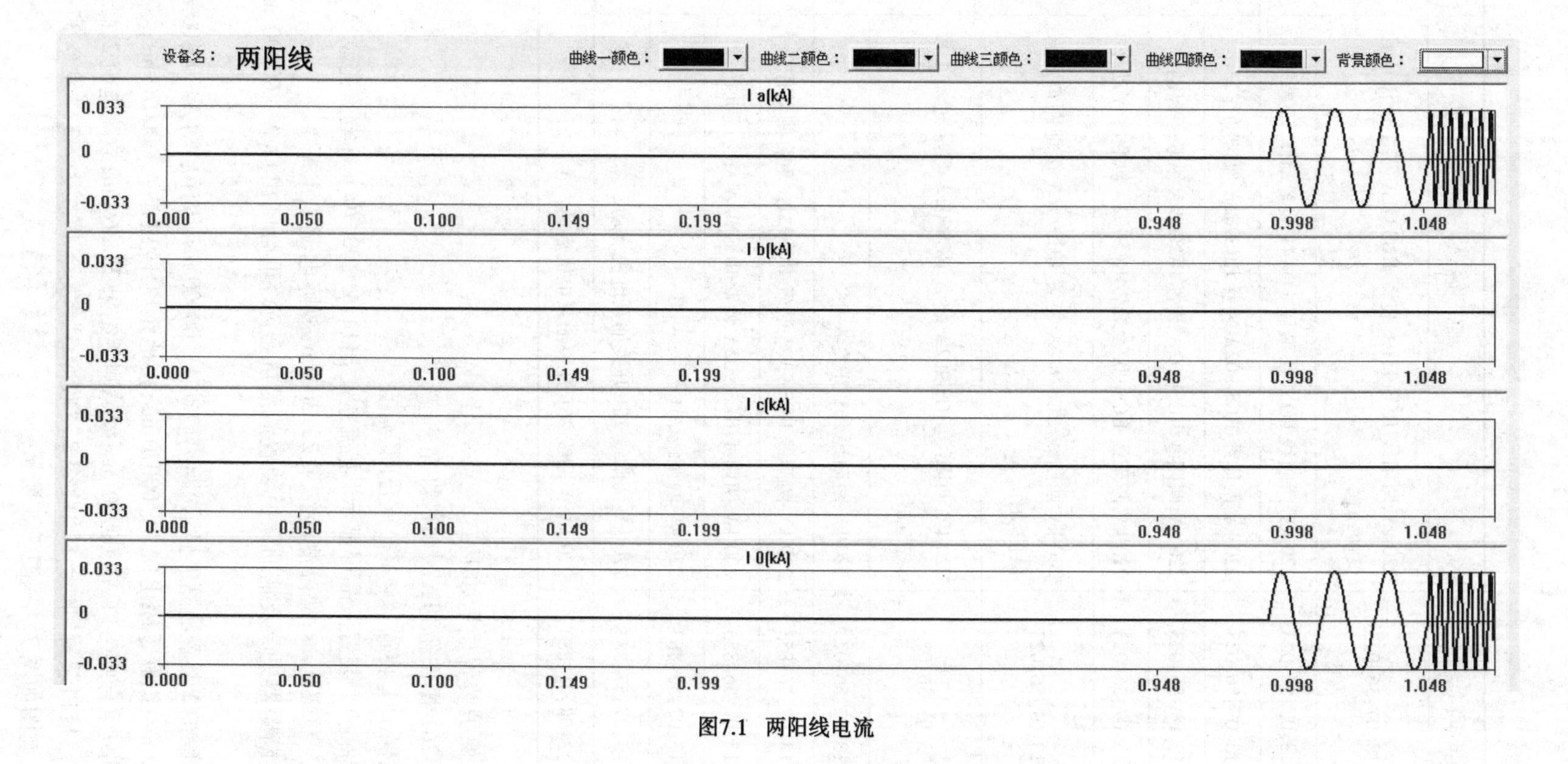

设备名： 两阳线
曲线一颜色：
曲线二颜色：
曲线三颜色：
曲线四颜色：
背景颜色：
I a(kA)
I b(kA)
I c(kA)
I 0(kA)
0.033
0
-0.033
0.000
0.050
0.100
0.149
0.199
0.948
0.998
1.048

图7.1 两阳线电流

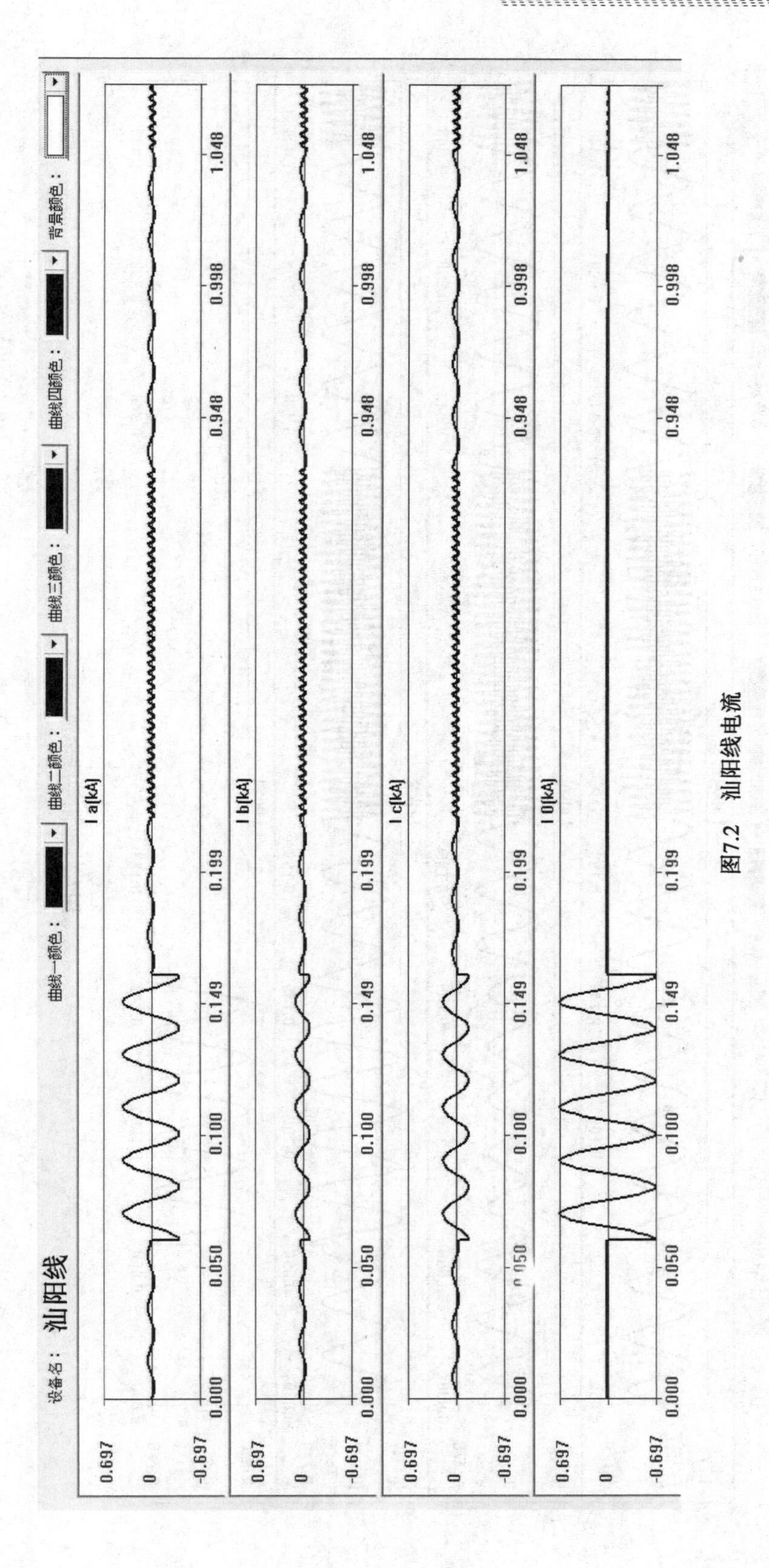

设备名：汕阳线
曲线一颜色：
曲线二颜色：
曲线三颜色：
曲线四颜色：
背景颜色：
I a[kA]
I b[kA]
I c[kA]
I 0[kA]
0.697
0
-0.697
0.000
0.050
0.100
0.149
0.199
0.948
0.998
1.048

图7.2　汕阳线电流

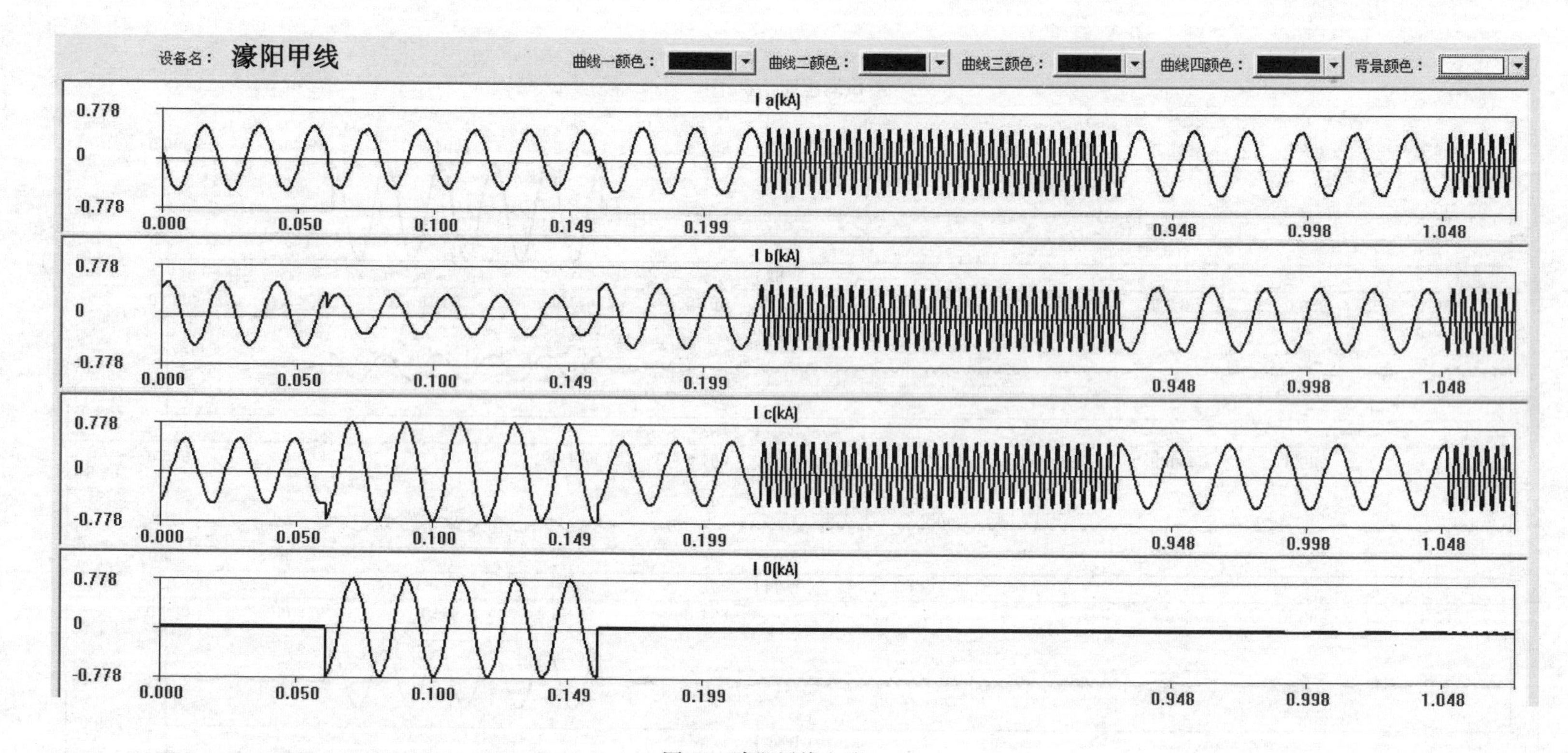
设备名：濠阳甲线
曲线一颜色：
曲线二颜色：
曲线三颜色：
曲线四颜色：
背景颜色：
I a(kA)
I b(kA)
I c(kA)
I 0(kA)
0.778
0
-0.778
0.000
0.050
0.100
0.149
0.199
0.948
0.998
1.048

图7.3 濠阳甲线电流

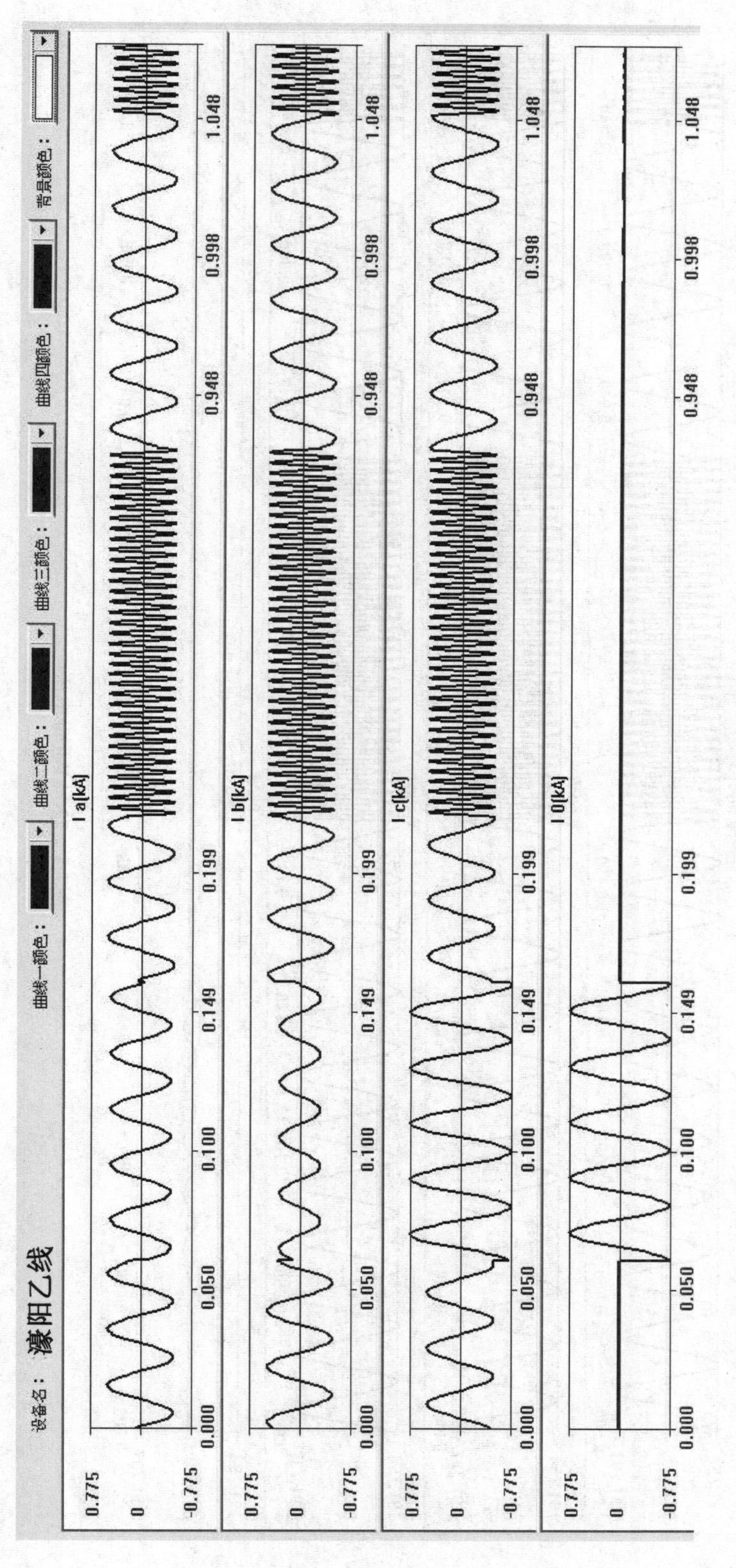
设备名：濠阳乙线
曲线一颜色：
曲线二颜色：
曲线三颜色：
曲线四颜色：
背景颜色：
I a[kA]
I b[kA]
I c[kA]
I 0[kA]
0.775
0
-0.775
0.000
0.050
0.100
0.149
0.199
0.948
0.998
1.048

图7.4　濠阳乙线电流

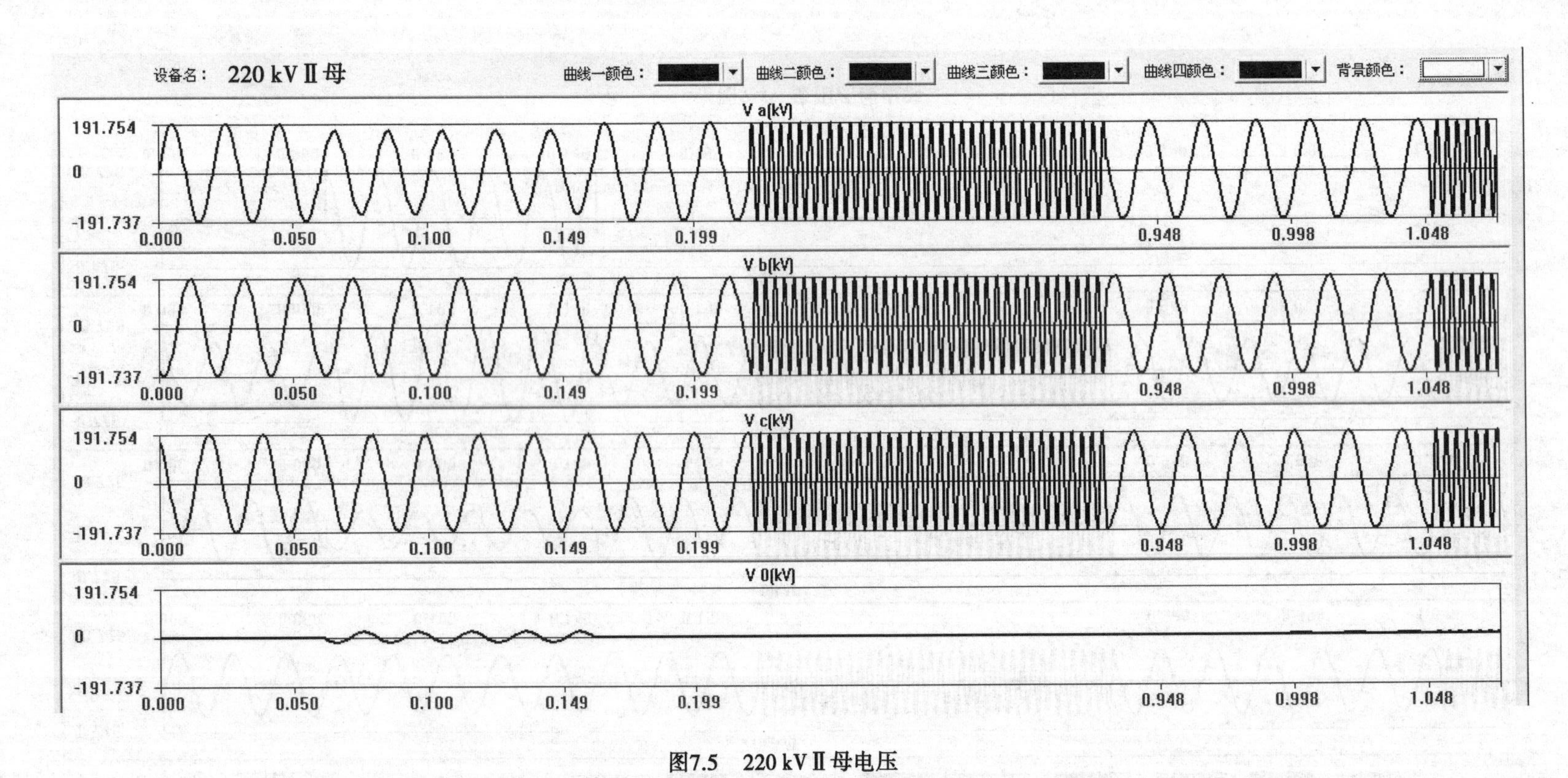

图7.5　220 kV Ⅱ母电压

2)故障分析

①故障相

两阳线故障录波图不完整,只反映了故障发生时刻的波形,没有重合闸动作以后的波形。从两阳线的故障录波图中可以看到,A 相电流突然增大,并且产生零序电流说明是接地故障或非全相运行故障;在汕阳线、濠阳甲线、濠阳乙线的故障录波图中,均有零序电流出现,也说明是接地故障或非全相运行故障;保护装置中只有两阳线 261 保护装置动作,并且显示故障相为 A 相。综上所述,故障相为 A 相。

②故障类型

保护只动作一次,重合闸动作后,线路电流、母线电压恢复正常,因此故障类型为瞬时性故障。

③故障原因

两阳线 261 线路发生 A 相单相瞬时接地故障,保护正常启动,重合闸动作,重合成功。

3)事故处理步骤

①报警音响信号复归。

②将事故发生时间、设备名称、开关变位情况、保护动作主要信号做好记录并立即汇报调度。

③值班人员对站内继电保护装置、自动装置和现场一次设备进行事故特巡。

④将检查详细情况尽快汇报调度。

⑤事故处理完毕后,值班人员填写运行日志、事故跳闸记录、开关分/合闸记录等,并根据开关跳闸情况、保护及自动装置的动作情况、事件记录、故障录波、微机保护打印报告及处理情况,整理详细的事故经过。

(2)线路单相永久接地故障

1)事故经过

时间:2012 年 5 月 17 日。

运行方式:仿真 A 站 220 kV 两段母线并列运行,汕阳线、濠阳甲线、#1 主变、#3 主变运行在 220 kV Ⅰ母,两阳线、濠阳乙线、#2 主变运行在 220 kV Ⅱ母,旁路母线热备用在 220 kV Ⅰ母。

现象如下:

①警铃响。

②监控画面上 220 kV 两阳线 261 开关变位闪烁,位置为分位。

③监控画面上 220 kV 两阳线电流、功率指示为零。

④"两阳线第一组出口跳闸""两阳线主一保护跳闸""两阳线主一保护重合闸""两阳线主二保护跳闸""两阳线主二保护重合闸""220 kV 两阳线收发信机动作""220 kV 两阳线断路器远方操作"等光字牌亮。

⑤告警信息窗显示信息见表 7.3。

表7.3 告警信息窗显示信息

动作时间	描 述	动作情况
2012-05-17 13:38:07:265	预告信号	动作
2012-05-17 13:38:07:265	110 kV 录波器1装置启动	动作
2012-05-17 13:38:07:265	110 kV 录波器2装置启动	动作
2012-05-17 13:38:07:265	220 kV 录波器1装置启动	动作
2012-05-17 13:38:07:265	220 kV 录波器2装置启动	动作
2012-05-17 13:38:07:265	10 kV 录波器1装置启动	动作
2012-05-17 13:38:07:265	10 kV 录波器2装置启动	动作
2012-05-17 13:38:07:335	220 kV 两阳线 RCS-931A 装置 RCS931A 保护动作	动作
2012-05-17 13:38:07:335	220 kV 两阳线 RCS-931A 装置 RCS931A 纵联分相差动保护动作	动作
2012-05-17 13:38:07:335	220 kV 两阳线 RCS-931A 装置 RCS931A 纵联零序差动保护动作	动作
2012-05-17 13:38:07:335	220 kV 两阳线 RCS-931A 装置 RCS931A 接地距离Ⅰ段保护动作	动作
2012-05-17 13:38:07:335	220 kV 两阳线 RCS-931A 装置 RCS931A 零序过流Ⅰ段保护动作	动作
2012-05-17 13:38:07:335	220 kV 两阳线 FOX-41 装置 FOX41 装置动作	动作
2012-05-17 13:38:07:335	220 kV 两阳线 RCS-902A 装置 RCS902A 保护动作	动作
2012-05-17 13:38:07:335	220 kV 两阳线 RCS-902A 装置 RCS902A 纵联距离动作	动作
2012-05-17 13:38:07:335	220 kV 两阳线 RCS-902A 装置 RCS902A 纵联零序动作	动作
2012-05-17 13:38:07:335	220 kV 两阳线 RCS-902A 装置 RCS902A 接地距离Ⅰ段保护动作	动作
2012-05-17 13:38:07:335	220 kV 两阳线 RCS-902A 装置 RCS902A 零序过流Ⅰ段保护动作	动作

续表

动作时间	描　述	动作情况
2012-05-17 13:38:07:365	220 kV 两阳线 261 开关 A 相	分闸
2012-05-17 13:38:08:165	220 kV 两阳线 RCS-931A 装置 RCS931A 重合闸动作	动作
2012-05-17 13:38:08:165	220 kV 两阳线 RCS-902A 装置 RCS902A 重合闸动作	动作
2012-05-17 13:38:08:195	220 kV 两阳线 261 开关 A 相	合闸
2012-05-17 13:38:08:365	220 kV 两阳线 RCS-931A 装置 RCS931A 后加速动作	动作
2012-05-17 13:38:08:365	220 kV 两阳线 RCS-902A 装置 RCS902A 后加速动作	动作
2012-05-17 13:38:08:395	220 kV 两阳线 261 开关 ABC 相	分闸
2012-05-17 13:38:09:195	220 kV 两阳线 261 开关油泵电机启动	动作
2012-05-17 13:38:13:195	220 kV 两阳线 261 开关油泵电机启动	复归
2012-05-17 13:38:08:566	事故总信号	动作
2012-05-17 13:38:10:395	220 kV 两阳线线路 PT 断线	动作

⑥变电站保护装置显示如下：

a. 两阳线 261 操作箱“TA”“TB”“TC”“CH”灯亮。

b. 两阳线保护 1 装置“跳 A”“跳 B”“跳 C”“重合闸”灯亮。

c. 两阳线保护 1 装置液晶屏显示“电流差动出口 A　00070 ms；电流差动 A　00070 ms；重合闸出口 A　00900 ms；零序过流加速段出口 A　01100 ms；故障测距结果 12.80 km；故障电流 2.2 A”。

d. 两阳线断路器失灵及辅助保护装置液晶屏显示“重合闸出口 A　00900 ms；故障电流 2.2 A”。

e. 两阳线保护 2 装置液晶屏显示“距离启动 A　00000 ms；零序启动 A　00000 ms；纵联距离出口 A　00070 ms；纵联零序出口 A　00070 ms；接地距离Ⅰ段出口 A　00070 ms；零序过流Ⅰ段出口 A　00070 ms；重合闸出口 A　00900 ms；零序过流加速段出口 A　01100 ms；故障测距结果 12.80 km”。

f. 光纤通信接口装置“收令 1”“收令 2”“收令 3”“发令 1”“发令 2”“发令 3”灯亮。

⑦220 kV 线路测控 1 柜两阳线控制开关绿灯亮。

⑧故障录波图如图 7.6、图 7.7 所示。

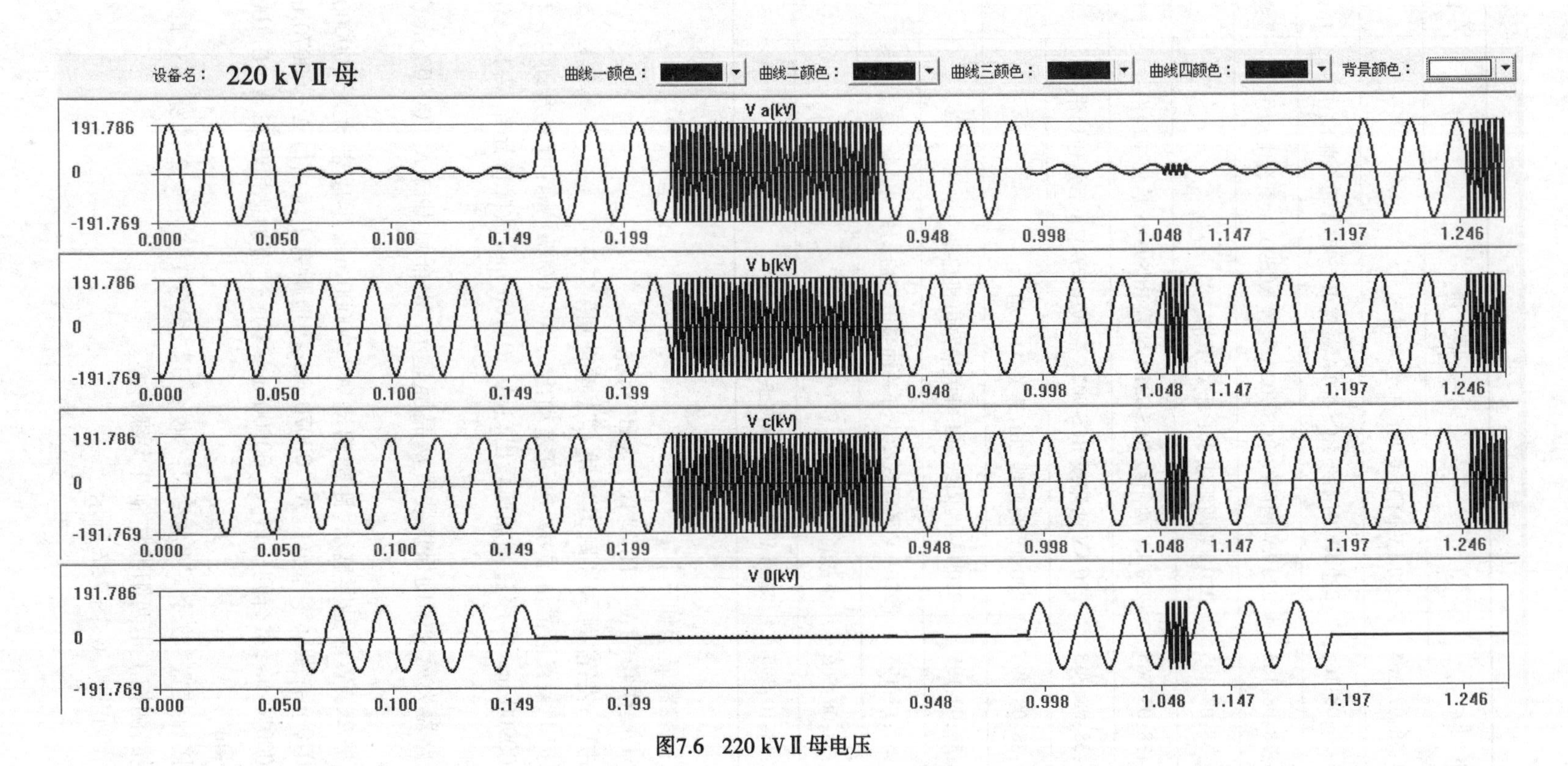

图7.6　220 kV Ⅱ母电压

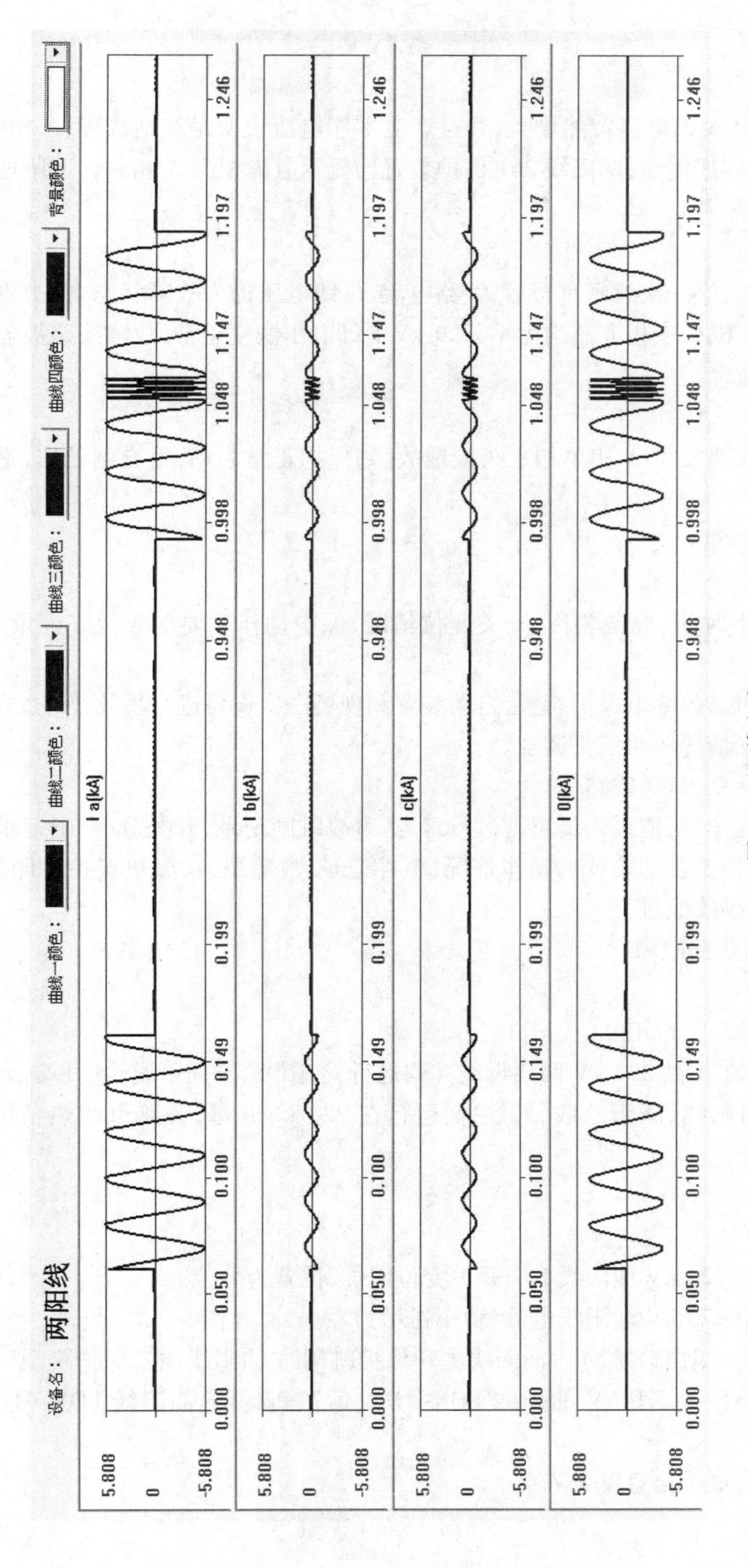
设备名：两阳线
曲线一颜色：
曲线二颜色：
曲线三颜色：
曲线四颜色：
背景颜色：
I a[kA]
I b[kA]
I c[kA]
I 0[kA]
5.808
0
-5.808
0.000
0.050
0.100
0.149
0.199
0.948
0.998
1.048
1.147
1.197
1.246

图7.7　两阳线电流

2)故障分析

①故障相

故障录波图中A相电流突然增大,并且产生零序电流说明是接地故障;A相电压突然略有减小,并且产生零序电压;两阳线261保护装置均显示故障相为A相。综上所述,故障相为A相。

②故障类型

保护动作两次,第一次跳闸重合后,线路电流、母线电压仍为故障状态,保护再次动作,开关跳开,两阳线A,B,C三相电流均为零,220 kV Ⅰ母电压恢复正常,故障线路被隔离,因此故障类型为永久性故障。

③故障原因

两阳线261线路发生A相单相永久接地故障,保护正常启动,重合闸动作,重合于故障,开关三相跳闸。

3)事故处理步骤

①报警音响信号复归。

②将事故发生时间、设备名称、开关变位情况、保护动作主要信号做好记录并立即汇报调度。

③值班人员对站内继电保护装置、自动装置和现场一次设备进行事故特巡。

④将检查详细情况尽快汇报调度。

⑤根据调度命令,试送线路。

⑥事故处理完毕后,值班人员填写运行日志、事故跳闸记录、开关分/合闸记录等,并根据开关跳闸情况、保护及自动装置的动作情况、事件记录、故障录波、微机保护打印报告及处理情况,整理详细的事故经过。

(3)线路两相短路故障

1)事故经过

时间:2012年5月17日。

运行方式:仿真A站220 kV两段母线并列运行,汕阳线、濠阳甲线、#1主变、#3主变运行在220 kV Ⅰ母,两阳线、濠阳乙线、#2主变运行在220 kV Ⅱ母,旁路母线热备用在220 kV Ⅰ母。

现象如下:

①警铃响。

②监控画面上220 kV汕阳线262开关变位闪烁,位置为分位。

③监控画面上220 kV汕阳线电流、功率指示为零。

④“汕阳线第一组出口跳闸”“汕阳线主一保护跳闸”“汕阳线主二保护跳闸”“220 kV两阳线断路器远方操作”“220 kV汕阳线FOX-41发信”“220 kV汕阳线FOX-41收信”等光字牌亮。

⑤告警信息窗显示信息见表7.4。

表7.4　告警信息窗显示信息

动作时间	描　述	动作情况
2012-05-17 13:19:03:796	预告信号	动作
2012-05-17 13:19:03:796	110 kV 录波器1装置启动	动作
2012-05-17 13:19:03:796	110 kV 录波器2装置启动	动作
2012-05-17 13:19:03:796	220 kV 录波器1装置启动	动作
2012-05-17 13:19:03:796	220 kV 录波器2装置启动	动作
2012-05-17 13:19:03:796	10 kV 录波器1装置启动	动作
2012-05-17 13:19:03:796	10 kV 录波器2装置启动	动作
2012-05-17 13:19:03:866	220 kV 汕阳线 RCS-931A 装置 RCS931A 保护动作	动作
2012-05-17 13:19:03:866	220 kV 汕阳线 RCS-931A 装置 RCS931A 纵联分相差动动作	动作
2012-05-17 13:19:03:866	220 kV 汕阳线 RCS-931A 装置 RCS931A 相间距离Ⅰ段动作	动作
2012-05-17 13:19:03:866	220 kV 汕阳线 FOX-41 装置 FOX41 装置动作	动作
2012-05-17 13:19:03:866	220 kV 汕阳线 RCS-902A 装置 RCS902A 保护动作	动作
2012-05-17 13:19:03:866	220 kV 汕阳线 RCS-902A 装置 RCS902A 纵联距离动作	动作
2012-05-17 13:19:03:866	220 kV 汕阳线 RCS-902A 装置 RCS902A 相间距离Ⅰ段动作	动作
2012-05-17 13:19:03:896	220 kV 汕阳线 262 开关 ABC 相	分闸
2012-05-17 13:19:03:877	事故总信号	动作
2012-05-17 13:19:05:896	220 kV 汕阳线线路 PT 断线	动作

⑥变电站保护装置显示如下：

a. 汕阳线262操作箱“TA”“TB”“TC”灯亮。

b. 汕阳线保护1装置“跳A”“跳B”“跳C”灯亮。

c. 汕阳线保护1装置液晶屏显示“电流差动出口 BC　00070 ms；故障测距结果9.15 km；故障电流2.1 A”。

d. 汕阳线保护2装置液晶屏显示“距离启动 BC　00000 ms；纵联距离出口 BC　00070 ms；相间距离Ⅰ段出口 BC　00070 ms；故障测距结果9.15 km；故障电流2.1 A”。

e. 光纤通信接口装置“收令1”“收令2”“收令3”“发令1”“发令2”“发令3”灯亮。

⑦220 kV 线路测控 2 柜汕阳线控制开关绿灯亮。

⑧故障录波图如图 7.8、图 7.9 所示。

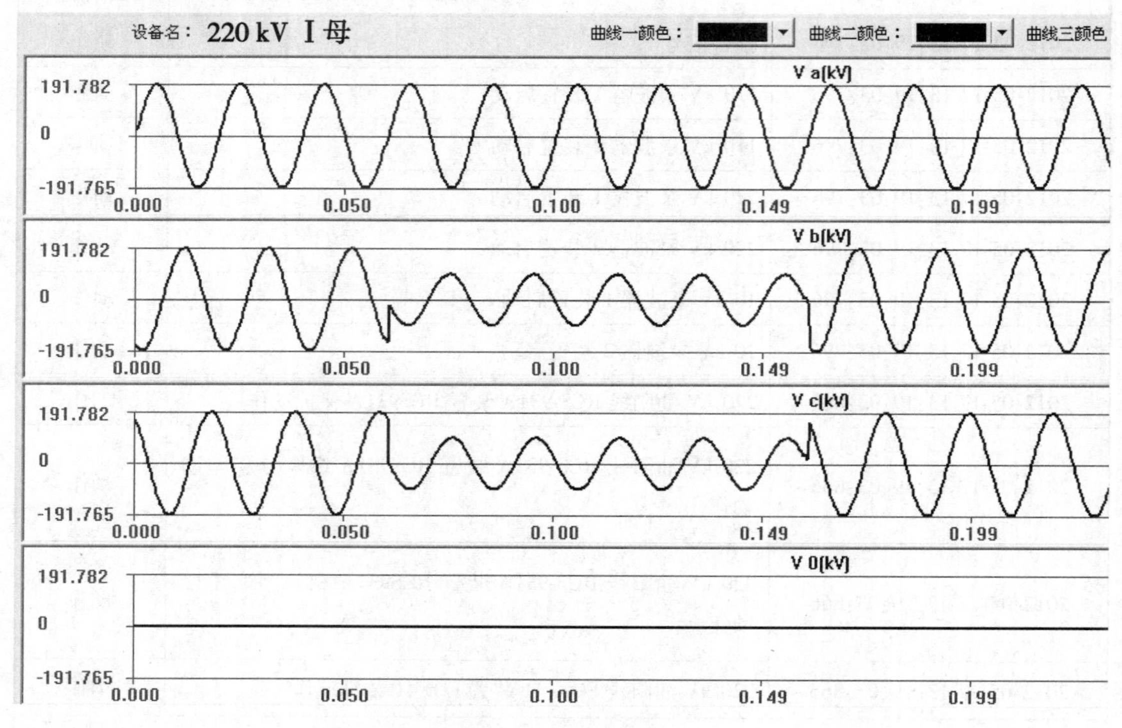

图 7.8　220 kV Ⅰ母电压

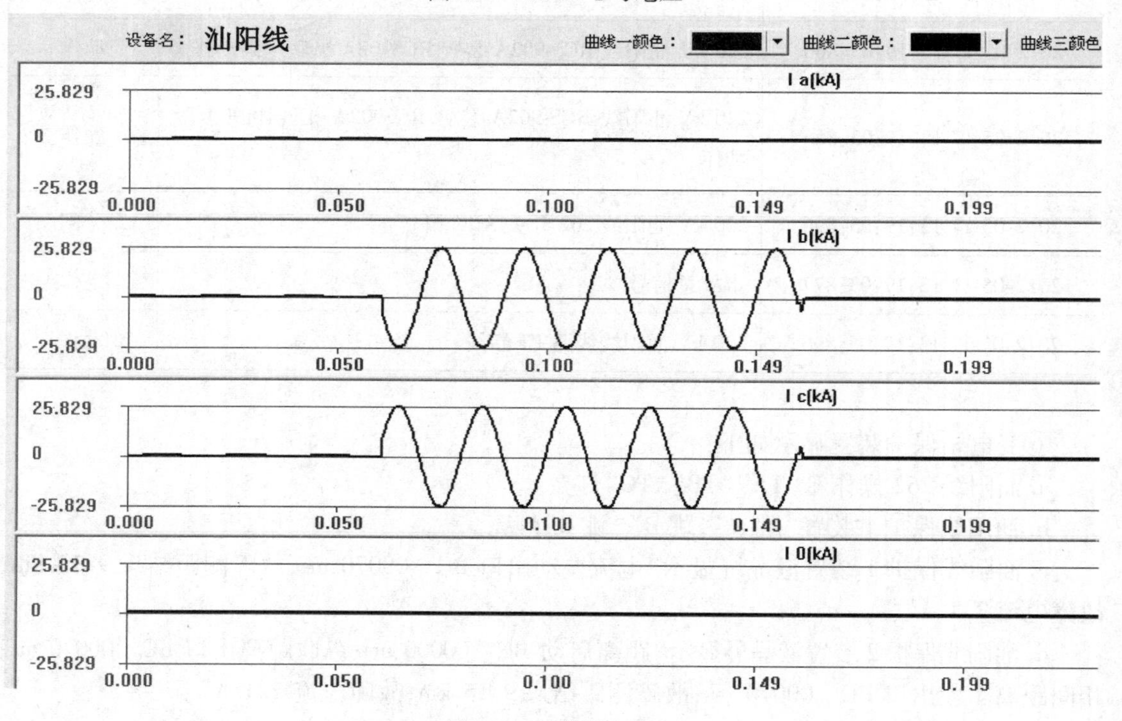

图 7.9　汕阳线电流

2)故障分析

①故障相

故障录波图中汕阳线B,C两相电流突然增大;B,C两相电压突然减小;无零序电压和零序电流,说明是非接地故障;汕阳线262保护装置均显示故障相为B,C两相。综上所述,故障相为B相和C相。

②故障类型

保护动作跳闸后,因线路重合闸设为单相重合闸,故重合闸未动。开关跳开后,母线电压恢复正常,线路电流为零,故障线路被隔离,因此故障类型为相间故障。

③故障原因

汕阳线262线路发生B,C相间短路故障,保护正常启动,开关三相跳闸。

3)事故处理步骤

①报警音响信号复归。

②将事故发生时间、设备名称、开关变位情况、保护动作主要信号做好记录并立即汇报调度。

③值班人员对站内继电保护装置、自动装置和现场一次设备进行事故特巡。

④将检查详细情况尽快汇报调度。

⑤根据调度命令,试送线路。

⑥事故处理完毕后,值班人员填写运行日志、事故跳闸记录、开关分/合闸记录等,并根据开关跳闸情况、保护及自动装置的动作情况、事件记录、故障录波、微机保护打印报告及处理情况,整理详细的事故经过。

(4)线路三相短路故障

1)事故经过

时间:2012年6月4日。

运行方式:仿真A站220 kV两段母线并列运行,汕阳线、濠阳甲线、#1主变、#3主变运行在220 kV Ⅰ母,两阳线、濠阳乙线、#2主变运行在220 kV Ⅱ母,旁路母线热备用在220 kV Ⅰ母。

现象如下:

①警铃响。

②监控画面上220 kV濠阳乙线263开关变位闪烁,位置为分位。

③监控画面上220 kV濠阳乙线电流、功率指示为零。

④"濠阳乙线第一组出口跳闸""濠阳乙线主一保护跳闸""濠阳乙线主二保护跳闸""220 kV濠阳乙线FOX-41发信""220 kV濠阳乙线FOX-41收信"等光字牌亮。

⑤告警信息窗显示信息见表7.5。

表 7.5 告警信息窗显示信息

动作时间	描　述	动作情况
2012-06-04 13:15:17:453	预告信号	动作
2012-06-04 13:15:17:453	110 kV 录波器 1 装置启动	动作
2012-06-04 13:15:17:453	110 kV 录波器 2 装置启动	动作
2012-06-04 13:15:17:453	220 kV 录波器 1 装置启动	动作
2012-06-04 13:15:17:453	220 kV 录波器 2 装置启动	动作
2012-06-04 13:15:17:453	10 kV 录波器 1 装置启动	动作
2012-06-04 13:15:17:453	10 kV 录波器 2 装置启动	动作
2012-06-04 13:15:17:523	220 kV 濠阳乙线 RCS-931A 装置 RCS931A 保护动作	动作
2012-06-04 13:15:17:523	220 kV 濠阳乙线 RCS-931A 装置 RCS931A 纵联分相差动动作	动作
2012-06-04 13:15:17:523	220 kV 濠阳乙线 RCS-931A 装置 RCS931A 相间距离Ⅰ段动作	动作
2012-06-04 13:15:17:523	220 kV 濠阳乙线 FOX-41 装置 FOX41 装置动作	动作
2012-06-04 13:15:17:523	220 kV 濠阳乙线 RCS-902A 装置 RCS902A 保护动作	动作
2012-06-04 13:15:17:523	220 kV 濠阳乙线 RCS-902A 装置 RCS902A 纵联距离动作	动作
2012-06-04 13:15:17:523	220 kV 濠阳乙线 RCS-902A 装置 RCS902A 相间距离Ⅰ段动作	动作
2012-06-04 13:15:17:553	220 kV 濠阳乙线 263 开关 ABC 相	分闸
2012-06-04 13:15:17:533	事故总信号	动作
2012-06-04 13:15:19:553	220 kV 濠阳乙线线路 PT 断线	动作

⑥变电站保护装置显示如下：

a. 濠阳乙线 263 操作箱“TA”“TB”“TC”灯亮。

b. 濠阳乙线保护 1 装置“跳 A”“跳 B”“跳 C”灯亮。

c. 濠阳乙线保护 1 装置液晶屏显示“电流差动出口 ABC　00070 ms；故障测距结果 8.03 km；故障电流 2.1 A”。

d. 濠阳乙线保护 2 装置液晶屏显示“距离启动ABC　00000 ms；纵联距离出口ABC　00070 ms；相间距离Ⅰ段出口 ABC　00070 ms；故障测距结果 8.03 km；故障电流 2.1 A”。

e. 光纤通信接口装置“收令 1”“收令 2”“收令 3”“发令 1”“发令 2”“发令 3”灯亮。

⑦220 kV 线路测控 1 柜濠阳乙线控制开关绿灯亮。

⑧故障录波图如图 7.10、图 7.11 所示。

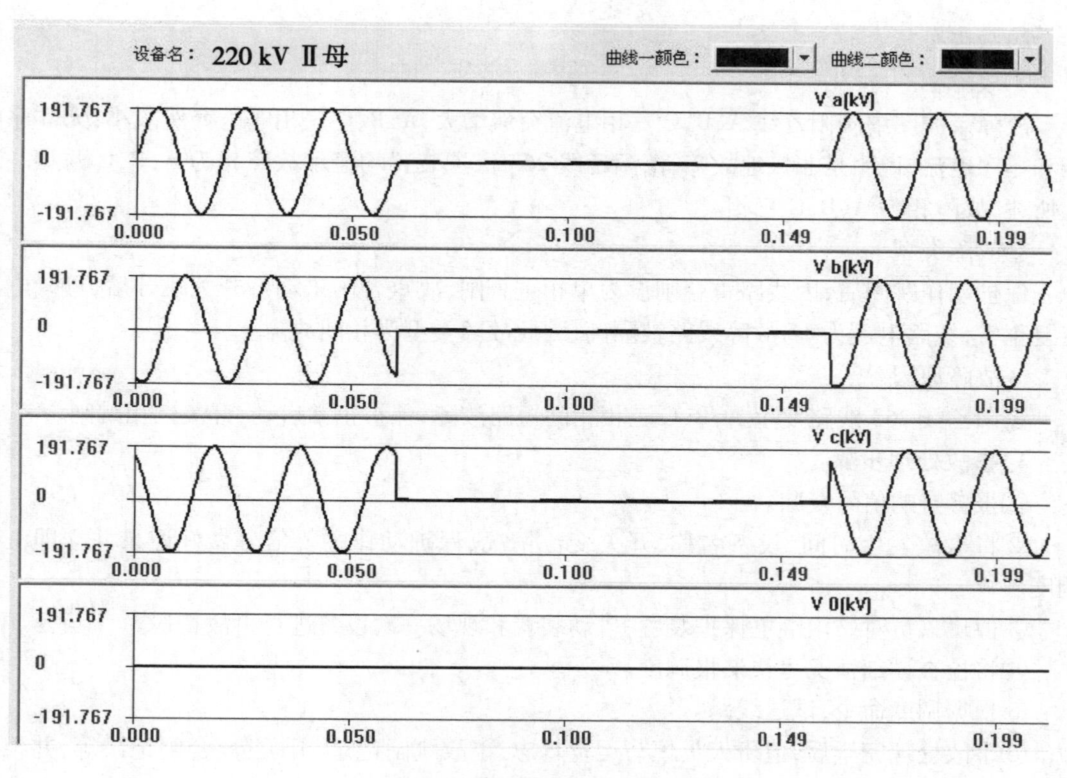

图7.10　220 kVⅡ母电压

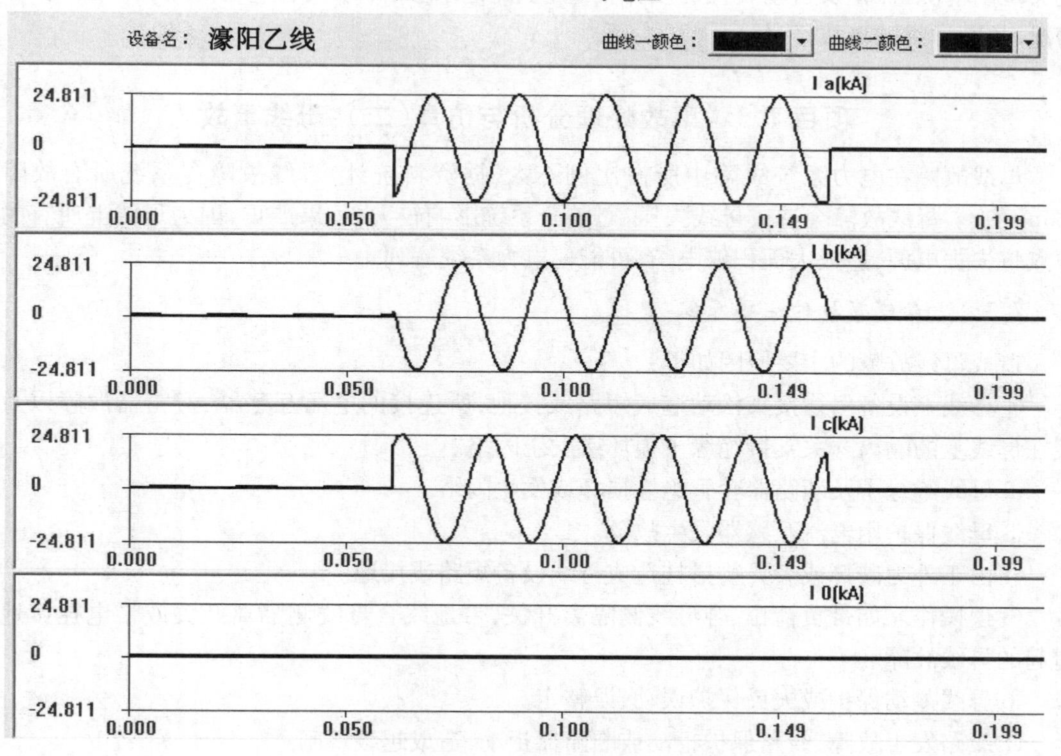

图7.11　濠阳乙线电流

2)故障分析

①故障相

故障录波图中濠阳乙线 A,B,C 三相电流突然增大,A,B,C 三相电压突然减小;无零序电压和零序电流,说明是非接地故障;濠阳乙线 263 保护装置均显示故障相为 A,B,C 两相。综上所述,故障相为 A,B,C 三相。

②故障类型

保护动作跳闸后,因线路重合闸设为单相重合闸,故重合闸未动。开关跳开后,母线电压恢复正常,线路电流为零,故障线路被隔离,因此故障类型为相间故障。

③故障原因

濠阳乙线 263 线路发生 A,B,C 三相相间短路故障,保护正常启动,开关三相跳闸。

3)事故处理步骤

①报警音响信号复归。

②将事故发生时间、设备名称、开关变位情况、保护动作主要信号做好记录并立即汇报调度。

③值班人员对站内继电保护装置、自动装置和现场一次设备进行事故特巡。

④将检查详细情况尽快汇报调度。

⑤根据调度命令,试送线路。

⑥事故处理完毕后,值班人员填写运行日志、事故跳闸记录、开关分/合闸记录等,并根据开关跳闸情况、保护及自动装置的动作情况、事件记录、故障录波、微机保护打印报告及处理情况,整理详细的事故经过。

项目 7.3　事故处理分析与仿真(二):母线事故

母线故障在电力系统故障中所占比例不大,据资料统计,母线故障占系统所有故障的 6% ~7%。母线故障会造成母线失压,对整个系统影响较大,后果严重,因为母线上所有的电源点将失去电源,造成大面积停电,有可能使电力系统解列。

7.3.1　母线事故的主要原因

造成母线故障的主要原因如下:

①母线上设备引线接头松动造成短路或接地,所连接的电压互感器、避雷器故障以及连接在母线上的隔离开关支持绝缘子损坏或发生闪络。

②母线绝缘子及断路器套管绝缘损坏或发生闪络。

③母线保护用电流互感器发生故障。

④由于外力破坏或者异物搭挂造成母线设备短路或接地。

⑤误操作。如带负荷拉、合母线侧隔离开关,带地线合母线侧隔离开关或带电挂接地线引起的母线故障。

⑥母线差动保护或失灵保护误动、误整定。

⑦线路发生故障,线路保护拒动或断路器拒动,造成越级跳闸。

⑧上一级电源故障造成本级母线失压。

7.3.2 母线事故的主要现象

事故音响、预告音响，母线电压为零，母线所连元件电流、有功功率、无功功率为零。除上述共同现象外，不同保护配置和故障类型的现象各有不同。

①母线配置母差保护，若发出“母差保护动作”光字牌，各出线断路器在分位，可能是母线有故障，母差保护动作跳闸。

②若有“线路保护动作”“失灵保护动作”光字牌，除了保护动作的线路外，各出线断路器在分位，此时母线无故障，是220 kV线路故障断路器拒动，失灵动作导致母线失压。

③若有“线路保护动作”“变压器中压侧后备保护动作”光字牌，母联或分段和本侧变压器断路器在分位，母线其他断路器在合位，此时母线无故障，母差保护不动作，是110 kV线路故障断路器拒动，变压器中压侧后备保护动作，第一时限跳开母联或分段断路器，第二时限跳开本侧断路器。

④母线未配置母差保护，在220 kV变电站中，一般为35 kV(或10 kV)母线，若仅发出“变压器低压侧过流保护动作”光字牌，则可能是母线故障；若低压线路故障断路器拒动引起越级跳闸，则还应有“线路保护动作”光字牌。

⑤若由于上一级电源故障跳闸，造成母线失压，则母线上断路器均在合位。

7.3.3 母线事故处理基本原则

①母线故障不允许未经检查即强行送电。

②如母线失压造成站用电失电，应先倒站用电，并立即上报调度，同时将失压母线上的断路器全部拉开。

③如有明显的故障点，应用隔离开关将其隔离，恢复母线送电。

④经检查若确系母差或失灵保护误动作，应停用母差或失灵保护，立即对母线恢复送电。

⑤如故障点不能隔离，对于双母线接线，一条母线故障停电时，采用冷倒母线方法，将无故障元件倒至运行母线上，恢复送电；对于单母线或3/2接线，母线转检修。

⑥找不到明显故障点的，可试送电一次，应优先用外部电源，其次是选择变压器或母联断路器；试送断路器必须完好，并有完备的继电保护。如用线路对侧给母线充电，应将本侧高频保护的收发信机、线路对侧的重合闸停用。

⑦双母线接线同时停电时，如母联断路器无异常且未断开应立即将其拉开，经检查排除故障后再送电。要尽快恢复一条母线运行，另一条母线不能恢复则将所有负荷倒至运行母线。

⑧对3/2接线方式的母线故障跳闸，正常情况下不影响线路及变压器设备(主变压器进串方式)正常负荷；若故障前，其中某一串中间断路器在备用或检修方式，母线故障跳闸将引起线路或变压器高压侧断路器跳闸，应考虑中间断路器是否具备恢复条件。

⑨对母线为3/2接线方式的，一组母线跳闸失电后，试送前应将试送电源线路本侧的中开关拉开后，用边开关试送。若因母差保护误动所致，应停用母差保护检查，待处理结束，投入母差保护后，再恢复母线送电。

⑩母线故障跳闸若是某一出线断路器拒动(包括失灵保护动作)越级所致，对拒动断路器

首先隔离(拉开断路器两侧隔离开关),对失电母线进行外部检查(包括出线断路器及其保护),尽快恢复送电。拒动断路器故障如不能很快消除,有条件时应采用旁路断路器代替运行。

⑪封闭式(GIS)母线故障的事故处理如下:

a. 双母线运行的,其中一条母线故障或失电,在未查明故障原因前禁止将故障或失电母线上的断路器冷倒至运行母线。

b. 母线上设备发生故障,必须查清原因并修复故障或确实隔离故障点后方能予以试送。

c. 如设备所属单位查不到故障,应根据故障情况进一步采取试验措施(有条件时应进行零起升压及升流)。

7.3.4 母线事故处理步骤

①母线保护动作跳闸后,运行值班人员首先应记录事故发生时间、设备名称、断路器变位情况、主要保护及自动装置动作信号等事故信息。

②将以上信息、天气情况、停电范围和当时的负荷情况及时汇报调度和有关部门,便于调度及有关人员及时、全面地掌握事故情况,进行分析判断。

③检查运行变压器的负荷情况,考虑变压器中性点接地方式。

④如有工作现场或操作现场,应立即停止工作并对现场进行检查。

⑤记录保护及自动装置屏上的所有信号,打印故障录波报告及微机保护报告。

⑥现场检查跳闸母线上所有设备,是否有放电、闪络痕迹或其他故障点。

⑦将详细检查结果汇报调度和有关部门,按照母线事故处理原则进行事故处理。

⑧事故处理完毕后,值班人员填写运行日志、断路器分合闸等记录,并根据断路器跳闸情况、保护及自动装置的动作情况、故障录波报告以及处理过程,整理详细的事故处理经过。

7.3.5 母线典型故障仿真实例

(1)母线相间短路故障

1)事故经过

时间:2012 年 6 月 16 日。

运行方式:仿真 A 站 220 kV 两段母线并列运行,汕阳线、濠阳甲线、#1 主变、#3 主变运行在 220 kV Ⅰ 母,两阳线、濠阳乙线、#2 主变运行在 220 kV Ⅱ 母,旁路母线热备用在 220 kV Ⅰ 母。

现象如下:

①事故音响、预告警铃响。

②监控画面上 220 kV 两阳线 261 开关、濠阳乙线 263 开关、母联 260 开关、#2 主变高压侧 202 开关变位闪烁,位置均为分位。

③监控画面上 220 kV 两阳线、濠阳乙线、#2 主变电流、功率指示为零;220 kV Ⅱ 母电压指示为零。

④“两阳线第一组出口跳闸”“220 kV 两阳线 220 kVPT 失压”“濠阳乙线第一组出口跳闸”“濠阳乙线 220 kVPT 失压”“220 kV 母联第一组出口跳闸”等光字牌亮。

⑤告警信息窗显示信息见表7.6。

表7.6　告警信息窗显示信息

动作时间	描　述	动作情况
2012-06-16 13:53:26:843	预告信号	动作
2012-06-16 13:53:26:843	110 kV 录波器1装置启动	动作
2012-06-16 13:53:26:843	110 kV 录波器2装置启动	动作
2012-06-16 13:53:26:843	220 kV 录波器1装置启动	动作
2012-06-16 13:53:26:843	220 kV 录波器2装置启动	动作
2012-06-16 13:53:26:843	10 kV 录波器1装置启动	动作
2012-06-16 13:53:26:843	10 kV 录波器2装置启动	动作
2012-06-16 13:53:26:843	220 kVBP-2B保护装置 BP2B装置动作	动作
2012-06-16 13:53:26:843	220 kVBP-2B保护装置 BP2BⅡ母差动保护动作	动作
2012-06-16 13:53:26:863	220 kV 母联260开关总出口跳闸	动作
2012-06-16 13:53:26:863	220 kV 母联260开关第一组出口跳闸	动作
2012-06-16 13:53:26:863	#2主变变高202开关总出口跳闸	动作
2012-06-16 13:53:26:873	220 kV 母联260开关 ABC相	分闸
2012-06-16 13:53:26:873	#2主变变高202开关 ABC相	分闸
2012-06-16 13:53:26:873	220 kV 濠阳乙线263开关 ABC相	分闸
2012-06-16 13:53:26:873	220 kV 两阳线261开关 ABC相	分闸
2012-06-16 13:53:27:188	事故总信号	动作
2012-06-16 13:53:28:873	高压Ⅱ母保护测量 PT失压	动作
2012-06-16 13:53:28:873	高压Ⅱ母同期电压消失	动作
2012-06-16 13:53:28:873	220 kV 两阳线 RCS-931A装置 RCS931APT断线	动作
2012-06-16 13:53:28:873	220 kV 两阳线 RCS-902A装置 RCS902APT断线	动作
2012-06-16 13:53:28:873	220 kV 濠阳乙线 RCS-931A装置 RCS931APT断线	动作
2012-06-16 13:53:28:873	220 kV 濠阳乙线 RCS-902A装置 RCS902APT断线	动作
2012-06-16 13:53:28:873	220 kV 濠阳乙线 PT断线	动作
2012-06-16 13:53:28:873	220 kV 两阳线 PT断线	动作
2012-06-16 13:53:28:873	220 kVBP-2B保护装置 BP2BPT断线	动作

⑥变电站保护装置显示如下：

a.两阳线保护1装置液晶屏显示“TV断线”；两阳线保护2装置液晶屏显示“TV断线”。

b.濠阳乙线保护1装置液晶屏显示“TV断线”；濠阳乙线保护2装置液晶屏显示“TV断线”。

c. 220 kV 母线保护装置“差动动作 2”“差动动作”“Ⅱ母差动”“TV 断线”等指示灯亮；液晶显示屏显示“Ⅱ母差动动作；Ⅱ母 TV 断线”等信息。

d. #2 主变保护 1 屏显示“高压侧启动 CPU2；高压侧启动 CPU3；中压侧启动 CPU3”；#2 主变保护 2 屏显示“高压侧启动 CPU2；高压侧启动 CPU3；中压侧启动 CPU3”；#2 主变高压侧操作箱“保护Ⅰ跳闸”“跳闸位置”等指示灯亮。

⑦故障录波图如图 7.12—图 7.16 所示。

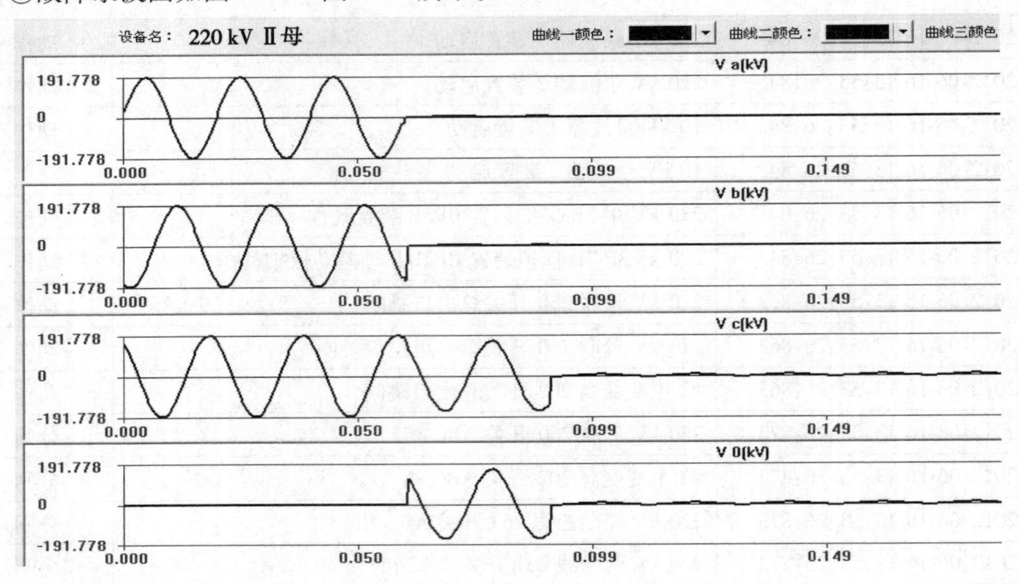

图 7.12　220 kV Ⅱ母电压

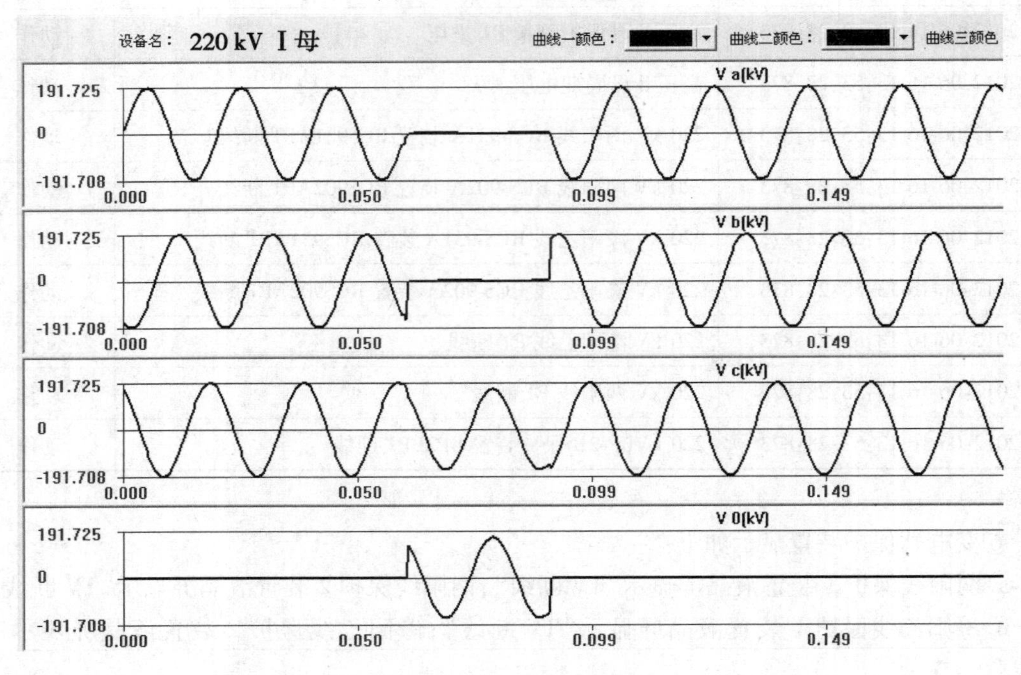

图 7.13　220 kV Ⅰ母电压

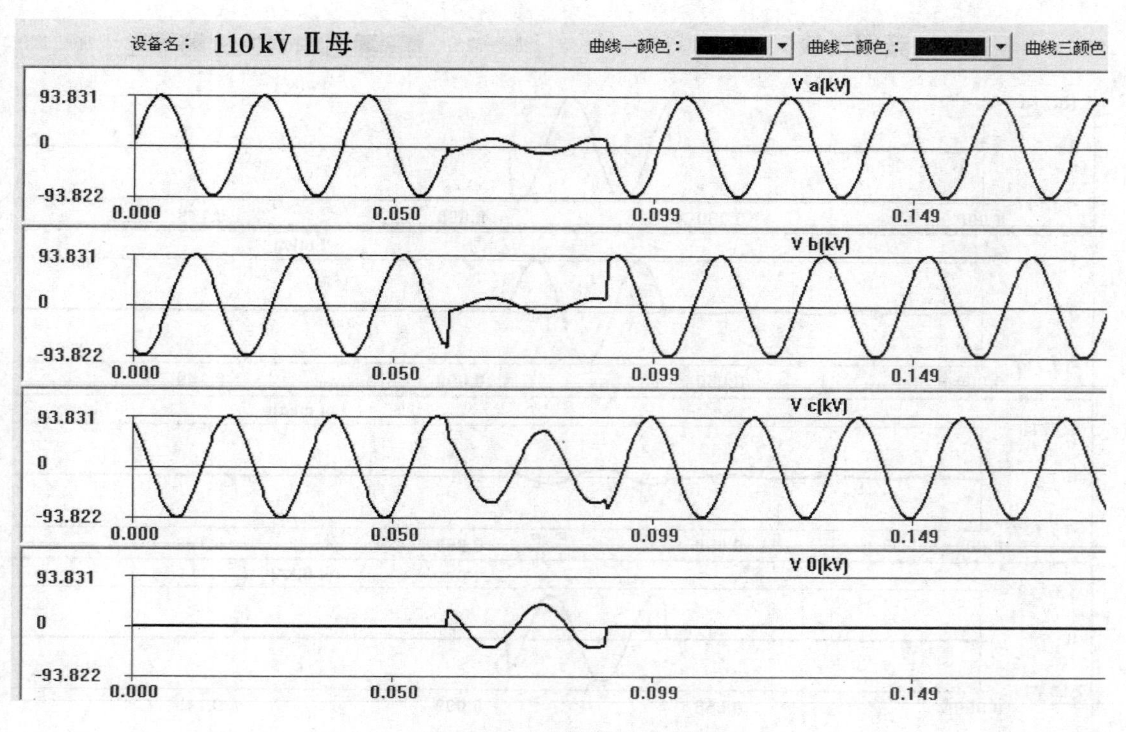

图 7.14　110 kVⅡ母电压

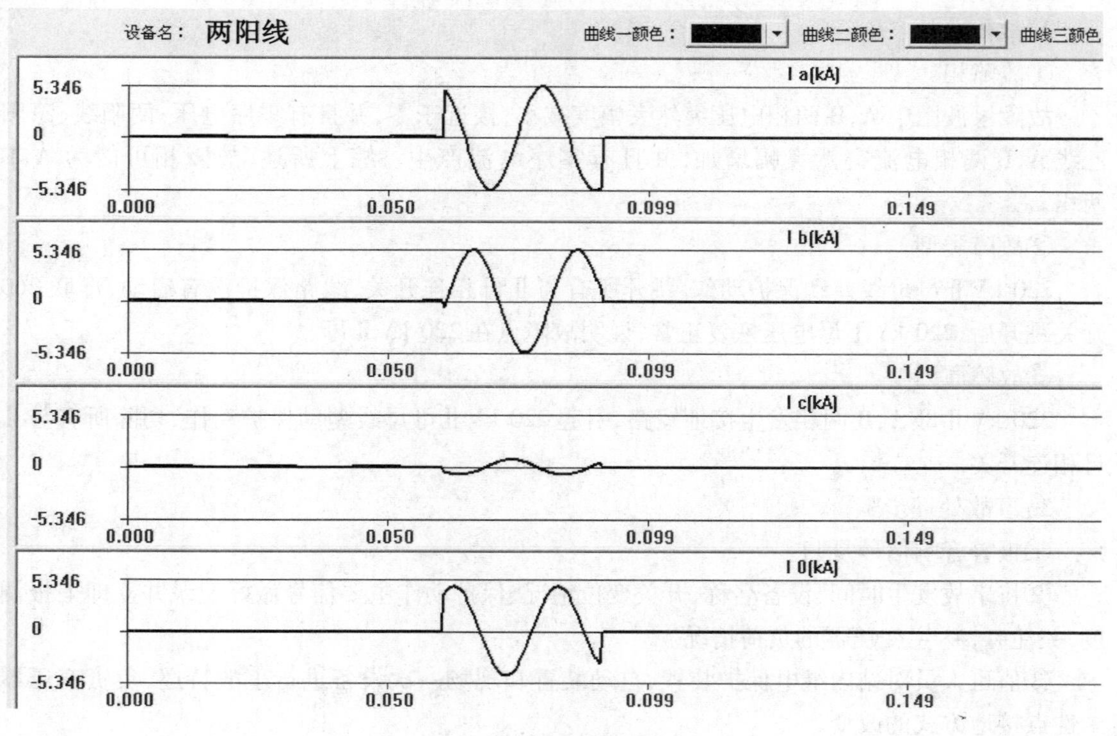

图 7.15　两阳线电流

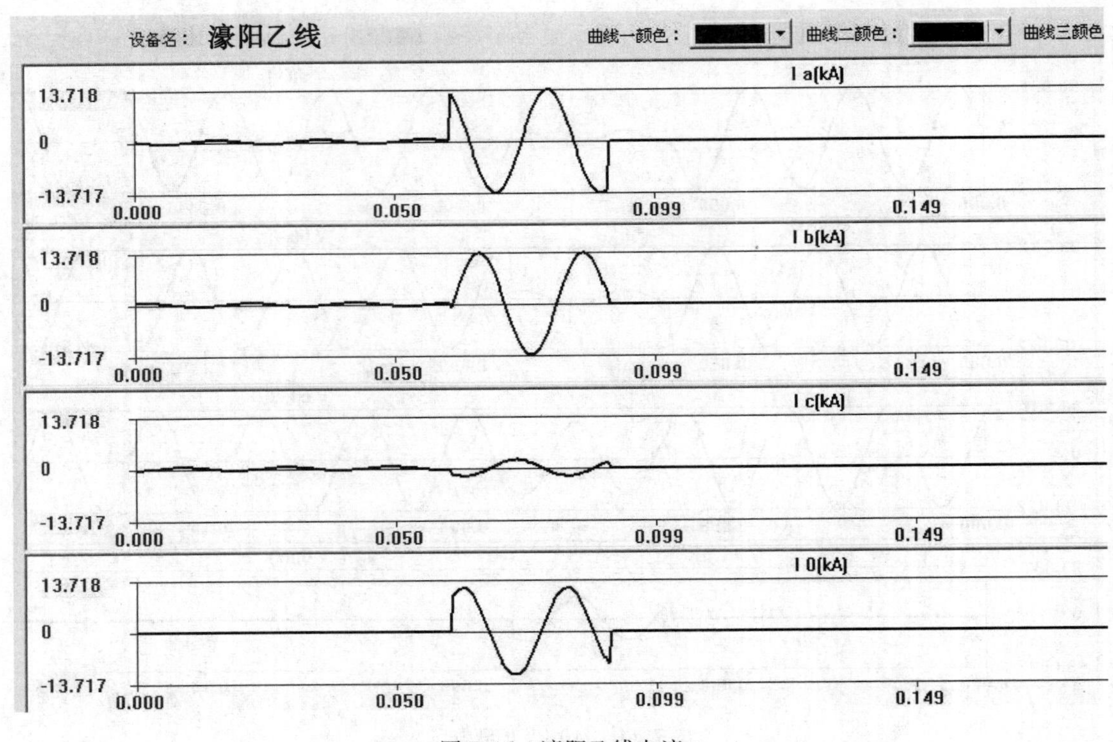

图 7.16　濠阳乙线电流

2）故障分析

①故障相

故障录波图中 A，B 两相电压突然大幅度减小，接近于零，并且有零序电压；两阳线、濠阳乙线 A，B 两相电流突然大幅增加，并且有零序电流产生。综上所述，故障相可能为 A，B 两相。

②故障类型

220 kVⅡ母母线差动保护动作，跳开所有与Ⅱ母相连开关，线路保护没有启动，母联 260 开关跳开后，220 kVⅠ母电压恢复正常，说明故障点在 220 kVⅡ母。

③故障原因

220 kVⅡ母 A，B 两相发生接地短路，引起 220 kVⅡ母母线差动保护动作，切除所有与Ⅱ母相连开关。

3）事故处理步骤

①报警音响信号复归。

②将事故发生时间、设备名称、开关变位情况、保护动作主要信号做好记录并立即上报调度，关注#1，#3 主变压器的负荷情况。

③值班人员对站内继电保护装置、自动装置和现场一次设备进行事故特巡，负责变压器中性点接地方式的改变。

④将检查详细情况尽快汇报调度。

⑤根据调度命令，拉开 2601，2602 刀闸，隔离 220 kVⅡ母。

⑥根据调度指令将Ⅱ母线运行元件倒至Ⅰ母线运行。

⑦合上 20270 地刀,做好安全措施。

⑧事故处理完毕后,值班人员填写运行日志、事故跳闸记录、开关分/合闸记录等,并根据开关跳闸情况、保护及自动装置的动作情况、事件记录、故障录波、微机保护打印报告及处理情况,整理详细的事故经过。

(2)母线失压事故

1)事故经过

时间:2012 年 6 月 16 日。

运行方式:仿真 A 站 220 kV 两段母线并列运行,汕阳线、濠阳甲线、#1 主变、#3 主变运行在 220 kV Ⅰ母,两阳线、濠阳乙线、#2 主变运行在 220 kV Ⅱ母,旁路母线热备用在 220 kV Ⅰ母。

现象如下:

①事故音响、预告警铃响。

②监控画面上濠阳乙线 263 开关、母联 260 开关、#2 主变高压侧 202 开关变位闪烁,位置均为分位。

③监控画面上 220 kV 两阳线、濠阳乙线、#2 主变电流、功率指示为零;220 kV Ⅱ母电压指示为零。

④"两阳线第一组出口跳闸""两阳线主一保护跳闸""两阳线主二保护跳闸""220 kV 两阳线 220 kVPT 失压""两阳线失灵保护启动""220 kV 两阳线收发信机动作""濠阳乙线第一组出口跳闸""濠阳乙线 220 kVPT 失压""220 kV 母联第一组出口跳闸"等光字牌亮。

⑤告警信息窗显示信息见表 7.7。

表 7.7　告警信息窗显示信息

动作时间	描　述	动作情况
2012-06-16 14:52:23:140	预告信号	动作
2012-06-16 14:52:23:140	110 kV 录波器 1 装置启动	动作
2012-06-16 14:52:23:140	110 kV 录波器 2 装置启动	动作
2012-06-16 14:52:23:140	220 kV 录波器 1 装置启动	动作
2012-06-16 14:52:23:140	220 kV 录波器 2 装置启动	动作
2012-06-16 14:52:23:140	10 kV 录波器 1 装置启动	动作
2012-06-16 14:52:23:140	10 kV 录波器 2 装置启动	动作
2012-06-16 14:52:23:210	220 kV 两阳线 RCS-931A 装置 RCS931A 保护动作	动作
2012-06-16 14:52:23:210	220 kV 两阳线 RCS-931A 装置 RCS931A 纵联分相差动保护动作	动作

续表

动作时间	描　述	动作情况
2012-06-16 14:52:23:210	220 kV 两阳线 RCS-931A 装置 RCS931A 纵联零序差动保护动作	动作
2012-06-16 14:52:23:210	220 kV 两阳线 RCS-931A 装置 RCS931A 接相间距离Ⅰ段保护动作	动作
2012-06-16 14:52:23:210	220 kV 两阳线 RCS-931A 装置 RCS931A 接地距离Ⅰ段保护动作	动作
2012-06-16 14:52:23:210	220 kV 两阳线 RCS-931A 装置 RCS931A 零序过流Ⅰ段保护动作	动作
2012-06-16 14:52:23:210	220 kV 两阳线 FOX-41 装置 FOX41 装置动作	动作
2012-06-16 14:52:23:210	220 kV 两阳线 RCS-902A 装置 RCS902A 保护动作	动作
2012-06-16 14:52:23:210	220 kV 两阳线 RCS-902A 装置 RCS902A 纵联距离动作	动作
2012-06-16 14:52:23:210	220 kV 两阳线 RCS-902A 装置 RCS902A 纵联零序动作	动作
2012-06-16 14:52:23:210	220 kV 两阳线 RCS-902A 装置 RCS902A 相间距离Ⅰ段保护动作	动作
2012-06-16 14:52:23:210	220 kV 两阳线 RCS-902A 装置 RCS902A 接地距离Ⅰ段保护动作	动作
2012-06-16 14:52:23:210	220 kV 两阳线 RCS-902A 装置 RCS902A 零序过流Ⅰ段保护动作	动作
2012-06-16 14:52:23:230	220 kV 两阳线 RCS-902A 装置闭锁重合闸	动作
2012-06-16 14:52:23:260	220 kV 两阳线 RCS-931A 装置 RCS931A 启动失灵	动作
2012-06-16 14:52:23:260	220 kV 两阳线 RCS-902A 装置 RCS902A 启动失灵	动作
2012-06-16 14:52:23:340	220 kV 两阳线 261 开关 RCS-923 装置 RCS923A 失灵动作	动作
2012-06-16 14:52:23:540	220 kVBP-2B 保护装置 BP2B 失灵动作	动作
2012-06-16 14:52:23:540	220 kVBP-2B 保护装置 BP2B 装置动作	动作
2012-06-16 14:52:23:560	220 kV 母联 260 开关总出口跳闸	动作
2012-06-16 14:52:23:560	220 kV 母联 260 开关第一组出口跳闸	动作
2012-06-16 14:52:23:570	220 kV 母联 260 开关 ABC 相	分闸
2012-06-16 14:52:23:610	#2 主变变高 202 开关总出口跳闸	动作
2012-06-16 14:52:23:620	#2 主变变高 202 开关 ABC 相	分闸
2012-06-16 14:52:23:620	220 kV 濠阳乙线 263 开关 ABC 相	分闸

续表

动作时间	描　述	动作情况
2012-06-16 14:52:24:500	事故总信号	动作
2012-06-16 14:52:25:570	高压Ⅱ母保护测量 PT 失压	动作
2012-06-16 14:52:25:570	高压Ⅱ母同期电压消失	动作
2012-06-16 14:52:25:570	220 kV 两阳线线路 PT 断线	动作
2012-06-16 14:52:25:570	220 kV 两阳线 RCS-931A 装置 RCS931APT 断线	动作
2012-06-16 14:52:25:570	220 kV 两阳线 RCS-902A 装置 RCS902APT 断线	动作
2012-06-16 14:52:25:570	220 kV 濠阳乙线 RCS-931A 装置 RCS931APT 断线	动作
2012-06-16 14:52:25:570	220 kV 濠阳乙线 RCS-902A 装置 RCS902APT 断线	动作
2012-06-16 14:52:25:570	220 kV 濠阳乙线 PT 断线	动作
2012-06-16 14:52:25:570	220 kV 两阳线 PT 断线	动作
2012-06-16 14:52:25:570	220 kVBP-2B 保护装置 BP2BPT 断线	动作

⑥变电站保护装置显示如下：

a. 两阳线 261 操作箱“TA”“TB”“TC”灯亮。

b. 两阳线保护 1 装置“跳 A”“跳 B”“跳 C”灯亮。

c. 两阳线保护 1 装置液晶屏显示“电流差动出口 ABG　00070 ms；电流差动 ABG　00070 ms；故障测距结果 5.01 km；故障电流 2.1 A”。

d. 两阳线保护 2 装置液晶屏显示“距离启动 ABG　00000 ms；零序启动 ABG　00000 ms；纵联距离出口 ABG　00070 ms；纵联零序出口 ABG　00070 ms；相间距离Ⅰ段出口 ABG　00070 ms；接地距离Ⅰ段出口 ABG　00070 ms；零序过流Ⅰ段出口 ABG　00070 ms；故障测距结果 5.01 km；故障电流 2.1 A”。

e. 光纤通信接口装置“收令 1”“收令 2”“收令 3”“发令 1”“发令 2”“发令 3”灯亮。

f. 濠阳乙线 263 操作箱“TA”“TB”“TC”灯亮。

g. 濠阳乙线保护 1 装置液晶屏显示“TV 断线”；濠阳乙线保护 2 装置液晶屏显示“TV 断线”。

h. 220 kV 母线保护装置“失灵动作 2”“失灵动作”“TV 断线”等指示灯亮；液晶显示屏显示“Ⅱ母失灵动作；Ⅱ母 TV 断线”等信息。

i. #2 主变保护 1 屏显示“高压侧启动 CPU2；高压侧启动 CPU3；中压侧启动 CPU3”；#2 主变保护 2 屏显示“高压侧启动 CPU2；高压侧启动 CPU3；中压侧启动 CPU3”；#2 主变高压侧操作箱“保护Ⅰ跳闸”“跳闸位置”等指示灯亮。

⑦故障录波图如图 7.17—图 7.20 所示。

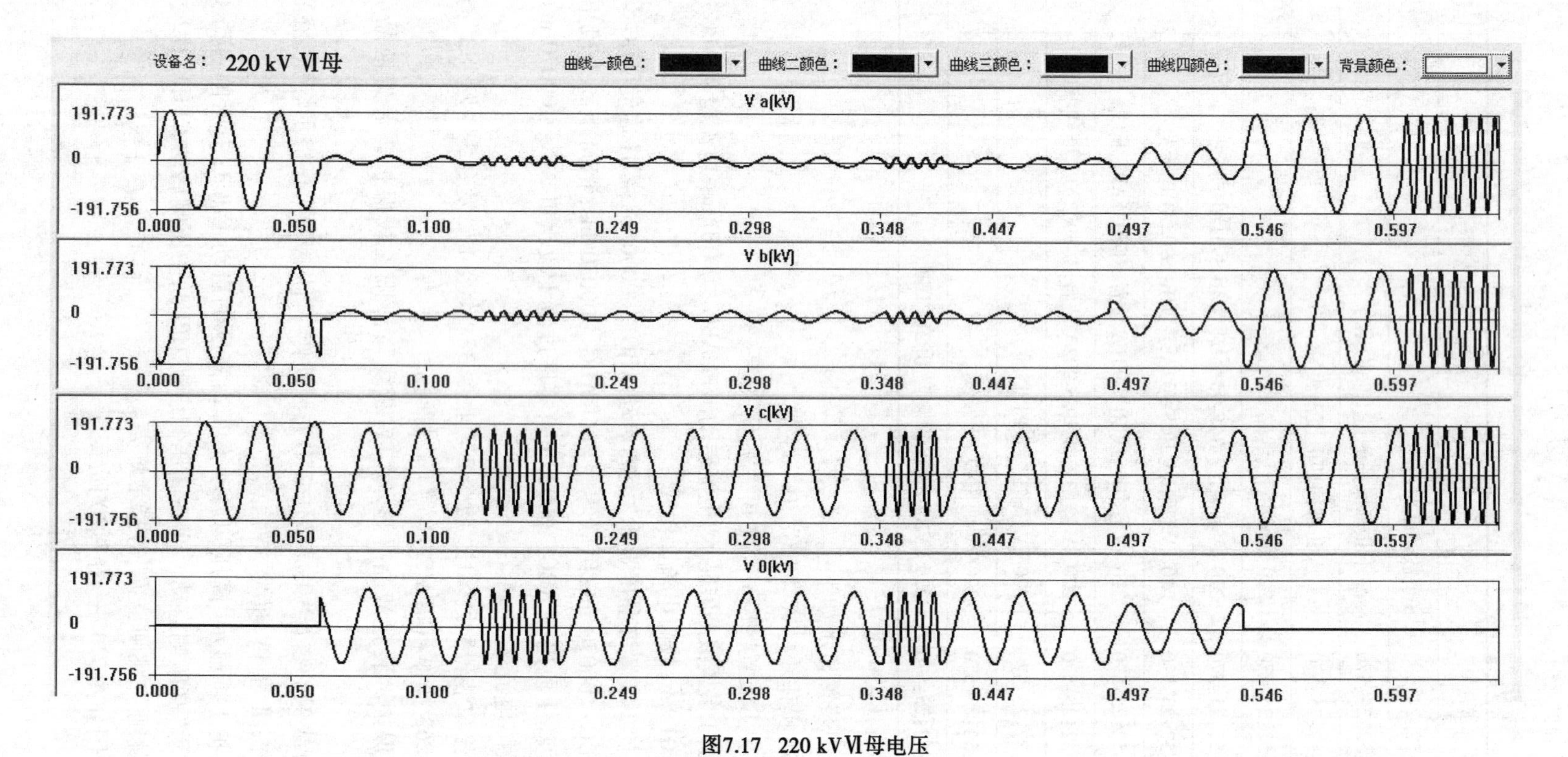

图7.17　220 kV Ⅵ母电压

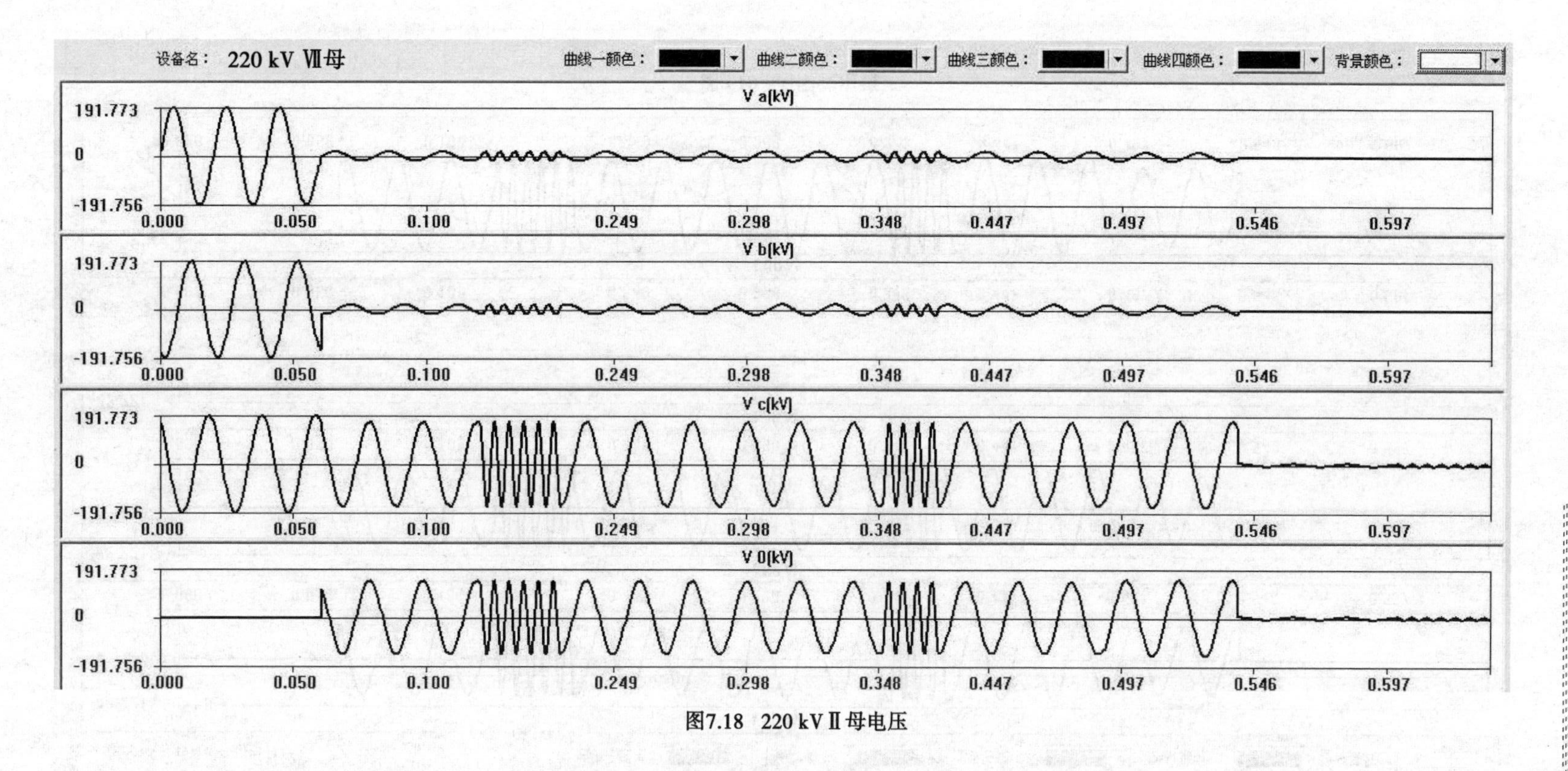

图7.18 220 kV Ⅱ母电压

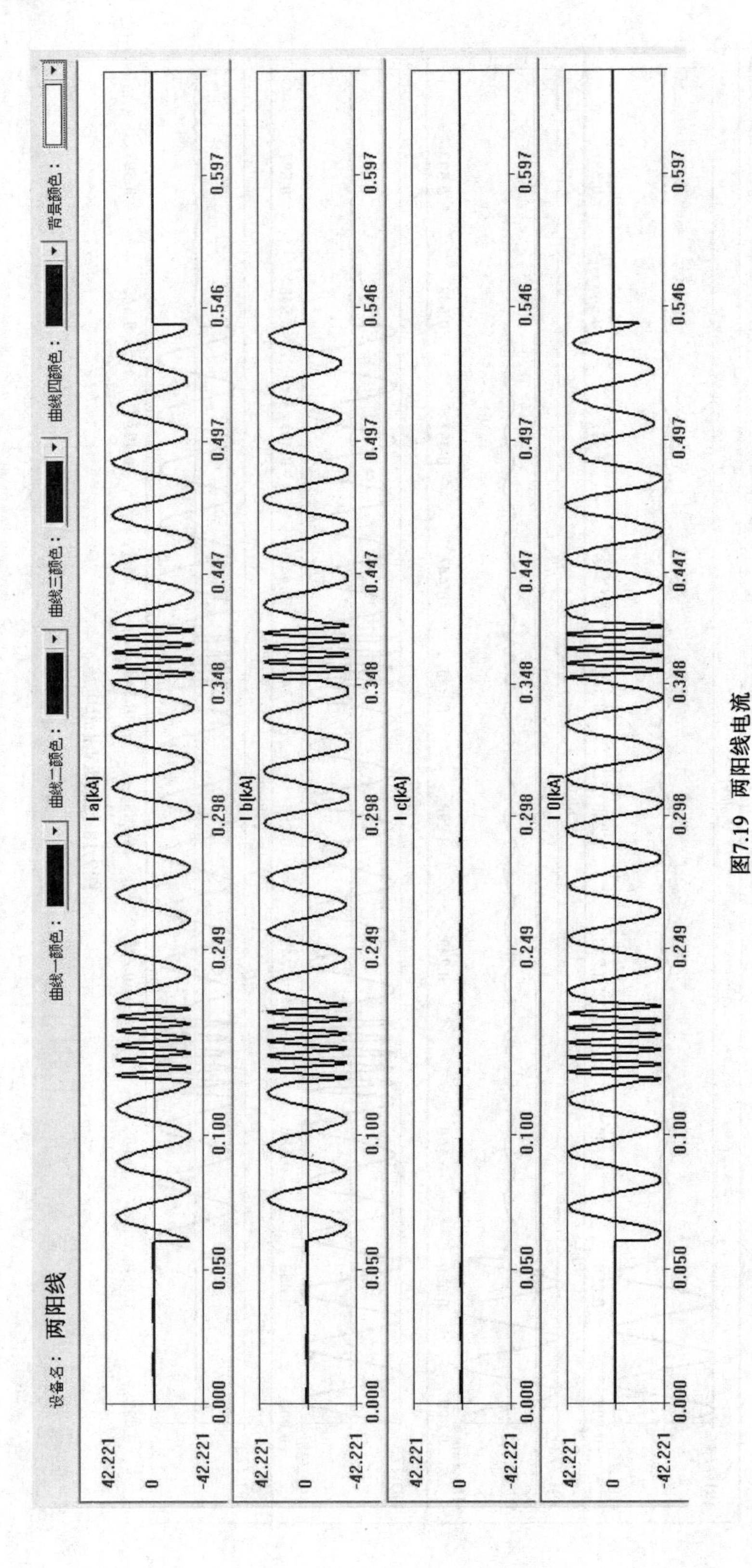
设备名：两阳线
曲线一颜色：
曲线二颜色：
曲线三颜色：
曲线四颜色：
背景颜色：
I a[kA]
I b[kA]
I c[kA]
I 0[kA]
42.221
0
-42.221
0.000
0.050
0.100
0.249
0.298
0.348
0.447
0.497
0.546
0.597

图7.19 两阳线电流

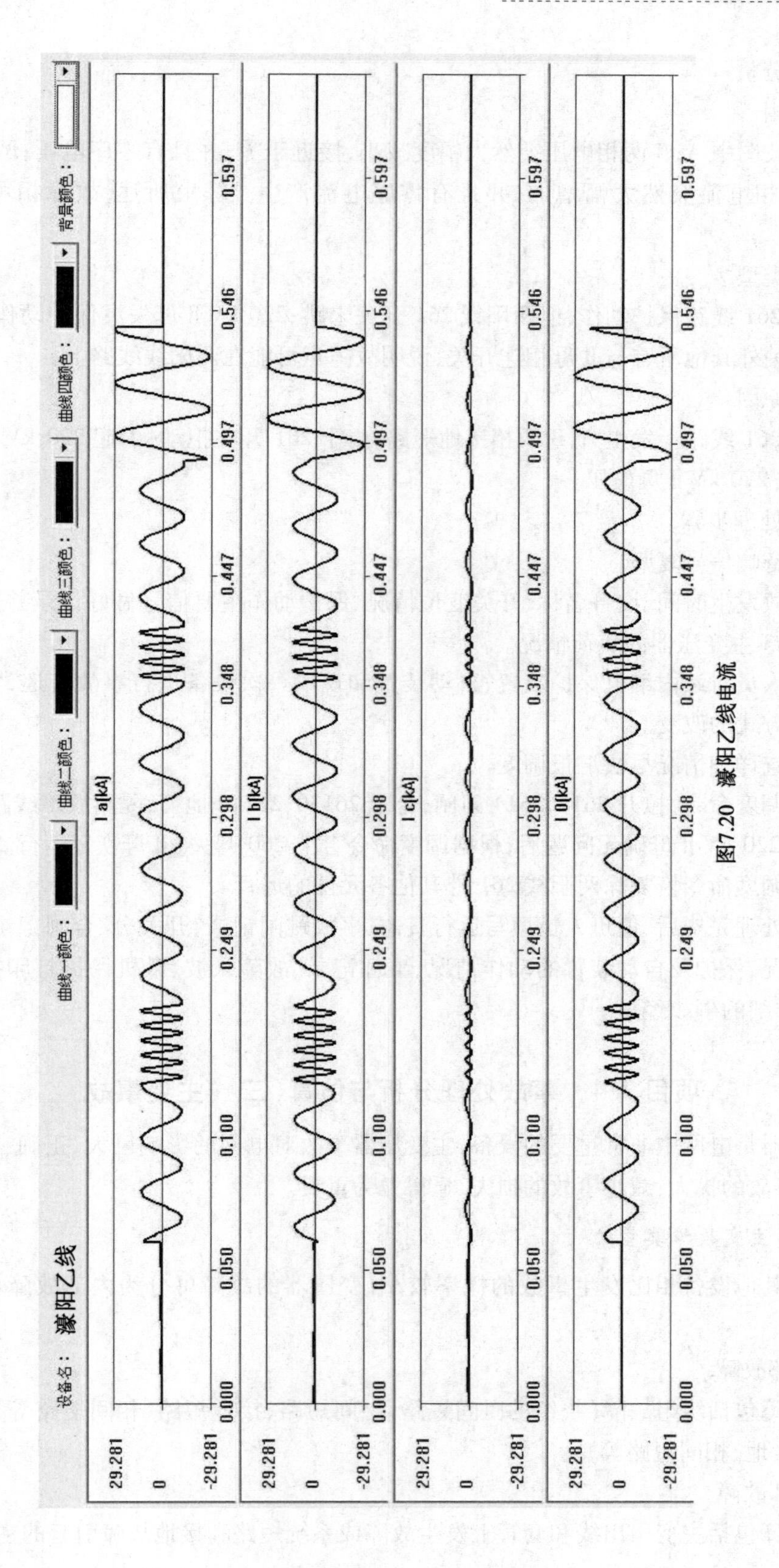
设备名：濠阳乙线
曲线一颜色：
曲线二颜色：
曲线三颜色：
曲线四颜色：
背景颜色：
I a[kA]
I b[kA]
I c[kA]
I 0[kA]
29.281
0
-29.281
0.000
0.050
0.100
0.249
0.298
0.348
0.447
0.497
0.546
0.597

图7.20　濠阳乙线电流

2)故障分析

①故障相

故障录波图中A,B两相电压突然大幅度减小,接近于零,并且有零序电压;两阳线、濠阳乙线A,B两相电流突然大幅增加,并且有零序电流产生。综上所述,故障相可能为A,B两相。

②故障类型

两阳线261线路保护动作,但两阳线261开关未跳;220 kVⅡ母失灵保护动作,跳开除两阳线261开关外其他所有与Ⅱ母相连开关,说明故障点可能在两阳线线路上。

③故障原因

两阳线261线路上发生A,B两相接地短路,由于261开关拒动,引起220 kVⅡ母失灵保护动作,造成220 kVⅡ母失压。

3)事故处理步骤

①报警音响信号复归。

②将事故发生时间、设备名称、开关变位情况、保护动作主要信号做好记录并立即上报调度,关注#1,#3主变压器的负荷情况。

③值班人员对站内继电保护装置、自动装置和现场一次设备进行事故特巡,负责变压器中性点接地方式的改变。

④将检查详细情况尽快汇报调度。

⑤根据调度命令,拉开2612,2614刀闸,合上26130,26140地刀,隔离故障线路。

⑥检查220 kVⅡ母确无问题后,根据调度命令合上260开关,Ⅱ母恢复运行。

⑦根据调度命令恢复除两阳线261外其他各元件的运行。

⑧事故处理完毕后,值班人员填写运行日志、事故跳闸记录、开关分/合闸记录等,并根据开关跳闸情况、保护及自动装置的动作情况、事件记录、故障录波、微机保护打印报告及处理情况,整理详细的事故经过。

项目7.4 事故处理分析与仿真(三):主变事故

主变压器是电网中非常重要的设备,主变压器事故对电网的影响巨大,正确、快速地处理事故,防止事故的扩大,减小事故的损失,显得尤为重要。

7.4.1 主变故障类型

主变与其他设备相比发生事故的概率较小,变压器的故障可分为内部故障和外部故障两种。

(1)内部故障

内部故障包括绕组故障(绕组的匝间短路、层间短路、接地短路、相间短路等)、铁芯故障(铁芯多点接地、相间短路等)。

(2)外部故障

外部故障包括主变引出线和套管上发生故障或系统短路和接地故障引起的主变过电流。

7.4.2　主变跳闸的主要原因

①主变绕组发生匝间短路、层间短路、接地短路、相间短路。

②主变铁芯发生多点接地和相间短路。

③套管故障爆炸、闪络放电及严重漏油。

④有载调压装置故障。

⑤主变出线套管至各侧 TA 之间发生相间短路和接地短路故障。

⑥主变保护误动、误整定、误碰造成主变压器跳闸。

7.4.3　主变事故处理一般原则

主变压器故障跳闸，特别是承担大量负荷的大型主变压器突然跳闸，会引发系统内一系列连锁反应，严重时甚至可能造成系统失去稳定。在变电站，最常见的连锁反应或并发情况就是相邻主变压器的严重过负荷，恶劣情况下主变压器事故还会引发火灾。此时，变电站值班人员因为需要应对多个异常情况而容易产生顾此失彼的情况，因此值班员必须沉着冷静，抓住主要矛盾，分清轻重缓急，主动与调度员协商，确定处理的优先顺序，并参照以下原则进行处理：

①一台主变压器跳闸后，值班人员除应按常规的事故处理规定迅速向所属值班调度员报告跳闸时间、跳闸断路器、主保护动作情况等信息外，还应报告未跳闸的另一台主变压器的潮流及过负荷情况以及象征系统异常的电压、频率等明显变化的信息。

②在未跳闸主变压器过负荷的情况下，应按规程规定对跳闸主变压器一、二次回路进行检查，如能确认主变压器属非故障跳闸或查明故障点确在变压器回路以外时，应立即提请值班调度员对跳闸主变压器进行试送，以迅速缓解另一台主变压器过负荷之危。

③如主变压器属故障跳闸或无法确认主变压器属非故障跳闸时，应同时进行主变压器跳闸处理和未跳闸主变压器的过负荷处理。过负荷情况比较严重时应优先进行未跳闸主变压器的过负荷处理。

④如主变压器故障跳闸引发系统失稳等重大异常情况时，应优先配合调度进行电网事故的处理，同时按短期急救性负荷的规定对过负荷主变压器进行监控。

⑤一旦主变压器因故障着火时，灭火及防止事故扩大便成为最紧迫的首要任务。此时应迅速实施断开电源、关停风扇和油泵、启动灭火装置、召唤消防人员、视需要打开放油阀门等一系列处理措施，火情得以控制后，再迅速进行其他异常的处理。

⑥根据保护动作情况判断主变压器故障性质。变压器的故障跳闸分析可通过气体（瓦斯）保护和差动保护进行联合分析。

7.4.4　瓦斯保护动作的处理

瓦斯保护是变压器的主保护，它能反映变压器内部发生的各种故障。变压器内部所发生的故障，一般是由较轻微故障逐步发展为严重故障的。因此，大部分情况是先报出轻瓦斯动作信号，然后发展到重瓦斯动作跳闸。瓦斯保护有主变本体轻瓦斯、主变本体重瓦斯、有载分接开关轻瓦斯和有载分接开关重瓦斯等 4 种保护。

瓦斯保护动作报出信号，不一定都是变压器内部有故障。因此，处理时的重点，应该是正确判断原因。

(1)瓦斯保护动作原因

①变压器内部发生故障,产生气体。

②变压器内部进入空气。例如,变压器加油、滤油,更换净油器内的硅胶,检修散热器或潜油泵等工作以后,都可能进入空气。变压器新安装或大修时进入空气,修后没有完全排出。运行中可能由于冷却器、潜油泵等密封不严进入空气。

③外部发生穿越性短路故障。

④油位严重降低至气体继电器以下,使浮筒式气体继电器动作。

⑤直流多点接地、二次回路短路。例如,气体继电器接线盒进水,电缆长时间受渗出的变压器油的腐蚀,绝缘老化等。

⑥受强烈振动影响。

⑦气体继电器本身问题。例如,继电器机构失灵,干簧管触点引出线因油垢长时间侵蚀,绝缘能力降低。

(2)轻瓦斯保护动作处理程序

如发现变压器报出轻瓦斯信号,应汇报调度和有关上级,对变压器进行外部检查,然后取气分析。根据检查和取气分析结果,采取相应的措施。

1)对变压器进行外部检查

进行外部检查前,应先检查记录保护动作信号。外部检查的主要内容如下:

①变压器负荷情况、直流系统绝缘情况、变压器有无其他保护动作信号、其他设备有无保护动作信号。如果同时发生变压器压力释放保护动作,则属于内部故障的可能非常大。

②变压器的油位、油色是否正常。如果变压器油色异常,可能是内部发生故障。如果看不到油面,气体继电器内也没有充满油,则可能是油位低于气体继电器而误动。负荷小且严寒天气下,油位可能会更低,可能会低于气体继电器。

③变压器声音有无异常。变压器如果有噪声,则属于内部故障。在没有较大噪声时,可以用一根木棒顶在油箱上,另一端贴在耳边细听。内部若有不均匀的噪声,或有“吱吱”放电闪络声,或有“叮当”等异音,说明内部有问题。

④检查上层油温是否比平时明显升高。

⑤检查油枕、压力释放器有无喷油、冒油,盘根和塞垫有无凸出变形。

⑥气体继电器内有无气体,若有应取气检查,分析气体的性质。

2)轻瓦斯保护动作处理方法

①如果经外部检查发现有故障现象和明显异常,气体继电器内有气体,如声音、油色异常,上层油温异常升高,压力释放器有冒油现象,均应立即投入备用变压器或备用电源,切换站用电,故障变压器停电检查,再取气分析。变压器不经检查试验合格,不能投入运行。

②如果变压器经外部检查,无明显故障和异常现象,取气检查发现气体可燃、有色、有味,或者变压器有压力释放保护动作信号,则说明属于内部故障。应当汇报调度,投入备用变压器或备用电源,切换站用电,故障变压器停电检查,不经试验合格,不许投入运行。

③如果变压器经外部检查没有发现任何异常及故障现象,取气检查为无色、无味、不可燃

的气体,气体很纯净,可能进入了空气。将气体放出后,检查有无可能进入空气的部位,如散热器、潜油泵、各接口阀门等,有无密封破坏进入空气之处,若有,则的确属于进入空气。

④如果经过检查,变压器未发现任何异常及故障现象,取气检查不可燃、无味、颜色很淡,不能确定为空气,气体的性质在现场不能明确。此时,应汇报调度和有关上级,投入备用变压器或备用电源,切换站用电,故障变压器停电检查。如果没有备用变压器或备用电源,应当按主管领导的命令执行。运行中,应对变压器严密监视。无论能否立即停电,均应由专业人员取气以及取油样,进行化验分析。

⑤变压器无明显异常和故障现象,发现油枕上的油位计内无油面,气体继电器内没有充满油,取气检查为无色、无味、不可燃的气体。这种情况是油位过低所造成的,无备用变压器或备用电源时,可暂时维持运行,汇报调度和上级,设法处理漏油。有备用变压器的,投入备用变压器,故障变压器停电处理渗漏油并加油。

⑥检查变压器无任何异常和故障现象,气体继电器内充满油,无气体存在,说明属于误动作。这种情况,可能是二次回路问题,也可能是气体继电器本身有问题,还可能是受振动过大或外部有穿越性短路故障。

(3)重瓦斯保护动作处理程序

1)变压器重瓦斯保护动作的一般处理程序

①立即投入备用变压器或备用电源,切换站用电,恢复站用电和对客户的供电,恢复系统之间的并列。断开失压母线上的电容器组断路器。变压器跳闸后,应立即停油泵(如有)。

②察看其他运行变压器及各线路的负荷情况。

③对故障变压器进行外部检查。

④经外部检查,变压器无明显异常和故障迹象,取气检查分析(若有明显的故障迹象,不必取气即可确定为内部故障)。

⑤根据保护动作情况、外部检查结果、气体继电器内气体性质、二次回路上有无工作等,进行综合分析判断。

⑥应立即将情况向调度及有关部门汇报。

⑦应根据调度指令进行有关操作。

⑧现场有着火等特殊情况时,应迅速采取灭火措施,防止火势蔓延。必要时开启事故放油阀排油。处理事故时,首先应保证人身安全。

2)变压器重瓦斯保护动作的分析判断依据

①变压器的差动、速断等其他保护,是否有动作信号。变压器的差动保护、电流速断保护等,是反映电气故障量的保护装置;瓦斯保护,则反映的是非电气故障量,能够反映变压器的磁路故障,也能反映电气故障(相间、匝间、层间故障等)。如果变压器的差动保护等同时动作,说明变压器内部有故障。

②跳闸之前,轻瓦斯动作与否。变压器的内部故障,一般是由比较轻微的故障,发展到比较严重的故障的。如果重瓦斯动作跳闸之前,曾经先有轻瓦斯信号,则可以检查到变压器的声音等有无异常情况。

③外部检查有无发现异常和故障迹象。如果变压器经外部检查,发现有明显的异常和故

障迹象，说明内部有故障。

④取气检查分析结果。如发现气体继电器内的气体有色、有味、可点燃（主要是可燃性），则无论外部检查时是否有明显的故障现象，有无明显的异常，应判定为变压器内部故障。

⑤跳闸时表计指示有无冲击摆动，其他设备有无保护动作信号。重瓦斯保护动作跳闸时，如果有上述现象，检查变压器外部无任何异常，并且气体继电器内充满油，没有气体，重瓦斯信号能够恢复，则说明是属于外部有穿越性短路故障，变压器通过很大的短路电流，在内部产生比较大的电动力，致使变压器内油的波动很大而导致误动作（浮筒式气体继电器可能误动）。

⑥变压器跳闸时，附近有无过大振动。

⑦以检查直流系统的对地绝缘情况，重瓦斯保护信号能否复归，结合变压器外部检查情况，以及前面的各项判断为依据，综合判断是否属于直流系统多点接地或二次回路短路所引起的误动。

7.4.5 差动保护动作的处理

变压器差动保护的保护范围，是变压器各侧差动电流互感器之间的一次电气部分。主要反映以下故障：

①变压器引出线及内部线圈的相间短路。

②严重的线圈层间短路故障。

③大电流接地系统中，线圈及引出线的接地故障。

变压器差动保护能够迅速而有选择地切除保护范围内的故障。只要接线正确并调整得当，外部故障时不会误动。差动保护对变压器内部不严重的匝间短路反应不够灵敏。

（1）变压器差动保护动作跳闸的原因

①变压器及其套管引出线，各侧差动电流互感器以内的一次设备故障。

②保护二次回路问题误动作。

③差动电流互感器二次开路或短路。

④变压器内部故障。

（2）变压器差动保护动作跳闸的一般处理程序

①根据保护动作情况和运行方式，判明事故停电范围和故障范围。

②断开有保护动作信号的线路断路器（若有），断开失压母线上的电容器组断路器。

③投入备用变压器或备用电源，切换站用电，恢复站用电，恢复对客户的供电和系统之间的并列。如果差动电流互感器安装位置在断路器的母线侧时，可以先拉开隔离开关与失压母线隔离，再投入备用变压器（若母线没有失压，说明该侧断路器已将故障隔离，无须拉开隔离开关）。

④对变压器及差动保护范围以内的一次设备，进行详细的检查。

⑤根据检查结果和分析判断结果，作相应的处理。

（3）对设备进行外部检查的主要内容

①变压器套管有无损伤，有无闪络放电痕迹，变压器本体外部有无因内部故障引起的异常现象。变压器的压力释放器有无冒油，有无动作信号。

②变压器的引出线是电缆时，检查电缆头有无损伤、有无击穿放电痕迹、有无移动现象（短路电流通过时的电动力所致）。

③差动保护范围内所有一次设备，瓷质部分是否完整，有无闪络放电痕迹。变压器及各侧断路器、隔离开关、避雷器、绝缘子等有无接地短路现象，有无异物落在设备上。

④电流互感器本身有无异常，瓷质部分是否完整、有无闪络放电痕迹，回路有无断线接地。对于微机型保护装置，若电流互感器二次开路，会报出“TA 断线”信号。

⑤差动保护范围外有无短路故障（其他设备有无保护动作）。

（4）分析判断依据

①差动保护动作跳闸的同时，瓦斯保护动作与否。如果变压器瓦斯保护同时动作，即使是报出轻瓦斯信号，变压器内部故障的可能性也极大。

②检查差动保护范围内一次设备（包括变压器在内）有无故障现象。

③差动保护范围外其他设备有无短路故障，其他线路有无保护动作信号。

a. 如果差动保护整定不当，保护范围外发生故障时，差动电流回路不平衡电流增大，可能误动作。差动电流回路接线若有错误，外部故障时会误动作（内部故障时则可能不动作）。

b. 从变压器和其他有动作信号的微机保护装置的采样报告、录波信息中，可以查看、分析变压器和系统中是否有故障。

④变压器差动保护动作信号能否复归。检查变压器以及差动保护范围内的一次设备，如果没有发现任何故障迹象，跳闸时，无表计指示冲击摆动，瓦斯保护没有动作，变压器差动保护范围以外无接地、短路故障，则应根据变压器差动保护动作信号能否复归作进一步分析、检查。在变压器各侧断路器已经跳闸的情况下，差动保护动作信号若不能复归，则二次回路可能有故障。微机型变压器保护装置，可依据保护装置有无“长期启动”告警信息、测量跳闸出口输出端子上有无正电脉冲，来证实上述判断。

⑤保护及二次回路上是否有人工作。变压器及差动保护范围内的一次设备，如果检查没有任何故障迹象，其他保护也没有动作，差动保护范围以外的设备也没有接地和短路故障，微机型保护装置跳闸出口输出端子上无正电脉冲，在这些前提下若保护及二次回路上有人工作，则可能属于人为因素误动作。如果无人工作，可能有以下原因：

a. 差动电流互感器二次开路（或短路）而误动作（正常运行中可能性很小）。微机型保护装置在差动电流互感器二次开路时，会报出“TA 断线”信号，会有“×侧 TA 异常”信息。

b. 变压器内部故障，外部无明显异常现象。

（5）变压器差动保护动作跳闸的处理方法

①检查发现故障明显可见，变压器压力释放器有冒油现象，变压器本身有明显的异常和故障迹象，差动保护范围内一次设备上有故障现象，应停电检查处理故障，经检修试验合格后方能投运。

②经过检查，没有发现明显的异常和故障迹象。但是变压器有瓦斯保护动作，即使只是报出轻瓦斯信号，属于变压器内部故障的可能性也极大，应经内部检查并试验合格后方能投入运行。如果变压器同时有压力释放保护信号，属于变压器内部故障的可能性也很大，必须经过试验，在证明变压器无问题后，方能投入运行。

③检查变压器以及差动保护范围内的所有设备,没有发现任何明显异常和故障迹象,变压器其他保护也没有动作,差动保护动作信号能够恢复。站内没有保护和二次回路上的工作,差动保护范围以外有接地、短路故障(其他设备或线路有保护动作信号)。

a. 这种情况,可能是差动保护范围以外有故障,差动保护因为电流回路接线有错误,导致误动作跳闸。也可能是保护整定、调整不当,不能躲过外部故障。这一点可以通过微机保护有“差流越限”告警,但微机保护的采样报告中没有故障电气量信息而得到证明。

b. 处理:隔离外部故障,拉开变压器各侧隔离开关,测量变压器绝缘无问题,根据调度命令试送一次。试送成功后,检查差动保护误动作原因。根据调度的命令,退出差动保护,由专业人员测量差动电流回路的相位关系,检验有无接线错误;检查保护整定值有无问题。

④检查变压器以及差动保护范围内一次设备,没有发现任何故障的痕迹和异常。变压器瓦斯保护、压力释放保护均未动作。其他设备和线路,没有保护动作信号。跳闸之前,二次回路上有人工作。

处理:应当分析工作和变压器差动保护动作跳闸有无关系。跳闸如果是由工作人员失误引起,应立即停止工作,断开工作电源和工作接线。没有备用变压器或备用电源时,应根据调度命令,拉开变压器的各侧隔离开关,测量变压器绝缘无问题后试送一次。如果成功,应及时恢复对客户的供电,恢复站用电正常运行方式。

⑤检查变压器以及差动保护范围内一次设备,没有发现任何故障的痕迹和异常。变压器瓦斯保护、压力释放保护均未动作。其他设备和线路没有保护动作信号。跳闸之前,二次回路上没有人工作。

a. 此种情况下,可以认为属于差动保护误动作。可以根据直流系统对地绝缘情况,区分故障性质。直流系统对地绝缘不良,有“直流接地”信号,则是直流多点接地造成误动跳闸。反之,直流系统对地绝缘正常,可能是二次回路短路所致。

b. 处理:无备用变压器或备用电源时,可以根据调度命令,先退出差动保护,变压器投入运行,恢复供电、恢复站用电正常运行方式,再检查二次回路的问题。解除变压器差动保护时,应保证瓦斯保护及其他保护在投入的条件下,变压器方能运行。差动保护必须在 24 h 内重新投入。

7.4.6 主变后备保护动作的处理

变压器后备保护动作跳闸,而主保护未动作时,一般情况下为差动保护范围以外故障,在实际发生的事故中,母线故障或线路故障越级使变压器后备保护动作跳闸的情况比较多。下面分别从高、中、低压侧后备保护动作进行分析说明。

(1)高压侧后备保护动作

1)高压侧后备保护动作的原因

①变压器差动和瓦斯保护拒动。

②本侧母线差动保护或者线路保护拒动。

③本侧开关拒动。

④中低压侧后备保护拒动或开关拒动。

⑤高压侧后备保护误动、误整定。

2）高压侧后备保护动作后的主要检查工作

①检查本侧线路保护、母差保护是否有动作信号，是否有开关闭锁信号。

②检查中、低压侧是否有故障、保护动作信号、开关闭锁信号。

（2）中压侧后备保护动作

1）中压侧后备保护动作的原因

①变压器差动和瓦斯保护拒动。

②本侧母线差动保护或者线路保护拒动。

③本侧开关拒动。

④中压侧后备保护误动、误整定。

2）中压侧后备保护动作后主要检查工作

检查本侧线路保护、母差保护是否有动作信号，是否有开关闭锁信号。

（3）低压侧后备保护动作

1）低压侧后备保护动作的原因

①低压线路发生故障跳闸，保护拒动或开关拒动。

②低压母线发生故障（未装设母差保护）。

2）低压侧后备保护动作后主要检查工作

检查低压母线是否发生短路故障或者是低压线路故障保护拒动或开关拒动。

（4）主变压器中性点间隙保护动作

1）间隙保护动作的原因

中性点不接地的变压器带单相接地故障运行时，会引起间隙保护动作。

2）间隙保护动作后主要检查工作

检查高、中压系统的越级跳闸及保护误动、误整定。

7.4.7　主变套管爆炸的事故处理

（1）主变压器套管爆炸的原因

①套管表面污秽。

②密封不良，绝缘受潮、劣化。

③套管有破损、裂纹没有及时发现处理。

④由于操作、事故或雷击等原因造成的过电压。

⑤套管电容芯击穿故障。

（2）主变压器套管爆炸的检查

①检查中性点接地方式。

②检查并列运行变压器及各线路的负荷情况。

③检查变电站站用系统电源是否切换正常，直流系统是否正常。

④检查变压器有无着火等情况，检查消防设施是否启动。

⑤检查套管爆炸引起其他设备的损坏情况。

7.4.8　主变压器起火事故处理

(1)主变压器起火的主要原因

①套管的破损和闪络。

②油在油枕的压力下流出并在顶盖上燃烧。

③变压器内部故障造成外壳或散热器破裂,使燃烧的变压器油溢出。

④变压器周围用喷灯或者有烟火等情况。

(2)主变压器起火的处理

①主变压器起火时,首先应检查主变压器各侧开关是否已跳闸,否则应立即手动拉开故障变压器各侧开关,立即停运冷却装置,立即拉开变压器各侧电源。

②立即切除变压器所有二次控制电源。

③立即启动灭火装置。

④立即向消防部门报警。

⑤确保人身安全的情况下采取必要的灭火措施。

⑥应立即将情况向调度及有关部门汇报。

7.4.9　主变典型故障仿真实例

(1)主变内部短路故障

1)事故经过

时间:2012 年 6 月 13 日。

运行方式:仿真 A 站 220 kV 两段母线并列运行,汕阳线、濠阳甲线、#1 主变、#3 主变运行在 220 kV Ⅰ 母,两阳线、濠阳乙线、#2 主变运行在 220 kV Ⅱ 母,旁路母线热备用在 220 kV Ⅰ 母。

现象:

①事故音响、预告警铃响。

②监控画面上#3 主变高压 203 开关、中压 103 开关、低压 903 开关变位闪烁,位置均为分位。

③监控画面上#3 主变电流、功率指示为零。

④告警信息窗显示信息见表 7.8。

表 7.8　告警信息窗显示信息

动作时间	描　述	动作情况
2012-06-13 18:57:37:734	预告信号	动作
2012-06-13 18:57:37:734	110 kV 录波器 1 装置启动	动作
2012-06-13 18:57:37:734	110 kV 录波器 2 装置启动	动作
2012-06-13 18:57:37:734	220 kV 录波器 1 装置启动	动作
2012-06-13 18:57:37:734	220 kV 录波器 2 装置启动	动作

续表

动作时间	描　述	动作情况
2012-06-13 18:57:37:734	10 kV 录波器 1 装置启动	动作
2012-06-13 18:57:37:734	10 kV 录波器 2 装置启动	动作
2012-06-13 18:57:37:734	#3 主变(第 1 套)PST-1200 装置保护动作	动作
2012-06-13 18:57:37:734	#3 主变(第 1 套)PST-1200 装置差动速断动作	动作
2012-06-13 18:57:37:734	#3 主变(第 2 套)PST-1200 装置保护动作	动作
2012-06-13 18:57:37:734	#3 主变(第 2 套)PST-1200 装置差动速断动作	动作
2012-06-13 18:57:37:744	#3 主变(第 3 套)PST-1210B 装置保护动作	动作
2012-06-13 18:57:37:744	#3 主变(第 3 套)PST-1210B 装置本体重瓦斯跳闸	动作
2012-06-13 18:57:37:754	#3 主变变高 203 开关总出口跳闸	动作
2012-06-13 18:57:37:754	#3 主变 110 kV 侧 103 开关总出口跳闸	动作
2012-06-13 18:57:37:754	#3 主变 10 kV 侧 903 开关总出口跳闸	动作
2012-06-13 18:57:37:764	#3 主变变高 203 开关 ABC 相	分闸
2012-06-13 18:57:37:764	#3 主变 110 kV 侧 103 开关	分闸
2012-06-13 18:57:37:764	#3 主变 10 kV 侧 903 开关	分闸
2012-06-13 18:57:41:855	事故总信号	动作
2012-06-13 18:57:40:764	10 kV #11 电容器 NSR-630R_CP 装置低电压	动作
2012-06-13 18:57:40:764	10 kV #9 电容器 NSR-630R_CP 装置低电压	动作
2012-06-13 18:57:40:784	10 kV #11 电容器 941 开关总出口跳闸	动作
2012-06-13 18:57:40:784	10 kV #9 电容器 939 开关总出口跳闸	动作
2012-06-13 18:57:40:794	10 kV #11 电容器 941 开关	分闸
2012-06-13 18:57:40:794	10 kV #9 电容器 939 开关	分闸
2012-06-13 18:57:39:764	低压Ⅲ母 PT 断线	动作
2012-06-13 18:57:39:764	10 kV #10 电容器 NSR-630R_CP 装置 PT 断线	动作
2012-06-13 18:57:39:764	10 kV #11 电容器 NSR-630R_CP 装置 PT 断线	动作
2012-06-13 18:57:39:764	10 kV #12 电容器 NSR-630R_CP 装置 PT 断线	动作
2012-06-13 18:57:39:764	10 kV #9 电容器 NSR-630R_CP 装置 PT 断线	动作

⑤变电站保护装置显示如下：

a. #3 主变（第 1 套）PST-1200 装置显示“差动保护启动 CPU1；高压侧启动 CPU2；高压侧启动 CPU3；差动保护出口 CPU1”；保护动作光字牌亮；“启动”红灯亮。

b. #3 主变 PST-12 系列操作箱“保护Ⅰ跳闸”“跳闸位置”“重瓦斯”光字牌亮。

c. #3 主变（第 2 套）PST-1200 装置显示“差动保护启动 CPU1；高压侧启动 CPU2；高压侧启动 CPU3；差动保护出口 CPU1”；保护动作光字牌亮；“启动”红灯亮。

d. #3 主变 PST-1222 分相双跳操作箱“跳闸位置 A”“跳闸位置 B”“跳闸位置 C”“保护Ⅰ跳闸”灯亮。

⑥故障录波图如图 7.21—图 7.24 所示。

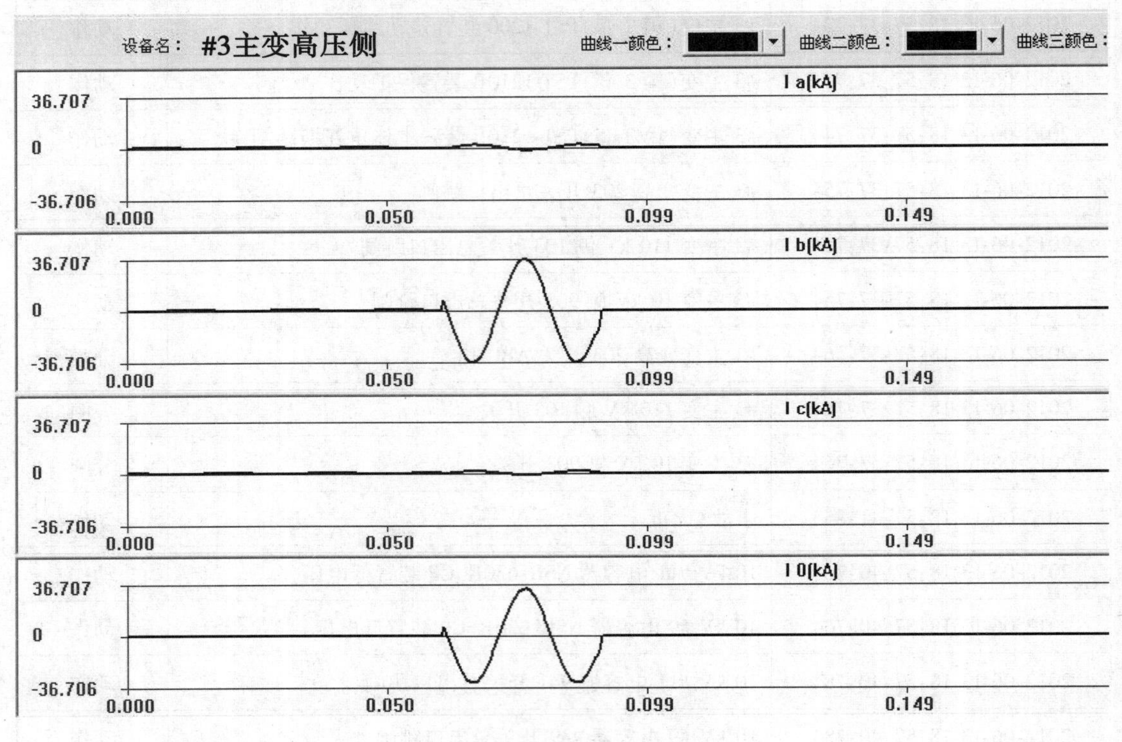

图 7.21　#3 主变高压侧电流

2）故障分析

①故障相

故障录波图中，主变高压侧、中压侧 B 相电流突然增大，并且产生零序电流说明是接地故障；220 kVⅠ母 B 相电压突然减小，并且产生零序电压；综上所述，故障相为 B 相。

②故障类型

#3 主变差动保护和重瓦斯保护动作，现场检查#3 主变各侧套管引线无异常，其他设备无异常，判断故障点可能在#3 主变油箱内。

③故障原因

#3 主变内部发生 B 相绝缘击穿接地故障，引起差动保护和瓦斯保护动作，#3 主变三侧开关跳闸。

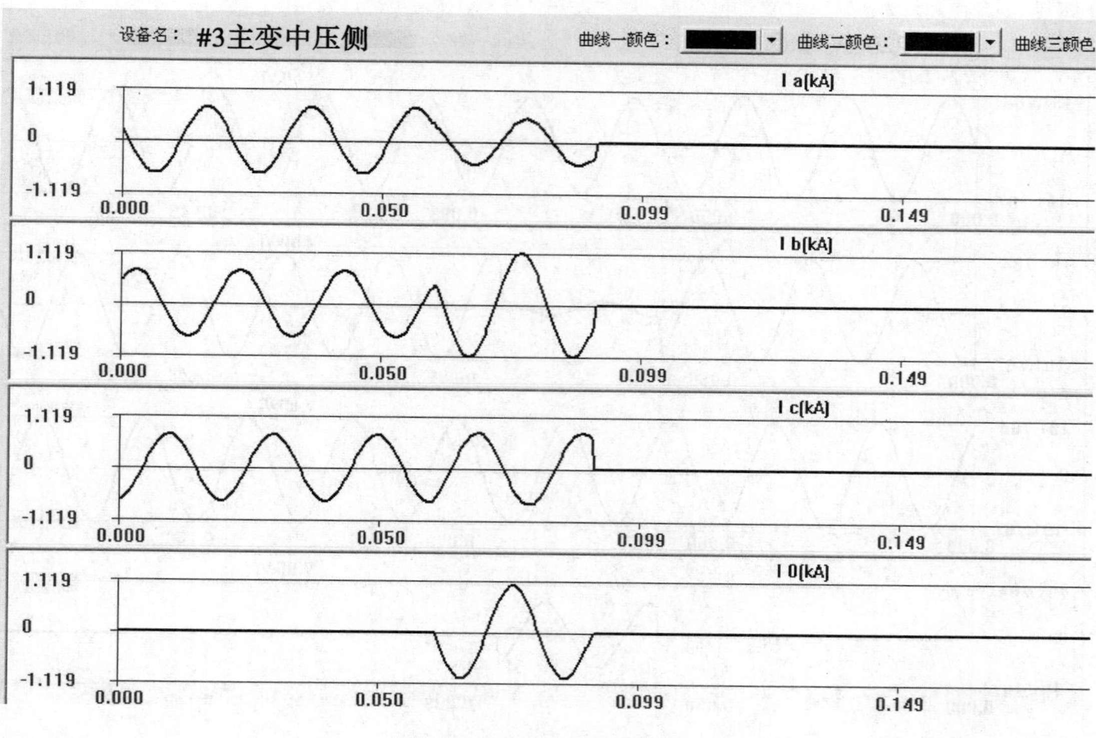

图7.22　#3 主变中压侧电流

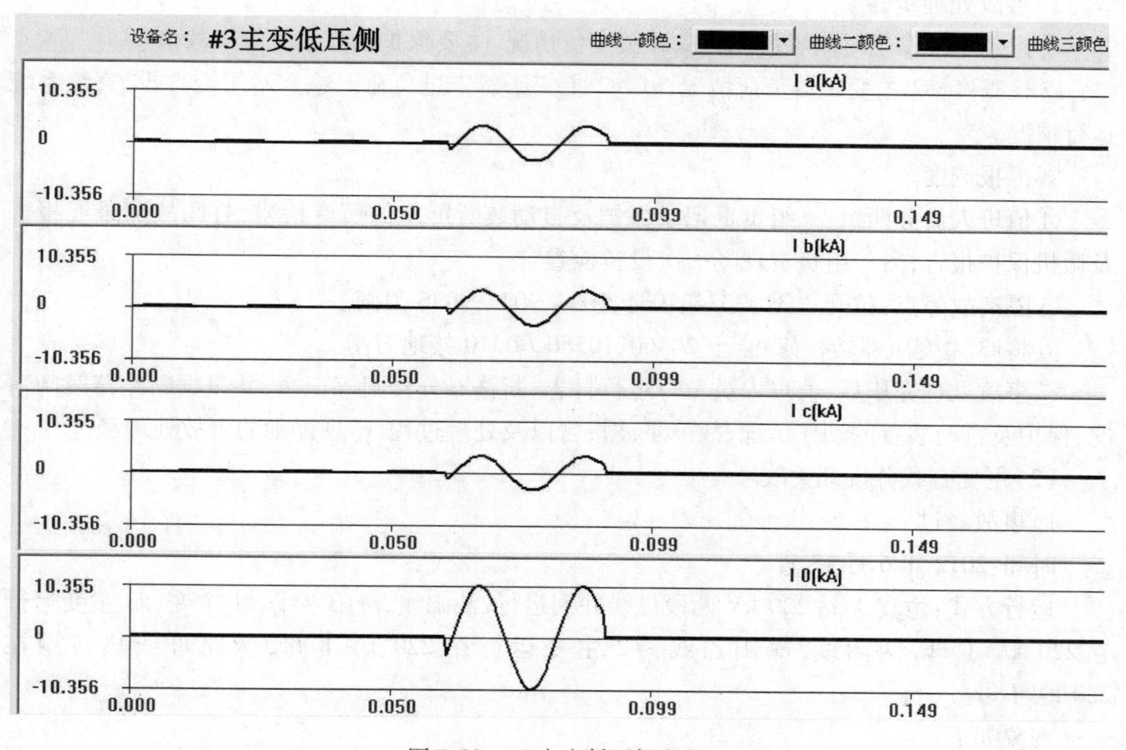

图7.23　#3 主变低压侧电流

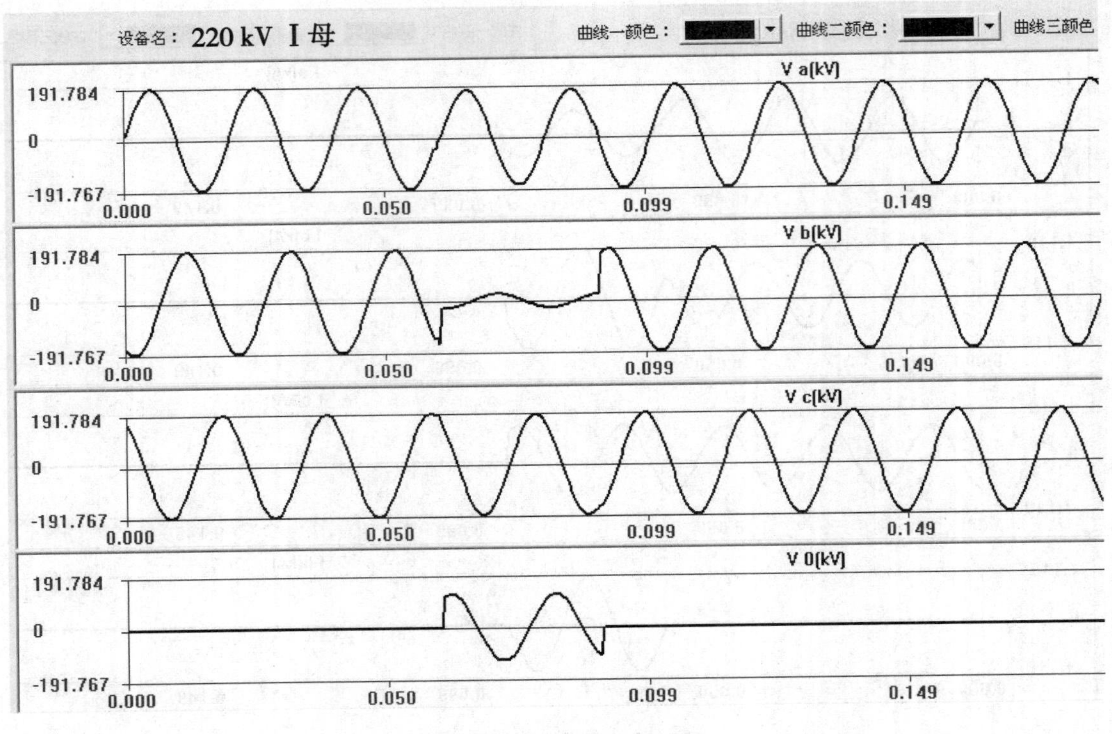

图 7.24　220 kVⅠ母电压

3）事故处理步骤

①记录事故发生时间、设备名称、开关变位情况、主要保护动作信号等事故信息。

②检查#1，#2 主变压器负荷情况，#1，#2 主变压器未过负荷。检查站用变自投、直流系统运行情况。

③汇报调度。

④值班人员分两组：一组负责记录保护及自动装置屏上的所有信号，打印故障录波报告及微机保护报告；另一组负责现场一次设备检查。

⑤隔离故障点：拉开 2031，2034，1031，1034，9031，9036 刀闸。

⑥将#3 主变压器转检修：合上 20360，10360，90310 接地刀闸。

⑦事故处理完毕后，值班人员填写运行日志、断路器分合闸等记录，并根据断路器跳闸情况、保护及自动装置的动作情况、故障录波报告以及处理过程，整理详细的事故处理经过。

（2）主变有载分接开关故障

1）事故经过

时间：2012 年 6 月 13 日。

运行方式：仿真 A 站 220 kV 两段母线并列运行，汕阳线、濠阳甲线、#1 主变、#3 主变运行在 220 kV Ⅰ母，两阳线、濠阳乙线、#2 主变运行在 220 kV Ⅱ母，旁路母线热备用在 220 kVⅠ母。

现象如下：

①事故音响、预告警铃响。

②监控画面上#3 主变高压 203 开关、中压 103 开关、低压 903 开关变位闪烁,位置均为分位。

③监控画面上#3 主变电流、功率指示为零。

④告警信息窗显示信息见表 7.9。

表 7.9　告警信息窗显示信息

动作时间	描　述	动作情况
2012-06-13 19:59:16:900	预告信号	动作
2012-06-13 19:59:16:900	#3 主变(第 3 套)PST-1210B 装置保护动作	动作
2012-06-13 19:59:16:900	#3 主变(第 3 套)PST-1210B 装置有载重瓦斯跳闸	动作
2012-06-13 19:59:16:920	#3 主变变高 203 开关总出口跳闸	动作
2012-06-13 19:59:16:920	#3 主变 110 kV 侧 103 开关总出口跳闸	动作
2012-06-13 19:59:16:920	#3 主变 10 kV 侧 903 开关总出口跳闸	动作
2012-06-13 19:59:16:930	#3 主变变高 203 开关 ABC 相	分闸
2012-06-13 19:59:16:930	#3 主变 110 kV 侧 103 开关	分闸
2012-06-13 19:59:16:930	#3 主变 10 kV 侧 903 开关	分闸
2012-06-13 19:59:17:012	事故总信号	动作
2012-06-13 19:59:19:890	低压Ⅲ母 PT 断线	动作
2012-06-13 19:59:19:890	10 kV #10 电容器 NSR-630R_CP 装置 PT 断线	动作
2012-06-13 19:59:19:890	10 kV #11 电容器 NSR-630R_CP 装置 PT 断线	动作
2012-06-13 19:59:19:890	10 kV #12 电容器 NSR-630R_CP 装置 PT 断线	动作
2012-06-13 19:59:19:890	10 kV #9 电容器 NSR-630R_CP 装置 PT 断线	动作
2012-06-13 19:59:19:890	10 kV #11 电容器 NSR-630R_CP 装置低电压	动作
2012-06-13 19:59:19:890	10 kV #9 电容器 NSR-630R_CP 装置低电压	动作
2012-06-13 19:59:19:910	10 kV #11 电容器 941 开关总出口跳闸	动作
2012-06-13 19:59:19:910	10 kV #9 电容器 939 开关总出口跳闸	动作
2012-06-13 19:59:19:920	10 kV #11 电容器 941 开关	分闸
2012-06-13 19:59:19:920	10 kV #9 电容器 939 开关	分闸

⑤变电站保护装置显示如下:

a. #3 主变 PST-12 系列操作箱“保护 1 跳闸”“跳闸位置”“调压重瓦斯”光字牌亮。

b. #3 主变 PST-1222 分相双跳操作箱“跳闸位置 A”“跳闸位置 B”“跳闸位置 C”“保护 I 跳闸”灯亮。

⑥故障录波:故障录波装置未启动,电压、电流波形正常,如图 7.25—图 7.28 所示。

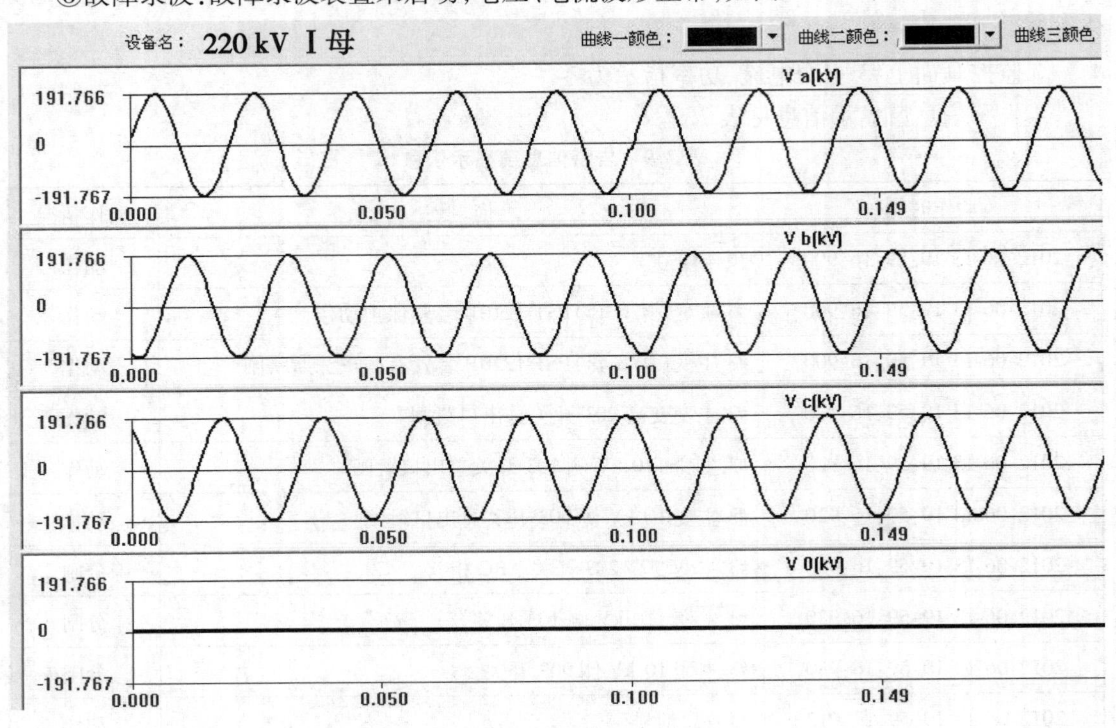

图 7.25　220kV Ⅰ母电压

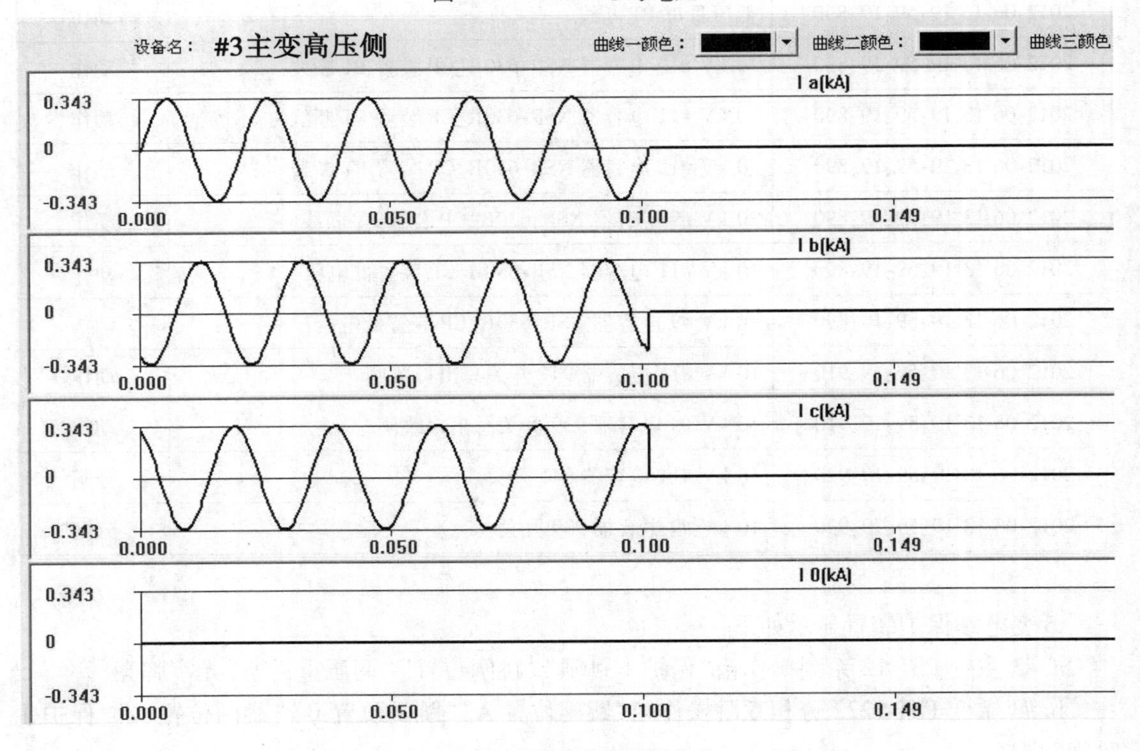

图 7.26　#3 主变高压侧电流

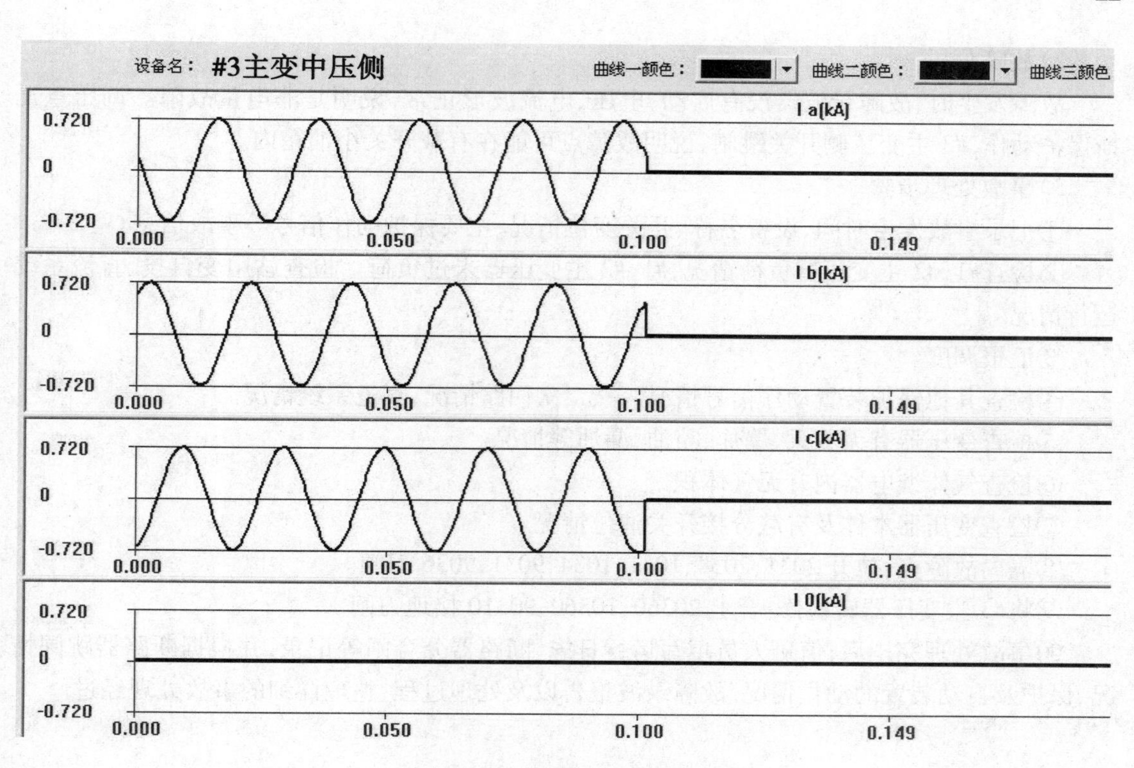

图7.27　#3主变中压侧电流

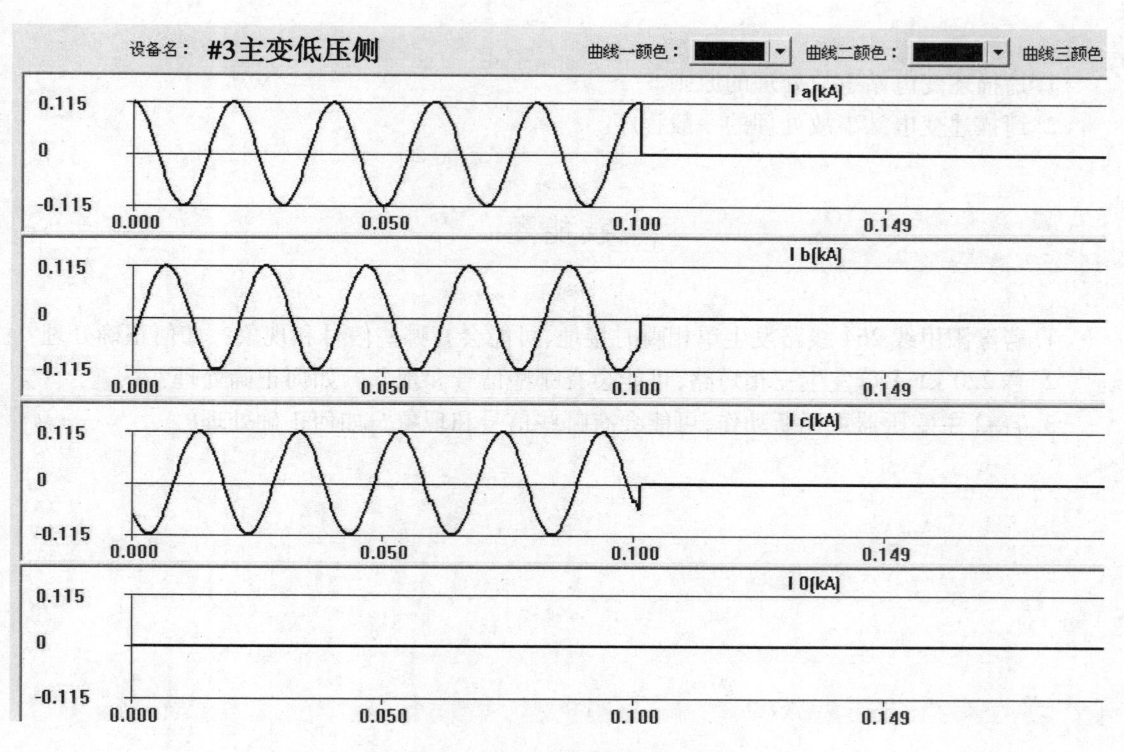

图7.28　#3主变低压侧电流

2)故障分析

故障发生时,故障录波器没有启动,电压、电流波形正常,说明是非电量故障。调压重瓦斯保护动作,#3 主变三侧开关跳闸,说明故障点可能在有载开关小油箱内。

3)事故处理步骤

①记录事故发生时间、设备名称、开关变位情况、主要保护动作信号等事故信息。

②检查#1,#2 主变压器负荷情况,#1,#2 主变压器未过负荷。检查站用变自投、直流系统运行情况。

③汇报调度。

④检查其他保护装置动作信号情况,一、二次回路情况,直流系统情况。

⑤检查变压器有无着火、爆炸、喷油、漏油等情况。

⑥检查气体继电器内有无气体积聚。

⑦检查变压器本体及有载分接开关油位情况。

⑧隔离故障点:拉开 2031,2034,1031,1034,9031,9036 刀闸。

⑨将#3 主变压器转检修:合上 20360,10360,90310 接地刀闸。

⑩事故处理完毕后,值班人员填写运行日志、断路器分合闸等记录,并根据断路器跳闸情况、保护及自动装置的动作情况、故障录波报告以及处理过程,整理详细的事故处理经过。

思考题

1. 请描述变电站事故处理的原则。
2. 请描述变电站事故处理的一般程序。

技能题

1. 若濠阳甲线 264 线路发生单相瞬时接地,可能会有哪些信号和现象?如何正确处理?
2. 若 220 kV Ⅰ母发生三相短路,可能会有哪些信号和现象?如何正确处理?
3. 若#2 主变压器重瓦斯动作,可能会有哪些信号和现象?如何正确处理?

附 录

附录1 变电站值班记录和交班总结格式

值班记录

年

月	日	时	分	内 容
5	1	09	00	接班检查一、二次设备无异常;灯光、音响、通信、录音正常;工具、仪表、钥匙、地线(1~10)组齐全;电能采集系统、载波楼、微机监控系统正常 李× ×
				班前会:今天站内无计划性工作,主要是对站内一、二次设备的巡视,做好“五一”期间的保电工作。学习《变电运行岗位行为准则》第5—6条;《反违章》第5—10条
5	1	16	00	巡视站内设备无异常 林× × 李× ×
5	1	20	00	夜间巡视站内设备无异常 崔× ×
				班后会:本值内加强了对站内一、二次设备的巡视;顺利完成了“五一”期间的保电工作;无违规、违纪行为发生

交 班 总 结

年　　月　　日

一、一次设备运行方式

220 kV:201,261,263,267,269,271 运行在Ⅰ号母线;202,262,264,266,268,270 运行在Ⅱ号母线;290 备用在Ⅱ号母线;260 母联运行;Ⅰ,Ⅱ号 PT 投入。

110 kV:101,121,123,125,127,129,131 运行在Ⅰ号母线;102,122,124,126,128,130 运行在Ⅱ号母线;100 备用在Ⅱ号母线;132 备用在Ⅱ号母线;110 母联运行;Ⅰ,Ⅱ号 PT 投入。

10 kV:除#2 电容器停用,其余电容器备用外,其他设备投入。

380 V:Ⅰ,Ⅱ段母线经 30 开关分段运行,自切投入。#2 站用变与生活变经 QK 切至#2 站用变运行,生活变备用。

主变:#1,#2 均在 2 挡运行。

二、保护及自动装置

220 kV:261,262,263,264,266,267,268,269,270,271 高频投跳闸;290 高频投信号;261,262 投三重,其余保护按单重方式投入;Ⅰ号母差失灵保护,Ⅱ号母差保护按标准运行方式投入;290,263,264 重合闸停用。

110 kV:100,121,122,123,124,125,126,127,128,129,130,131,132 保护投入;$\frac{121}{122}$,$\frac{129}{130}$双回线相继速动保护投入;母差、失灵保护按标准运行方式投入;重合闸方式:123, 124,125,126,127,128,129,130 投无压;121,122,131 投一般;100,132 停用。

10 kV:Ⅰ,Ⅱ段保护投入。

主变:除#1 主变中性点不接地零序,#2 主变中性点接地零序保护退出外,其余保护投入。

三、直流系统

220 V:母线分段,浮充运行。

24 V: 浮充运行。

四、冷却器

#1 主变:1,3 工作;4 备用; 2 辅助。

#2 主变:1,3 工作;4 备用; 2 辅助。

五、作业及注意事项

1. 本值内灯光、音响、通信、录音正常;工具、仪表、钥匙、地线(1 ~ 10)组齐全;电能采集系统、载波楼、微机监控系统正常。

2. 安全天数:3 502 天。

当值正班签字:

附录2 变电站倒闸操作票格式

变电站(发电厂)倒闸操作票

单位＿＿＿＿＿＿＿＿＿＿＿＿ 编号＿＿＿＿＿＿＿＿

发令人:	受令人:	发令时间: 年 月 日 时 分
操作开始时间: 年 月 日 时 分		操作结束时间: 年 月 日 时 分
( )监护下操作 ( )单人操作 ( )检修人员操作		
操作任务:		

顺 序	操作项目	√	时 间

备注:		
操作人:	监护人:	值班负责人(值长):

附录3 变电站工作票格式

变 1

××供电局变电第一种工作票

工作单位:______________ 编号:________________

1. 工作负责人(监护人)

________________ 班组: ________________

2. 工作班成员(不包括工作负责人) 共 人

3. 工作地点(变配电站名称及设备双重名称)

4. 工作任务

工作地点及设备双重名称	工作内容

续表

工作地点及设备双重名称	工作内容

5. 计划工作时间

自______年______月________日________时______分

至______年______月________日________时______分

6. 安全措施(必要时可附页绘图说明)

应拉断路器(开关)和隔离开关(刀闸)	已执行
应装接地线,应合接地刀闸(注明确实地点)	已执行

续表

应设遮栏,应挂标识牌及防止二次回路误碰等措施	已执行

工作地点保留带电部分或注意事项 (工作票签发人填写)	补充工作地点保留带电部分和安全措施 (工作许可人填写)
签发工作票时间: ______年___月___日___时___分 工作票签发人签名:________	收到工作票时间: ______年___月___日___时___分 值班负责人签名:________

7. 许可开始时间

______年______月______日______时______分

工作许可人签名:____________ 工作负责人签名:____________

8. 危险点控制措施

监护地点及具体工作	专责监护人
工作班组人员签名:(确认工作负责人布置的任务和本工作的安全措施)	

9. 工作负责人及工作人员变动

原工作负责人________离去,变更________为工作负责人

变动时间:______年____月____日____时__分

工作票签发人:________ 工作许可人:______

工作人员变动情况(增减人员姓名、变动日期及时间):

工作负责人签名:________

10. 工作票延期

有效期延长到:_____年____月____日_____时____分

工作负责人签名:________ 工作许可人签名:________

11. 每日开工和收工时间(使用一天的工作票不必填写)

收工时间				工作负责人	工作许可人	开工时间				工作负责人	工作许可人
月	日	时	分			月	日	时	分		

12. 工作终结

全部工作于______年____月____日____时____分结束,设备及安全措施已恢复至开工前状态,工作人员已全部撤离,材料工具已清理完毕,工作终结。

工作负责人签名:____________　工作许可人签名:__________

13. 工作票终结

临时遮栏、标识牌已拆除,常设遮栏已恢复。未拆除接地________________共____组,接地刀闸共____把,绝缘挡板(罩)共____块,已汇报调度值班员。

工作许可人:________________年____月____日____时____分

14. 备注(可绘图,可写文字说明)

变2　××供电局变电第二种工作票

工作单位:________________ 编号:________________

1. 工作负责人(监护人)

________________ 班组:________________

2. 工作班成员(不包括工作负责人)　　　　共________人

3. 工作的变配电站名称及设备双重名称

4. 工作任务

工作地点或地域	工作内容

5. 计划工作时间

自______年______月______日______时______分

至______年______月______日______时______分

6. 工作条件(停电或不停电,或临近及保留带电设备名称)

7. 注意事项(安全措施)

工作票签发人签名:________ 签发日期:____年____月____日____时____分

8. 补充安全措施(工作许可人填写)

9. 许可工作时间

______年______月______日______时______分

工作许可人签名:____________ 工作负责人签名:____________

10. 危险点控制措施

监护地点及具体工作	专责监护人
工作班组人员签名(确认工作负责人布置的任务和本工作的安全措施)	

11. 工作票延期

有效期延长到______年____月____日____时____分

工作负责人签名：__________ 工作许可人签名：__________

12. 每日开工和收工时间（使用一天的工作票不必填写）

收工时间	工作负责人	工作许可人	开工时间	工作许可人	工作负责人

13. 工作票终结

全部工作于______年____月____日____时____分结束，设备及安全措施已恢复至开工前状态，工作人员已全部撤离，材料工具已清理完毕，工作终结。

工作负责人签名：__________ 工作许可人签名：__________

14. 备注

××公司××供电局××变电站（发电厂）带电作业工作票

工作单位：__________________ 编号：__________

1. 工作负责人（监护人）

__________ 班组：__________

工作班人员（不包括工作负责人） 共__________人

____

2. 工作任务

工作地点或设备双重名称	工作内容

3. 计划工作时间

自______年______月______日______时______分

至______年______月______日______时______分

4. 工作条件(等电位、中间电位或地电位作业,或邻近带电设备名称):

____

5. 注意事项(安全措施):____

____

____

工作负责人签名:____________　　____年____月____日____时____分

工作票签发人签名:__________　　____年____月____日____时____分

6. 指定__________为专责监护人　　专责监护人签名:__________

7. 补充安全措施(工作许可人填写):________________________________

____

____

8. 许可开工时间:______年______月______日______时______分

工作许可人签名:__________　工作负责人签名:__________

9. 确认工作负责人布置的任务和本施工项目安全措施,工作班(组)人员签名:

____

____

10. 工作票终结:

全部工作于______年______月______日______时______分结束,工作人员已全部撤离,材料工具已清理完毕,工作终结。

工作负责人签名:__________　工作许可人签名:__________

11. 备注

____

____

____

参考文献

[1] 杨娟. 电气运行技术[M]. 北京:中国电力出版社,2010.
[2] 刘元津. 变电运行与事故处理——基本技能及实例仿真[M]. 北京:中国水利水电出版社,2007.
[3] 种衍师,王兴照. 变电运行仿真培训[M]. 北京:中国电力出版社,2009.
[4] 汪洪明. 变电设备典型事故或异常实例分析[M]. 北京:中国电力出版社,2010.
[5] 艾新法. 500 kV 变电站异常运行处理及反事故演习[M]. 北京:中国电力出版社,2010.
[6] 用户(重庆电专)使用手册. 北京科东电力控制系统有限责任公司, 2008.
[7] 国家电网公司人力资源部组. 国家电网公司生产技能人员职业能力培训专用教材:变电运行(220 kV)(套装上下册)[M]. 北京:中国电力出版社,2010.